"十四五"高等职业教育新形态一体化教材

ARM微控制器与嵌入式系统

景妮琴　胡　亦　吴友兰◎编著

中国铁道出版社有限公司
CHINA RAILWAY PUBLISHING HOUSE CO., LTD.

内容简介

本书是"十四五"高等职业教育新形态一体化教材之一,以实际应用开发为主线,讲解了基于 ARM Cortex-M4 为内核的微控制器 STM32F407 的开发方法。本书采用项目引领、任务驱动的编写方式,先从开发环境的搭建开始,让读者快速进入开发角色,然后从点亮单灯、GPIO 接口、定时器、NVIC、USART、SPI、I^{2}C、PWM、ADC,再到嵌入式系统移植,由浅入深,使读者熟悉 ARM 微控制器与嵌入式系统的开发流程、STM32F4xx 的固件库,以及各外设的使用方法。

本书适合作为高等职业院校学习 ARM 微控制器与嵌入式系统的教材,也可作为微控制器与嵌入式系统爱好者的自学用书,以及嵌入式工程技术人员的培训用书。

图书在版编目(CIP)数据

ARM 微控制器与嵌入式系统/景妮琴,胡亦,吴友兰编著. —北京:中国铁道出版社有限公司,2024.8
"十四五"高等职业教育新形态一体化教材
ISBN 978-7-113-30824-7

Ⅰ. ①A… Ⅱ. ①景… ②胡… ③吴… Ⅲ. ①微控制器-高等职业教育-教材 Ⅳ. ①TP368.1

中国国家版本馆 CIP 数据核字(2024)第 089832 号

书　　名:	ARM 微控制器与嵌入式系统
作　　者:	景妮琴　胡　亦　吴友兰

策　　划:	王春霞	编辑部电话:	(010)63551006
责任编辑:	王春霞　彭立辉		
封面设计:	尚明龙		
责任校对:	苗　丹		
责任印制:	樊启鹏		

出版发行: 中国铁道出版社有限公司(100054,北京市西城区右安门西街 8 号)
网　　址: https://www.tdpress.com/51eds/

印　　刷: 河北宝昌佳彩印刷有限公司
版　　次: 2024 年 8 月第 1 版　2024 年 8 月第 1 次印刷
开　　本: 850 mm×1 168 mm　1/16　印张: 16　字数: 420 千
书　　号: ISBN 978-7-113-30824-7
定　　价: 49.80 元

版权所有　侵权必究

凡购买铁道版图书,如有印制质量问题,请与本社教材图书营销部联系调换。电话: (010)63550836
打击盗版举报电话: (010)63549461

"十四五"高等职业教育新形态一体化教材
编审委员会

总顾问：谭浩强（清华大学）　　　　　　　　黄心渊（中国传媒大学）

主　任：高　林（北京联合大学）

副主任：鲍　洁（北京联合大学）　　　　　　眭碧霞（常州信息职业技术学院）

　　　　孙仲山（宁波职业技术学院）　　　　秦绪好（中国铁道出版社有限公司）

委　员：（按姓氏笔画排序）

　　　　于　京（北京电子科技职业学院）　　于　鹏（新华三技术有限公司）

　　　　于大为（苏州信息职业技术学院）　　万　冬（北京信息职业技术学院）

　　　　万　斌（珠海金山办公软件有限公司）王　芳（浙江机电职业技术大学）

　　　　王　坤（陕西工业职业技术学院）　　王　忠（海南经贸职业技术学院）

　　　　方风波（荆州职业技术学院）　　　　方水平（北京工业职业技术学院）

　　　　左晓英（黑龙江交通职业技术学院）　龙　翔（湖北生物科技职业学院）

　　　　史宝会（北京信息职业技术学院）　　乐　璐（南京城市职业学院）

　　　　吕坤颐（重庆城市管理职业学院）　　朱伟华（吉林电子信息职业技术学院）

　　　　朱震忠（西门子（中国）有限公司）　邬厚民（广州科技贸易职业学院）

　　　　刘　松（天津电子信息职业技术学院）汤　徽（新华三技术有限公司）

　　　　许建豪（南宁职业技术大学）　　　　阮进军（安徽商贸职业技术学院）

　　　　孙　刚（南京信息职业技术学院）　　孙　霞（嘉兴职业技术学院）

　　　　芦　星（北京久其软件股份有限公司）杜　辉（北京电子科技职业学院）

　　　　李军旺（岳阳职业技术学院）　　　　杨文虎（山东职业学院）

　　　　杨龙平（柳州铁道职业技术学院）　　杨国华（无锡商业职业技术学院）

吴　俊（义乌工商职业技术学院）	吴和群（呼和浩特职业学院）
汪晓璐（江苏经贸职业技术学院）	张　伟（浙江求是科教设备有限公司）
张明白（百科荣创（北京）科技发展有限公司）	陈小中（常州工程职业技术学院）
陈子珍（宁波职业技术学院）	陈云志（杭州职业技术学院）
陈晓男（无锡科技职业学院）	陈祥章（徐州工业职业技术学院）
邵　瑛（上海电子信息职业技术学院）	武春岭（重庆电子科技职业大学）
苗春雨（杭州安恒信息技术股份有限公司）	罗保山（武汉软件职业技术学院）
周连兵（东营职业学院）	郑剑海（北京杰创科技有限公司）
胡大威（武汉职业技术学院）	胡光永（南京工业职业技术大学）
姜大庆（南通科技职业学院）	聂　哲（深圳职业技术大学）
贾树生（天津商务职业学院）	倪　勇（浙江机电职业技术大学）
徐守政（杭州朗迅科技有限公司）	盛鸿宇（北京联合大学）
崔英敏（私立华联学院）	葛　鹏（随机数（浙江）智能科技有限公司）
焦　战（辽宁轻工职业学院）	曾文权（广东科学技术职业学院）
温常青（江西环境工程职业学院）	赫　亮（北京金芥子国际教育咨询有限公司）
蔡　铁（深圳信息职业技术学院）	谭方勇（苏州职业大学）
翟玉锋（烟台职业学院）	樊　睿（杭州安恒信息技术股份有限公司）

秘　书：翟玉峰（中国铁道出版社有限公司）

序

  2021 年十三届全国人大四次会议表决通过的《中华人民共和国国民经济和社会发展第十四个五年规划和 2035 年远景目标纲要》，对我国社会主义现代化建设进行了全面部署。 "十四五"时期对教育的定位是建立高质量的教育体系，对职业教育的定位是增强职业教育的适应性。 当前，在百年未有之大变局下，在"十四五"开局之年，如何切实推动落实《国家职业教育改革实施方案》《职业教育提质培优行动计划（2020—2023 年）》等文件要求，是新时代职业教育适应国家高质量发展的核心任务。 随着新科技和新工业化发展阶段的到来和我国产业高端化转型，必然引发企业用人需求和聘用标准发生新的变化，以人才需求为起点的高职人才培养理念使创新中国特色人才培养模式成为高职战线的核心任务，为此国务院和教育部制定和发布了包括"1 + X"职业技能等级证书制度、专业群建设、"双高计划"、专业教学标准、信息技术课程标准、实训基地建设标准等一系列的文件，为探索新时代中国特色高职人才培养指明了方向。

  要落实国家职业教育改革一系列文件精神，培养高质量人才，就必须解决"教什么"的问题，必须解决课程教学内容适应产业新业态、行业新工艺、新标准要求等难题，教材建设改革创新就显得尤为重要。 国家这几年对于职业教育教材建设加大了力度，2019 年，教育部发布了《职业院校教材管理办法》（教材〔2019〕3 号）、《关于组织开展"十三五"职业教育国家规划教材建设工作的通知》（教职成司函〔2019〕94 号），在 2020 年又启动了《首届全国教材建设奖全国优秀教材（职业教育与继续教育类）》评选活动，这些都旨在选出具有职业教育特色的优秀教材，并对下一步如何建设好教材进一步明确了方向。 在这种背景下，坚持以习近平新时代中国特色社会主义思想为指导，落实立德树人根本任务，适应新技术、新产业、新业态、新模式对人才培养的新要求，中国铁道出版社有限公司邀请我与鲍洁教授共同策划组织了"'十四五'高等职业教育新形态一体化教材"，尤其是我国知名计算机教育专家谭浩强教授、全国高等院校计算机基础教育研究会会长黄心渊教授对课程建设和教材编写都提出了重要的指导意见。 这套教材在设计上把握了如下几个原则：

  1. 价值引领、育人为本。 牢牢把握教材建设的政治方向和价值导向，充分体现党和国家的意志，体现鲜明的专业领域指向性，发挥教材的铸魂育人、关键支撑、固本培元、文化交流等功能和作用，培养适应创新型国家、制造强国、网络强国、数字中国、智慧社会需要的不可或缺的高层次、高素质技术技能型人才。

  2. 内容先进、突出特性。 充分发挥高等职业教育服务行业产业优势，及时将行业、产业的新技术、新工艺、新规范作为内容模块，融入教材中去。 并且为强化学生职业素养养成和专业技术积累，将专业精神、职业精神和工匠精神融入教材内容，满足职业教育的需求。 此外，为适应项目学习、案例学习、模块化学习等不同学习方式要求，注重以真实生产项目、典型工作任务、案例等为载体组织教学单元的教材、新型活页式、工作手册式等教材，力求教材反映人才培养模式和教学改革方向，有效激发学生学习兴趣和创新潜能。

  3. 改革创新、融合发展。 遵循教育规律和人才成长规律，结合新一代信息技术发展和产业变

I

革对人才的需求，加强校企合作、深化产教融合，深入推进教材建设改革。加强教材与教学、教材与课程、教材与教法、线上与线下的紧密结合，信息技术与教育教学的深度融合，通过配套数字化教学资源，满足教学需求和符合学生特点的新形态一体化教材。

4. 加强协同、锤炼精品。准确把握新时代方位，深刻认识新形势新任务，激发教师、企业人员内在动力。组建学术造诣高、教学经验丰富、熟悉教材工作的专家队伍，支持科教协同、校企协同、校际协同开展教材编写，全面提升教材建设的科学化水平，打造一批满足学科专业建设要求，能支撑人才成长需要、经得起实践检验的精品教材。

按照教育部关于职业院校教材的相关要求，充分体现工业和信息化领域相关行业特色，以高职专业和课程改革为基础，编写信息技术课程、专业群平台课程、专业核心课程等所需教材。本套教材计划出版 4 个系列，具体为：

1. 信息技术课程系列。教育部发布的《高等职业教育专科信息技术课程标准（2021 年版）》给出了高职计算机公共课程新标准，新标准由必修的基础模块和由 12 项内容组成的拓展模块两部分构成。拓展模块反映了新一代信息技术对高职学生的新要求，各地区、各学校可根据国家有关规定，结合地方资源、学校特色、专业需要和学生实际情况，自主确定拓展模块教学内容。在这种新标准、新模式、新要求下构建了该系列教材。

2. 电子信息大类专业群平台课程系列。高等职业教育大力推进专业群建设，基于产业需求的专业结构，使人才培养更适应现代产业的发展和职业岗位的变化。构建具有引领作用的专业群平台课程和开发相关教材，彰显专业群的特色优势地位，提升电子信息大类专业群平台课程在高职教育中的影响力。

3. 新一代信息技术类典型专业课程系列。以人工智能、大数据、云计算、移动通信、物联网、区块链等为代表的新一代信息技术，是信息技术的纵向升级，也是信息技术之间及其与相关产业的横向融合。在此技术背景下，围绕新一代信息技术专业群（专业）建设需要，重点聚焦这些专业群（专业）缺乏教材或者没有高水平教材的专业核心课程，完善专业教材体系，支撑新专业加快发展建设。

4. 本科专业课程系列。在厘清应用型本科、高职本科、高职专科关系，明确高职本科服务目标，准确定位高职本科基础上，研究高职本科电子信息类典型专业人才培养方案和课程体系，在培养高层次技术技能型人才方面，组织编写该系列教材。

新时代，职业教育正在步入创新发展的关键期，与之配合的教育模式以及相关的诸多建设都在深入探索。本套教材建设按照"选优、选精、选特、选新"的原则，发挥高等职业教育领域的院校、企业的特色和优势，调动高水平教师、企业专家参与，整合学校、行业、产业、教育教学资源，充分认识到教材建设在提高人才培养质量中的基础性作用，集中力量打造与我国高等职业教育高质量发展需求相匹配、内容和形式创新、教学效果好的课程教材体系，努力培养德智体美劳全面发展的高层次、高素质技术技能人才。

本套教材内容前瞻、体系灵活、资源丰富，是值得关注的一套好教材。

国家职业教育指导咨询委员会委员
北京高等学校高等教育学会计算机分会理事长
全国高等院校计算机基础教育研究会荣誉副会长

2021 年 8 月

前 言

本书从实际应用开发入手,以项目任务为导向,由浅入深、循序渐进地讲述微控制器 STM32F407 的开发方法、STM32F4XX 的固件库,以及外围设备的使用方法。STM32F407 是意法半导体公司推出的基于 ARM Cortex-M4 内核的微控制器产品,其优势是相较于 M3 内核产品增加了 FPU(浮点处理单元)以及 DSP 指令,同时主频提高了很多,能够达到 168 MHz,具有广阔的应用前景。

学习嵌入式系统设计不但需要掌握微控制器编程技术,还要具备微控制器硬件方面的理论和实践知识。考虑到当今主流的 32 位单片机,本书选用了 STM32F407,并设计了搭载该款微控制器的硬件平台,通过该平台完成每一个项目。

全书共十个项目:其中项目一是开发环境搭建;项目二~九是针对 STM32F407 外设的项目;项目十是针对微控制器进行的嵌入式系统移植。

在项目一中,读者可了解 ARM 历史、ARM 处理器、STM32 微控制器、STM32F407 的功能,从硬件电路认识用于嵌入式开发的开发板,完成开发环境搭建。

在项目二中,读者可熟悉 C 语言的多文件编程以及微控制器 GPIO 的工作模式、时钟,并能够建立库函数的工程模板来进行库函数开发,完成点亮单灯的任务。

在项目三中,通过使用 GPIO 实现流水灯、完成按键控制、数码管动态显示 3 个任务,帮助读者掌握 GPIO 接口开发的流程。

在项目四中,帮助读者熟悉微控制器的中断系统及定时器,利用定时器实现电子钟,并能利用外部中断为电子钟校准。

在项目五中,通过了解串口通信协议,帮助读者熟悉微控制器的 USART 外设,掌握 USART 的结构体和库函数的使用方法,并能够通过 USART 收发数据。

在项目六中,通过了解 SPI 协议以及通过 SPI 如何进行通信,帮助读者熟悉 STM32 的 SPI 外设,掌握 SPI 结构体的初始化和库函数,总结 SPI 的编程要点,能够通过 STM32 完成驱动 TFT 屏显示任务。

在项目七中,帮助读者掌握 PWM 的原理,熟悉 STM32 定时器的结构,理解 STM32 的定时器生成 PWM 的原理,学会使用定时器的结构体及库函数,利用定时器生成 PWM 波形。

在项目八中,帮助读者掌握如何使用 I^2C 接口驱动 BH1750 获取光强。

在项目九中,帮助读者掌握如何通过 ADC 采集光敏传感器输出的电压值。

在项目十中，帮助读者掌握进行嵌入式操作系统 μC/OS-Ⅲ 的移植方法。

本书提供完整的视频资料、项目案例代码等，可通过中国铁道出版社教育资源数字化平台 https://www.tdpress.com/51eds/ 下载。

教学建议：

本书适用于 64 或 96 学时的单片机应用技术或 ARM 微控制器与嵌入式系统开发课程，各项目涵盖的知识点及建议学时见下表：

项　　目		知识技能点	建议学时
项目一	开发环境搭建	ARM 微控制器 STM32F407；开发板的硬件电路；开发环境搭建	4/4
项目二	库函数开发初探——从点亮单灯开始	多文件编程方法；建立库函数工程模板；点亮单灯流程；GPIO 的工作模式，时钟知识	6/8
项目三	使用 GPIO 接口完成简单开发任务	GPIO 实现流水灯；GPIO 完成按键控制；数码管动态显示	12/16
项目四	利用定时器和外部中断实现电子钟校准	NVIC 中断参数设置；认识定时器；使用基本定时器 TIM6 定时；定时器实现电子钟；EXTI 功能特性；利用外部中断为电子钟校准	12/16
项目五	通过 USART 收发数据	串口通信协议；STM32 的 USART 外设；USART 结构体及库函数；通过 USART 收发数据	6/8
项目六	使用 SPI 总线驱动 TFT 屏显示	SPI 协议；STM32 的 SPI 外设；SPI 的结构体和库函数；驱动 1.44 英寸 TFT 屏显示数据	6/12
项目七	利用定时器输出 PWM 波形	PWM 功能；定时器生成 PWM 原理；STM32 定时器的结构；定时器的结构体和库函数；能够使用定时器生成 PWM 波形	6/10
项目八	使用 I^2C 获取 BH1750 光强	I^2C 协议；STM32 的 I^2C 外设；I^2C 的结构体及库函数；使用 I^2C 获取 BH1750 光强	6/10
项目九	通过 ADC 采集电压值	STM32 的 ADC 外设；ADC 的结构体及库函数；通过 ADC 采集电压值	4/8
项目十	嵌入式操作系统 μC/OS-Ⅲ 的移植	嵌入式操作系统；移植 μC/OS-Ⅲ；实现单任务——LED 灯闪烁	2/4
总学时			64/96

本书适合作为高等职业院校学习 ARM 微控制器与嵌入式系统的教材，也可作为微控制器与嵌入式系统爱好者的自学用书，以及嵌入式工程技术人员的培训用书。

本书由景妮琴、胡亦、吴友兰编著，其中项目一、二、三、四、六、七由景妮琴编著，项目五、八、九由胡亦编著，项目十由吴友兰编著。特别感谢北京电子科技职业学院于京教授对本书编写的支持，同时感谢中国铁道出版社有限公司对本书的大力支持。

由于时间仓促，编者水平有限，疏漏与不妥之处在所难免，欢迎广大读者批评指正。

编著者

2024 年 3 月

目　录

项目一　开发环境搭建 ………… 1

任务一　微控制器选型 ………… 1
【任务描述】………… 1
【相关知识】………… 2
　一、ARM 微控制器发展历史 ………… 2
　二、软件接口标准 CMSIS ………… 2
【任务实施】………… 3
　控制器选型 ………… 3

任务二　初识开发板硬件电路 ………… 6
【任务描述】………… 6
【相关知识】………… 6
　STM32 微控制器启动模式 ………… 6
【任务实施】………… 6
　一、了解扩展板硬件电路 ………… 6
　二、了解核心板电路 ………… 8

任务三　搭建开发环境 ………… 10
【任务描述】………… 10
【相关知识】………… 10
　一、MDK-ARM ………… 10
　二、JTAG 接口和 SWD 调试接口 … 10
【任务实施】………… 11
　一、获取 KEIL5 安装包 ………… 11
　二、安装 KEIL5 ………… 11
　三、安装 STM32 芯片包 ………… 13
　四、安装调试工具 ………… 15

项目总结 ………… 16
扩展阅读:华为麒麟芯片十年
　　　攀登史 ………… 16

项目二　库函数开发初探
　　　——从点亮单灯开始 ………… 18

任务一　多文件编程 ………… 18
【任务描述】………… 18
【相关知识】………… 18
　一、使用函数提高编程效率 ………… 18
　二、模块化编程 ………… 20
【任务实施】………… 21
　使用多文件编程求三角形和矩形
　　面积 ………… 21

任务二　创建库函数工程模板 ………… 22
【任务描述】………… 22
【相关知识】………… 22
　一、固件库文件 ………… 22
　二、帮助文档 ………… 26
【任务实施】………… 27
　创建库函数工程模板 ………… 27

任务三　点亮单灯 ………… 34
【任务描述】………… 34
【相关知识】………… 34
　一、点亮 LED 灯的开发步骤 ………… 34
　二、LED 灯的硬件电路 ………… 34
　三、点亮 LED 灯的软件设计 ………… 35
【任务实施】………… 35
　使用库函数开发点亮单灯 ………… 35

项目总结 ………… 39
扩展阅读:千里之行始于足下 ………… 39

项目三　使用 GPIO 接口完成简单
　　　开发任务 ………… 40

任务一　使用 GPIO 实现流水灯 ………… 40

【任务描述】……………… 40
　　【相关知识】……………… 40
　　　一、GPIO 工作模式 ……… 40
　　　二、STM32F407ZGT6 的时钟系统 … 45
　　　三、GPIO 结构体及库函数………… 49
　　【任务实施】……………… 53
　　　通过 GPIOA 实现流水灯………… 53
　任务二　使用 GPIO 完成按键控制 … 55
　　【任务描述】……………… 55
　　【相关知识】……………… 55
　　　一、按键的硬件电路 ……… 55
　　　二、按键去抖 ……………… 56
　　　三、按键控制软件设计 …… 56
　　【任务实施】……………… 57
　　　一、使用 GPIOC0 控制按键 … 57
　　　二、多个按键控制 ………… 59
　任务三　数码管动态显示 …………… 60
　　【任务描述】……………… 60
　　【相关知识】……………… 60
　　　一、数码管内部结构 ……… 60
　　　二、数码管的静态显示 …… 61
　　　三、数码管的动态显示 …… 62
　　【任务实施】……………… 62
　　　一、在一位数码管上轮流显示
　　　　　0～9 ………………… 62
　　　二、四位数码管显示不同数字 … 64
　项目总结 ……………………… 67
　项目拓展 ……………………… 67
　扩展阅读：代码规范 ……………… 67

项目四　利用定时器和外部中断实现电子钟校准 ……… 68

　任务一　通过嵌套向量中断控制器
　　　　　NVIC 设置中断参数……… 69
　　【任务描述】……………… 69
　　【相关知识】……………… 69
　　　一、STM32 的中断和异常 … 69
　　　二、嵌套向量中断控制器 NVIC … 70

　　　三、NVIC 结构体 …………… 73
　　　四、NVIC 的固件库函数 …… 75
　　　五、中断编程要点 ………… 75
　　【任务实施】……………… 75
　　　完成基本定时器 TIM6 的 NVIC
　　　配置 ……………………… 75
　任务二　利用定时器实现电子钟 …… 76
　　【任务描述】……………… 76
　　【相关知识】……………… 77
　　　一、高级定时器、通用定时器、基本
　　　　　定时器 ………………… 77
　　　二、基本定时器的主要特性 … 77
　　　三、定时器的结构体 ……… 80
　　　四、定时器的库函数 ……… 81
　　　五、使用基本定时器 TIM6
　　　　　定时 1 s ……………… 82
　　【任务实施】……………… 83
　　　一、掌握基本定时器的原理 … 83
　　　二、定时器定时 1 s ……… 83
　　　三、定时器实现电子钟 …… 84
　任务三　利用外部中断实现电子钟的
　　　　　校准……………………… 87
　　【任务描述】……………… 87
　　【相关知识】……………… 88
　　　一、EXTI 控制器的主要特性 … 88
　　　二、使用软件中断产生外部中断 … 89
　　　三、EXTI 的结构体 ………… 90
　　　四、ETXI 的库函数 ………… 91
　　【任务实施】……………… 92
　　　一、配置外部中断线的相关参数 … 92
　　　二、利用外部中断实现电子钟的
　　　　　校准…………………… 93
　项目总结 ……………………… 98
　扩展阅读：知识产权 ……………… 98

项目五　通过 USART 收发数据 … 100

　任务一　配置 USART 的参数……… 101

【任务描述】…………………… 101
【相关知识】…………………… 101
一、串口通信协议 ……………… 101
二、USART 主要特性 …………… 104
三、USART 功能 ………………… 104
四、USART 的结构体 …………… 109
五、USART 的库函数 …………… 111
【任务实施】…………………… 113
配置 USART1 的相关参数 …… 113
任务二　通过 USART 收发数据 …… 114
【任务描述】…………………… 114
【相关知识】…………………… 114
一、通过 USART 进行数据发送
与接收原理 ………………… 114
二、编程要点 …………………… 114
【任务实施】…………………… 115
通过 USART1 发送、接收数据
并控制 LED 灯 ……………… 115
项目总结 ………………………… 122
扩展阅读：中国自主 CPU 发展道路
——龙芯研制之路 ……… 122

项目六　使用 SPI 总线驱动 TFT 屏显示 …………………… 123

任务一　设置 SPI 的相关参数……… 124
【任务描述】…………………… 124
【相关知识】…………………… 124
一、SPI 协议 …………………… 124
二、SPI 特性 …………………… 127
三、SPI 框图 …………………… 127
四、SPI 的结构体 ……………… 129
五、SPI 的库函数 ……………… 132
【任务实施】…………………… 133
设置 SPI 的参数，初始化 SPI1 …… 133
任务二　STM32 驱动 TFT-LCD 屏
显示 …………………………… 133
【任务描述】…………………… 133
【相关知识】…………………… 133

一、TFT-LCD 屏 ………………… 133
二、串行接口传输写模式和读
模式 ………………………… 134
三、数据传输模式 ……………… 136
四、显示数据 RAM ……………… 136
五、典型电路接法 ……………… 136
【任务实施】…………………… 137
SPI 总线驱动 TFT-LCD 屏显示
电子钟 ……………………… 137
项目总结 ………………………… 149
扩展阅读：工匠精神 …………… 149

项目七　利用定时器输出 PWM 波形 …………………………… 151

任务一　配置定时器生成 PWM 的
参数 …………………………… 151
【任务描述】…………………… 151
【相关知识】…………………… 151
一、PWM 简介 …………………… 151
二、PWM 的应用 ………………… 152
三、通用定时器的特性 ………… 154
四、通用定时器的功能 ………… 155
五、定时器的结构体 …………… 166
六、定时器的库函数 …………… 167
【任务实施】…………………… 168
配置 PWM 参数 ……………… 168
任务二　通过定时器生成 PWM
波形 …………………………… 168
【任务描述】…………………… 168
【相关知识】…………………… 168
一、定时器生成 PWM 的编程
要点 ………………………… 168
二、定时器通道和输出端口的
参数配置 …………………… 169
【任务实施】…………………… 172
通过定时器生成 PWM ……… 172
项目总结 ………………………… 175
扩展阅读：精益求精 …………… 175

项目八 使用 I²C 获取 BH1750 光强 …………………… 176

任务一 配置 I²C 参数 ………… 176
【任务描述】…………………… 176
【相关知识】…………………… 177
一、I²C 协议 …………………… 177
二、I²C 的主要特性 …………… 180
三、I²C 功能 …………………… 181
四、I²C 的通信过程 …………… 184
五、I²C 的结构体 ……………… 185
六、I²C 的库函数 ……………… 187
【任务实施】…………………… 191
初始化 I²C 结构体 …………… 191

任务二 使用 I²C 驱动 BH1750 获取光强 ………………… 192
【任务描述】…………………… 192
【相关知识】…………………… 192
一、BH1750 环境光强度传感器集成电路 ………………… 192
二、BH1750 结构框图 ………… 193
三、BH1750 的测量 …………… 194
四、BH1750 的传输时序 ……… 195
【任务实施】…………………… 196
驱动 BH1750 获取光强 ……… 196

项目总结 ………………………… 203
扩展阅读:柔性 OLED 显示屏 …… 203

项目九 通过 ADC 采集电压值 … 204

任务一 配置 ADC 参数 ……… 204
【任务描述】…………………… 204
【相关知识】…………………… 205
一、如何实现 A/D 转换 ……… 205
二、STM32 的 ADC 外设 ……… 207
三、ADC 的结构体 …………… 213
四、ADC 的库函数 …………… 217
【任务实施】…………………… 221
配置 ADC 相关参数 ………… 221

任务二 通过 ADC 采集电压值 …… 221
【任务描述】…………………… 221
【相关知识】…………………… 221
一、硬件连接方式 …………… 221
二、独立模式单通道 ADC 采集编程要点 ………………… 222
【任务实施】…………………… 223
通过 ADC 采集电压值 ……… 223

项目总结 ………………………… 226
扩展阅读:华为,正在引爆下一轮科技革命 ……………………… 226

项目十 嵌入式操作系统 μC/OS-Ⅲ 的移植 …………………… 227

任务一 将 μC/OS-Ⅲ 移植到 STM32 F407 开发板 …… 227
【任务描述】…………………… 227
【相关知识】…………………… 227
一、嵌入式操作系统的特点 …… 227
二、常用的嵌入式操作系统 …… 229
三、裸机系统和多任务操作系统的区别 ……………………… 230
【任务实施】…………………… 232
μC/OS-Ⅲ 操作系统移植 …… 232

任务二 在 μC/OS-Ⅲ 上实现单任务——LED 灯闪烁 ………… 237
【任务描述】…………………… 237
【相关知识】…………………… 237
一、多任务系统 ……………… 237
二、定义任务堆栈 …………… 237
【任务实施】…………………… 237
在 μC/OS-Ⅲ 上实现 LED 灯闪烁 ……………………… 237

项目总结 ………………………… 239
扩展阅读:华为鸿蒙操作系统 …… 240

视频资源索引

序号	项目名称	资源名称	页码	序号	项目名称	资源名称	页码
1	项目一 开发环境搭建	课程概述	1	29	项目三 使用GPIO接口完成简单开发任务	GPIO 工作模式	40
2		CMSIS 软件接口标准	3	30		推挽和开漏	44
3		Cortex-M 处理器家族	3	31		STM32F407ZGT6 的时钟系统	45
4		STM32 能做什么	3	32		流水灯任务分解	53
5		STM32F407 功能	5	33		为 GPIO 开放时钟	53
6		STM32 的片上资源	5	34		延时函数	54
7		STM32F407 的内部框图	5	35		一盏灯闪烁	54
8		STM32 微控制器命名规范	5	36		流水灯	55
9		初识开发板硬件电路	7	37		不同库函数实现流水灯	55
10		开发工具	10	38		按键硬件电路设计	55
11		安装 KEIL5	11	39		按键编程的编程要点	56
12		安装调试工具	15	40		按键去抖	56
13		J-LINK 仿真器	15	41		轮询式按键结构	56
14		U-LINK 仿真器	15	42		完成按键编程	57
15		ST-LINK	15	43		数码管的显示原理	60
16		下载程序	16	44		数码管的显示方式——静态显示	61
17	项目二 库函数开发初探——从点亮单灯开始	C 语言的编译	19	45		数码管的显示方式——动态显示	62
18		模块化编程	19				
19		多文件编程	20	46		数码管动态显示编程要点	63
20		多文件编程实例	21	47		数码管动态显示编程	63
21		STM32 库函数工程模板创建	22	48		流水灯实验	67
22		点亮单灯——硬件电路设计	34	49		按键编程实验	67
23		GPIO 结构体和库函数	35	50	项目四 利用定时器和外部中断实现电子钟校准	中断和异常	69
24		点亮单灯——软件设计	35	51		嵌套向量中断控制器 NVIC	71
25		完成点亮单灯任务	37	52		优先级	71
26		点亮单灯实验	38	53		NVIC 结构体	73
27		项目拓展:STM32 寄存器开发——新建工程	39	54		中断编程要点	75
				55		定时器的特性	76
28		项目拓展:寄存器开发——点亮 LED 灯	39	56		基本定时器的主要功能	78
				57		时基单元	78

续表

序号	项目名称	资源名称	页码	序号	项目名称	资源名称	页码
58	项目四 利用定时器和外部中断实现电子钟校准	基本定时器的结构体	80	91	项目六 使用SPI总线驱动TFT屏显示	SPI 概述	123
59		定时器的配置步骤	83	92		SPI 协议物理层	124
60		定时器的配置与优先级的配置	84	93		SPI 协议层	125
61		中断服务程序	84	94		SPI 4 种通信模式	126
62		外部中断	87	95		SPI 基本通信过程	128
63		EXTI 框图	88	96		时钟、数据、整体控制逻辑	128
64		EXTI 中断事件线	89	97		STM32 的 SPI 外设	128
65		外部中断的库函数	91	98		SPI 的框图——通信引脚	128
66		外部中断配置——打开时钟,配置端口	92	99		SPI 的结构体	129
				100		SPI 的库函数	132
67		外部中断配置——外部中断线关联,EXTI 配置	93	101		SysTick——系统定时器(精准延时函数的由来)	142
68		外部中断配置——NVIC 配置	94	102		SysTick 编程实验(精准延时函数的由来)	142
69		中断服务函数	94	103	项目七 利用定时器输出PWM波形	什么是 PWM	151
70		利用外部中断为电子钟校准实验	96	104		PWM 应用	152
71	项目五 通过USART 收发数据	串行通信与并行通信	101	105		定时器的结构	154
72		全双工、半双工和单工通信	101	106		定时器生成 PWM 原理	157
73		同步通信与异步通信	101	107		定时器输出 PWM 的编程要点	168
74		串口通信协议物理层标准	102	108		PWM 的端口配置	170
75		通信速率	102	109		定时器的配置	170
76		串口通信协议	103	110		输出通道结构体	171
77		串口通信协议层	103	111		输出通道的配置	171
78		STM32 的 USART 外设	104	112		定时器输出 PWM 编程实验	172
79		USART 功能引脚	105	113		项目拓展(PWM 弹奏一首曲子)	175
80		数据寄存器	106	114	项目八 使用 I^2C 获取 BH1750 光强	I^2C 串行总线概述	177
81		控制器	106	115		I^2C 协议物理层	177
82		波特率生成	107	116		I^2C 协议——起始和停止信号	178
83		USART 结构体初始化	109	117		I^2C 协议——数据的有效性	178
84		串口库函数	111	118		I^2C 协议——数据的寻址方式	179
85		串口硬件连接	115	119		I^2C 协议——响应	180
86		串口编程要点	115	120		I^2C 协议——数据传输	182
87		配置中断控制器	116	121		STM32 的 I^2C 外设	182
88		使能串口中断与中断服务程序	116	122		STM32 的 I^2C 框图——通信引脚	182
89		串口收发数据主函数	117	123		STM32 的 I^2C 框图——时钟控制逻辑	183
90		通过 USART 收发数据	119				

续表

序号	项目名称	资源名称	页码	序号	项目名称	资源名称	页码
124		STM32 的 I²C 框图——数据、整体控制逻辑	184	138	项目九 通过 ADC 采集电压值	初始化 ADC_Common 结构体	221
				139		ADC 采集硬件连接	222
125	项目八 使用 I²C 获取 BH1750 光强	主发送器的通信过程	184	140		ADC 采集编程要点	222
126		主接收器的通信过程	185	141		ADC 中断	224
127		I²C 的结构体	186	142		计算 ADC 值	225
128		I²C 的库函数	187	143		STM32-ADC 编程实验	225
129		I²C 编程要点	192	144	项目十 嵌入式操作系统 μC/OS-Ⅲ 的移植	常见的操作系统	227
130	项目九 通过 ADC 采集电压值	ADC 概述	204	145		操作系统的基本结构	228
131		如何实现 ADC	205	146		常用的嵌入式操作系统	229
132		ADC 转换原理	206	147		嵌入式系统中的常用编程方式	231
133		ADC 的几个基本概念	207	148		嵌入式实时操作系统的特点	231
134		STM32 的 ADC	207	149		μC-OS-Ⅲ操作系统移植	232
135		ADC 框图	208	150		在 μC/OS-Ⅲ 上实现单任务——LED 灯闪烁	237
136		ADC 的初始化结构体	213				
137		ADC 的库函数	218				

项目一　开发环境搭建

项目描述

微控制器诞生于20世纪70年代中期，经过20多年的发展，其成本越来越低，而性能越来越强，其应用已遍及各个领域。微控制器是将中央处理器(CPU)、随机存储器(RAM)、只读存储器(ROM)、输入/输出(I/O)端口等主要计算机功能部件集成在一个芯片上的单芯片微型计算机。由于微控制器把这些部件都集成在一个芯片上，因此又称其为单片机。本书介绍的是基于ARM-Cortex M4架构的高性能产品STM32F407系列单片机。

嵌入式系统是一个专用系统，它在一个大型的机械或者电子设备中，发挥控制和计算功能，同时具有实时的特性。或者也可以理解为嵌入到一种专用设备当中的计算机就称为嵌入式系统。它一般由嵌入式微处理器、外围硬件设备、嵌入式操作系统以及用户的应用程序等四部分组成，用于实现对其他设备的控制、监视或管理等功能。最简单的嵌入式系统就是ARM微控制器构成的嵌入式系统。

要进行微控制器的开发，首先要进行开发环境搭建。本项目将进行基于STM32F407的开发环境搭建。首先了解ARM的历史、ARM的处理器，了解STM32微控制器、STM32F407的功能，从硬件电路认识用于嵌入式开发的开发板，最后完成开发环境搭建。

课程概述

项目内容

- 任务一　微控制器选型。
- 任务二　初识开发板硬件电路。
- 任务三　搭建开发环境。

学习目标

- 了解ARM微控制器STM32F407。
- 熟悉开发板的硬件电路。
- 能够自行搭建开发环境，为嵌入式开发做好准备。

任务一　微控制器选型

任务描述

本任务将介绍ARM微控制器的发展历史，让读者了解CMSIS软件接口标准，STM32微控制器的类型、命名规范,以及片上资源,完成微控制器的选型。

相关知识

一、ARM 微控制器发展历史

ARM 的历史要追溯到 1978 年。物理学家 Hermann Hauser 和工程师 Chris Curry 在英国剑桥创办了 CPU 公司,主要为当地市场供应电子设备,被称作"英国的苹果电脑公司"。1979 年,CPU 公司改名为 Acorn 计算机公司。1985 年,Roger Wilson 和 Steve Furber 设计了自己的第一代 32 位、6 MHz 的处理器,用它做出了一台精简指令集计算机(RISC),简称 ARM(Acorn RISC machine)。

1990 年 11 月 27 日,Acorn 公司正式改组为 ARM 计算机公司。ARM 由苹果公司出资 150 万英镑,芯片厂商 VLSI 出资 25 万英镑,Acorn 则以 150 万英镑的知识产权和 12 名工程师入股。公司的办公地点是一个谷仓,如图 1-1 所示。

图 1-1　ARM 第一代总部

在 ARM 公司诞生初期,业务一度很不景气。这时业界正热衷于设计相对较大的处理器,而 ARM 公司由于设计队伍资源有限,不得不像此前的 Acorn 那样开发小规模处理器。由于缺乏资金,ARM 做出了一个意义深远的决定,那就是自己不制造芯片,只将芯片的设计方案授权给其他公司,由它们来生产。正是这个模式,最终使得 ARM 芯片遍地开花。

二、软件接口标准 CMSIS

对于 ARM 公司来说,一个 ARM 内核往往会授权给多个厂家,生产种类繁多的产品,如果没有一个通用的软件接口标准,开发者在使用不同厂家的芯片时将极大地增加软件开发成本。因此,ARM 与 ATMEL、IAR、KEIL、ST、NXP 等多家芯片及软件厂商合作,将所有 Cortex 芯片厂商产品的软件接口标准化,制定了 CMSIS 标准。

ARM Cortex 微控制器软件接口标准(Cortex Microcontroller Software Interface Standard,CMSIS)是 Cortex-M 系列微处理器的与芯片厂商无关的硬件抽象层。使用 CMSIS,可以为接口外设、实时操作系统和中间件实现一致且简单的软件接口,从而简化软件的重用、缩短新的微控制器开发人员的学习过程,并缩短新产品的上市时间。

可以使用 CMSIS 进行编程,也可以通过 USR(用户应用层)调用函数库,这样能够简单化。CMSIS 有四层:用户应用层、操作系统层、CMSIS 层、微控制器层,如图 1-2 所示。其中 CMSIS 层起着承上启下的作用:一方面该层对外设寄存器层进行统一实现,屏蔽了不同厂商对 Cortex-M 系列微控制器核内外设寄存器的不同定义;另一方面又向上层的操作系统及中间件和用户应用层提供接口,简化了应用程序的开发难度,使开发人员能够在完全透明的情况下进行应用程序开发。

有了这个标准,芯片厂商就能够专注于产品外设特性的差异化,从而降低开发成本。

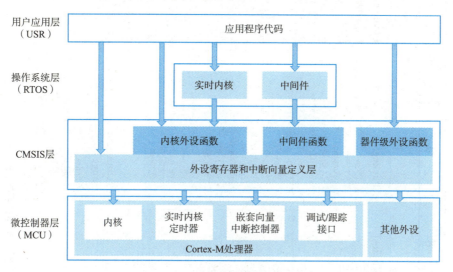

图 1-2　Cortex-M 处理器架构

任务实施

控制器选型

20 世纪 90 年代,ARM 公司处理器的出货量徘徊不前。但进入 21 世纪之后,手机的快速发展使得出货量呈现爆炸式增长,ARM 处理器占领了全球手机市场。2006 年,全球 ARM 芯片出货量为 20 亿颗,到了 2007 年底,ARM 核心芯片的总出货量已突破 100 亿颗,到 2023 年芯片总数达到 280 多亿颗,其应用从传感器到智能手机再到服务器,应有尽有。

意法半导体(STMicroelectronics,ST)是全球领先的半导体解决方案供应商,为传感及功率技术和多媒体融合应用领域提供新的解决方案。例如,从 2007 年的基于 Cortex-M3 内核的 MCU 的发布,到 2011 年的首个高性能 Cortex-M4 产品,2012 年入门级 Cortex-M0 架构的微控制器 STM32F0 的诞生,到 2014 年首个基于 Cortex-M7 微控制器的发布,2017 年推出 STM32WB,致力于高集成度的低功耗蓝牙应用,2020 年推出 H7 系列高性能大内存产品,2021 年推出基于 Cortex-M33 内核的 STM32U5,直到 2024 年 STM32 一直致力于新的微控制器的开发。这里说一下 STM32 的含义,ST 是指意法半导体公司,是全球最大的半导体公司之一;M 则是 Microelectronics 的缩写,表示微控制器;32 表示这是一个 32 bit 的微控制器。

STM32 微控制器有自己的命名方法,如图 1-3 所示。

学习笔记

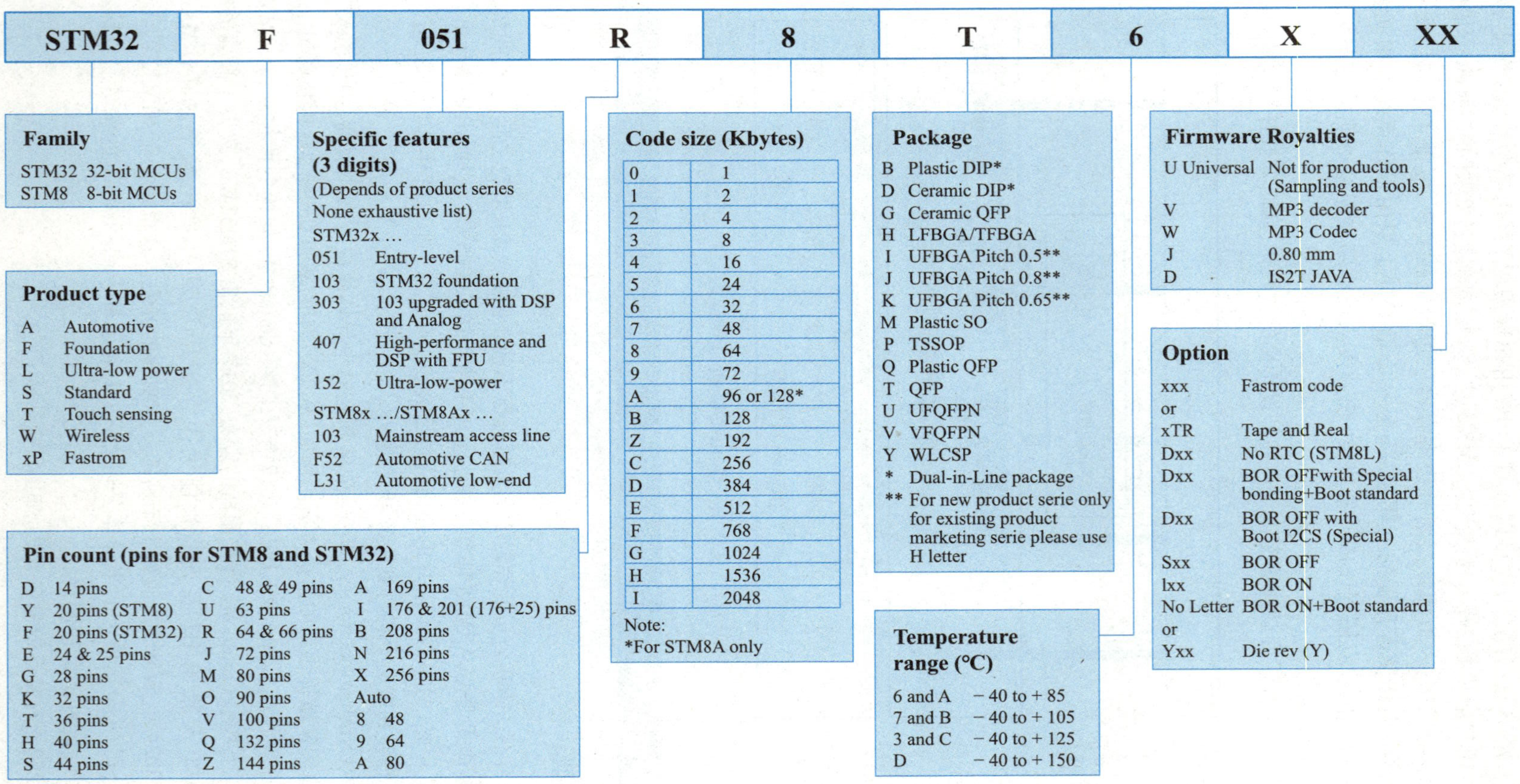

STM32 F 051 R 8 T 6 X XX

Family
- STM32 32-bit MCUs
- STM8 8-bit MCUs

Product type
- A Automotive
- F Foundation
- L Ultra-low power
- S Standard
- T Touch sensing
- W Wireless
- xP Fastrom

Specific features (3 digits)
(Depends of product series None exhaustive list)

STM32x ...
- 051 Entry-level
- 103 STM32 foundation
- 303 103 upgraded with DSP and Analog
- 407 High-performance and DSP with FPU
- 152 Ultra-low-power

STM8x .../STM8Ax ...
- 103 Mainstream access line
- F52 Automotive CAN
- L31 Automotive low-end

Pin count (pins for STM8 and STM32)
- D 14 pins
- Y 20 pins (STM8)
- F 20 pins (STM32)
- E 24 & 25 pins
- G 28 pins
- K 32 pins
- T 36 pins
- H 40 pins
- S 44 pins
- C 48 & 49 pins
- U 63 pins
- R 64 & 66 pins
- J 72 pins
- M 80 pins
- O 90 pins
- V 100 pins
- Q 132 pins
- Z 144 pins
- A 169 pins
- I 176 & 201 (176+25) pins
- B 208 pins
- N 216 pins
- X 256 pins
- Auto
- 8 48
- 9 64
- A 80

Code size (Kbytes)
- 0 1
- 1 2
- 2 4
- 3 8
- 4 16
- 5 24
- 6 32
- 7 48
- 8 64
- 9 72
- A 96 or 128*
- B 128
- Z 192
- C 256
- D 384
- E 512
- F 768
- G 1024
- H 1536
- I 2048

Note: *For STM8A only

Package
- B Plastic DIP*
- D Ceramic DIP*
- G Ceramic QFP
- H LFBGA/TFBGA
- I UFBGA Pitch 0.5**
- J UFBGA Pitch 0.8**
- K UFBGA Pitch 0.65**
- M Plastic SO
- P TSSOP
- Q Plastic QFP
- T QFP
- U UFQFPN
- V VFQFPN
- Y WLCSP
- * Dual-in-Line package
- ** For new product serie only for existing product marketing serie please use H letter

Temperature range (°C)
- 6 and A −40 to +85
- 7 and B −40 to +105
- 3 and C −40 to +125
- D −40 to +150

Firmware Royalties
- U Universal
- Not for production (Sampling and tools)
- V MP3 decoder
- W MP3 Codec
- J 0.80 mm
- D IS2T JAVA

Option
- xxx Fastrom code
- or
- xTR Tape and Real
- Dxx No RTC (STM8L)
- Dxx BOR OFF with Special bonding+Boot standard
- Dxx BOR OFF with Boot I2CS (Special)
- Sxx BOR OFF
- Ixx BOR ON
- No Letter BOR ON+Boot standard
- or
- Yxx Die rev (Y)

图 1-3 STM32 微控制器命名方法

4

STM32F407 的片上资源丰富，能够满足基本开发需求，STM32F407 是基于 ARMCortex-M4 内核的 STM32F4 系列高性能微控制器，主频可达到 168 MHz。STM32F407 的内核为 Cortex-M4、Flash（闪存）1 024 KB、RAM（随机存取存储器）192 KB、144 个引脚、LQFP 的封装、114 个 GPIO，如图 1-4 所示。

学习笔记

STM32 F407功能

STM32的片上资源

STM32F407的内部框图

STM32微控制器的命名规范

STM32 F4 SERIES - ARM® CORTEX®-M4 HIGH-PERFORMANCE MCUs WITH DSP AND FPU

Part number	Flash size (Kbytes)	Internal RAM size (Kbytes)	Package	Timer functions: 16-/32-bit timers	Timer functions: Others	ADC	DAC	I/Os	Serial interface: SPI	SAI	I²S	I²C	USART + UART[1]	USB OTG	CAN 2.0B	SDIO	Ethernet MAC10/100	Supply voltage (V)	Supply current (Icc): Lowest power mode (µA)	Run mode (per MHz) (µA)	Maximum operating temperature range (°C)
STM32F417VE[2]	512	192	LQFP100	12x16-bit / 2x32-bit	2x WDG, RTC, 24-bit downcounter	16x12-bit	2x12-bit	82	3		2	3	4+2	2	2	1	Yes	1.8 to 3.6	1.7	215	-40 to +105
STM32F407ZE	512	192	LQFP144	12x16-bit / 2x32-bit		24x12-bit	2x12-bit	114	3		2	3	4+2	2	2	1	Yes	1.7[3] to 3.6	1.7	215	-40 to +105
STM32F417ZE[2]	512	192	LQFP144	12x16-bit / 2x32-bit		24x12-bit	2x12-bit	114	3		2	3	4+2	2	2	1	Yes	1.7[3] to 3.6	1.7	215	-40 to +105
STM32F407IG	1024	192	UFBGA176 LQFP176	12x16-bit / 2x32-bit		24x12-bit	2x12-bit	140	3		2	3	4+2	2	2	1	Yes	1.7[3] to 3.6	1.7	215	-40 to +105
STM32F417IG[2]	1024	192	UFBGA176 LQFP176	12x16-bit / 2x32-bit		24x12-bit	2x12-bit	140	3		2	3	4+2	2	2	1	Yes	1.7[3] to 3.6	1.7	215	-40 to +105
STM32F407VG	1024	192	LQFP100	12x16-bit / 2x32-bit		16x12-bit	2x12-bit	82	3		2	3	4+2	2	2	1	Yes	1.8 to 3.6	1.7	215	-40 to +105
STM32F417VG[2]	1024	192	LQFP100	12x16-bit / 2x32-bit		16x12-bit	2x12-bit	82	3		2	3	4+2	2	2	1	Yes	1.8 to 3.6	1.7	215	-40 to +105
STM32F407ZG	1024	192	LQFP144	12x16-bit / 2x32-bit		24x12-bit	2x12-bit	114	3		2	3	4+2	2	2	1	Yes	1.7[3] to 3.6	1.7	215	-40 to +105
STM32F417ZG[2]	1024	192	LQFP144	12x16-bit / 2x32-bit		24x12-bit	2x12-bit	114	3		2	3	4+2	2	2	1	Yes	1.7[3] to 3.6	1.7	215	-40 to +105
STM32F427/437 line: 2x USB OTG (FS/HS[1]), camera IF, crypto/hash processor[2], SDRAM interface, dual-bank Flash - 180 MHz CPU																					
STM32F427AG	1024	256	UFBGA169	12x16-bit / 2x32-bit	2x WDG, RTC, 24-bit downcounter	24x12-bit	2x12-bit	130	6	1	2	3	4+4	2	2	1	Yes	1.7[3] to 3.6	1.7	208	-40 to +105
STM32F427IG	1024	256	UFBGA176 LQFP176	12x16-bit / 2x32-bit		24x12-bit	2x12-bit	140	6	1	2	3	4+4	2	2	1	Yes	1.7[3] to 3.6	1.7	208	-40 to +105
STM32F427VG	1024	256	LQFP100	12x16-bit / 2x32-bit		16x12-bit	2x12-bit	82	6	1	2	3	4+4	2	2	1	Yes	1.8 to 3.6	1.7	208	-40 to +105
STM32F427ZG	1024	256	LQFP144	12x16-bit / 2x32-bit		24x12-bit	2x12-bit	114	6	1	2	3	4+4	2	2	1	Yes	1.7[3] to 3.6	1.7	208	-40 to +105
STM32F437IG[2]	1024	256	UFBGA176 LQFP176	12x16-bit / 2x32-bit		24x12-bit	2x12-bit	140	6	1	2	3	4+4	2	2	1	Yes	1.7[3] to 3.6	1.7	208	-40 to +105
STM32F437VG[2]	1024	256	LQFP100	12x16-bit / 2x32-bit		16x12-bit	2x12-bit	82	6	1	2	3	4+4	2	2	1	Yes	1.8 to 3.6	1.7	208	-40 to +105
STM32F437ZG[2]	1024	256	LQFP144	12x16-bit / 2x32-bit		24x12-bit	2x12-bit	114	6	1	2	3	4+4	2	2	1	Yes	1.7[3] to 3.6	1.7	208	-40 to +105

图 1-4　STM32F407 的片上资源

STM32F407 允许的最高电压 3.6 V，最低电压 1.8 V。其中包含 12 个 16 bit 定时器、2 个 32 bit 定时器，3 个 ADC（模数转换器）、24 个 ADC 通道、2 个 DAC（数模转换器）、3 个 SPI（串行外设接口）、2 个 I^2S（音频接口）、3 个 I^2C（二线制串行总线）、6 个串口、2 个 CAN 总线（控制器局域网总线）、1 个 SDIO（安全数字输入输出）、1 个 FSMC（灵活的静态存储控制器）、1 个 USB OTG-FS、1 个 USB OTG-HS、1 个 DCMI（数据中心管理接口）、1 个 RNG（随机数发生器）。

ST 公司发布的 ARM-Cortex-M4 架构的微控制器 STM32F407ZGT6，按照命名规范能够明白其具体含义，见表 1-1 所示。

表 1-1　微控制器 STM32F407ZGT6 的含义

微 控 制 器	STM32F407ZGT6	
家族	STM32	表示 ST 公司生产的 32 bit 的 MCU
产品类型	F	表示基础型
具体特性	407	表示高性能且带 DSP 和 FPU
引脚数目	Z	表示 144 pin
	—	其他常用的为 C，表示 48，R 表示 64，V 表示 100，I 表示 176，B 表示 208，N 表示 216
FLASH	G	表示 1 024 KB，
	—	其他常用的为 C 表示 256，E 表示 512，I 表示 2 048
封装	T	表示 QFP 封装
温度	6	表示温度等级为 A：－40～85 ℃

任务二 初识开发板硬件电路

任务描述

本任务读者通过了解扩展板和核心板的硬件电路,熟悉本书的开发对象。

相关知识

STM32 微控制器启动模式

STMF4 系列微控制器启动模式有多种,表 1-2 列出了三种不同的启动模式。

第一种是最常用的用户内存存储器(FLASH)启动,正常工作就是在这种模式下,STM32 的 FLASH 可以擦除 10 万次。

第二种是系统存储器启动方式,也就是常说的串口下载方式(ISP),因其启动速度比较慢,不建议使用。STM32 中自带的 BootLoader 就是在这种启动方式中,如果出现硬件错误可以切换 BOOT0 为 1 到该模式下重新烧写 FLASH 即可恢复正常。

第三种启动方式是 STM32 内嵌的 SRAM 启动,该模式用于调试。

BOOT0 设置为 0,仿真下载后,程序直接可以运行。而当 BOOT0 设置为 1 时,可以通过 URAT1 下载程序,下载程序后,必须把 BOOT0 重新设置为 0 后,程序才能正常执行。

表 1-2 启动模式

BOOT0	BOOT1	启 动 模 式	说　　明
0	X	用户闪存存储器	用户闪存存储器,也就是 FLASH 启动
1	0	系统存储器	系统存储器启动,用于串口下载
1	1	SRAM 启动	用于在 SRAM 中调试代码

任务实施

一、了解扩展板硬件电路

本书使用的开发板由核心板与扩展板组成,采用了 ST 公司 Cortex-M4 内核的 STM32F407ZGT6 型号的芯片,可通过 SWD(串行调试)方式调试和下载,核心板和扩展板的实物图如图 1-5 所示。

扩展板上提供了常用模块,包括按键、LED、SPI 接口的 TFT 显示屏模块、I²C 接口的 OLED 显示屏模块,并把核心板的 GPIO 都引出在扩展板上,方便读者进行嵌入式开发实验。

1. 键盘电路和 LED 灯电路

扩展板放置了八个按键和八个 LED 灯,分别为 S1,…,S8 和 D1,…,D8,如图 1-6 所示。由于按键一端接 GND,若另一端与 GPIO 连接,当按键按下时 I/O 口为低电平,因此在设置按键时需要将连接按键的 I/O 口的设置为上拉。LED 显示电路可以让读者按照自己的方式任意布置装扮出不同的效果,这样有利于初学者更容易地掌握 GPIO 入门知识。

图 1-5　核心板和扩展板的实物图

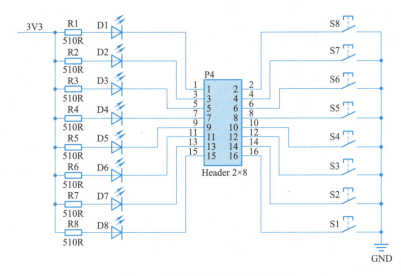

图 1-6　按键和 LED 电路原理图

2. I^2C 接口电路

在扩展板上集成了具有 I^2C 接口的 0.96 英寸 OLED 屏,可以通过 I^2C 接口实现数据的读写等操作。I^2C 接口和 SPI 接口电路如图 1-7 所示。

3. SPI 接口电路

扩展板上通过 SPI 总线控制 TFT 显示屏显示。SPI 接口电路和 I^2C 接口电路使用拨码开关可以控制启用其中的一个。

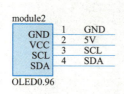
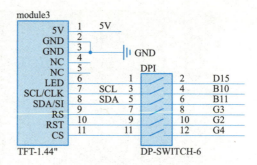

图 1-7 I²C 接口和 SPI 接口电路图

二、了解核心板电路

1. 核心板的电源电路

STM32F4 系列的工作电压（V_{DD}）为 1.8～3.6 V。电源电路如图 1-8（a）所示，使用 USB 口输入 5 V 电压，通过 LM1117-3.3 为系统提供稳定的 3.3 V 电压。当系统供电后，电源指示灯被点亮，提示系统处于供电状态，指示灯原理如图 1-8（b）所示。

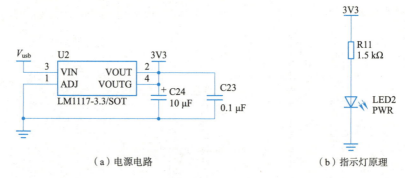

（a）电源电路　　　　　　　　　　（b）指示灯原理

图 1-8 电源电路及指示灯原理

2. 系统复位电路

在 STM32F4 系列芯片中，由于有完善的内部复位电路，外部复位电路就特别简单，只需要使用阻容复位方式即可。系统的复位电路如图 1-9（a）所示。

3. 时钟电路

STM32F4 系列微控制器可以使用外部晶振或外部时钟源为系统提供参考时钟，也可以使用内部 RC 振荡器为系统提供时钟源。当使用外部晶振作为系统时钟源时，可以为系统提供精确的系统参考源。外部晶振的频率为 4～16 MHz。核心板使用 8 MHz 外接晶振为系统提供精确的系统时钟参考，使用 32.768 kHz 低速外部晶体作为 RTC 的时钟源，连接到芯片的 PC14、PC15 引脚。具体电路如图 1-9（b）、图 1-9（c）所示。

4. 下载电路模块的电路原理图

核心板上集成了 JTAG 下载电路（见图 1-10）和 SWD 接口电路、串口电路（见图 1-11）。STM32F407 的核心板支持多种下载方式。

项目一 开发环境搭建

（a）系统复位电路图

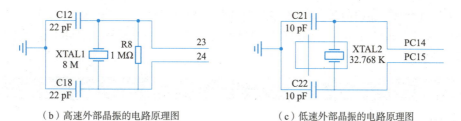

（b）高速外部晶振的电路原理图　　　（c）低速外部晶振的电路原理图

图 1-9　系统复位电路及外部晶振电路原理图

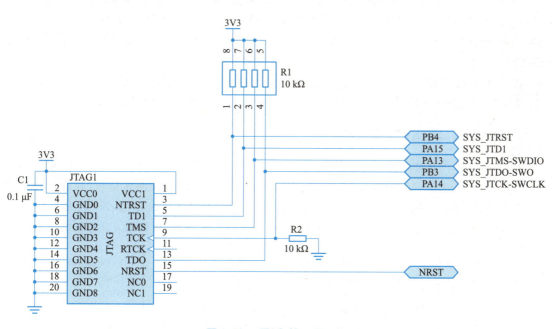

图 1-10　JTAG 接口原理图

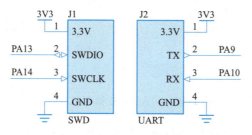

图 1-11　SWD 接口原理图

任务三 搭建开发环境

任务描述

本任务将进行微控制器的开发环境搭建,通过获取 KEIL 安装包,安装 KEIL5、STM32 芯片包及调试工具,完成开发环境的搭建。搭建好开发环境后,就可以从 KEIL5 入手,使用 C 语言进行 STM32 微控制器的开发。

相关知识

开发工具

一、MDK-ARM

KEILC51 是针对 51 系列的开发工具,MDK-ARM 则是 KEIL 公司针对 ARM 的开发工具。二者相互独立,但均采用了 μVision 集成开发环境。KEIL 界面包含 KEILμVision2、KEILμVision3、KEILμVision4、KEILμVision5。2013 年 10 月,KEIL 正式发布了 KEILμVision5 IDE。本书使用的是 KEILμVision5 IDE。

KEILμVision5 IDE 是一个窗口化的软件开发平台,它集成了功能强大的编辑器、工程管理器和各种编译工具(包括 C 编译器、宏汇编器、链接/装载器和十六进制文件转换器)。

二、JTAG 接口和 SWD 调试接口

JTAG 接口和 SWD 调试接口对应两种调试模式,如图 1-12 所示。

JTAG(Joint Test Action Group,联合测试行动小组)是一种国际标准测试协议(IEEE1149.1 兼容),主要用于芯片内部测试。现在多数的高级器件都支持 JTAG 协议,如 ARM、DSP、FPGA 器件等。标准的 JTAG 接口是 4 线:TMS、TCK、TDI、TDO,分别为模式选择、时钟、数据输入和数据输出线。

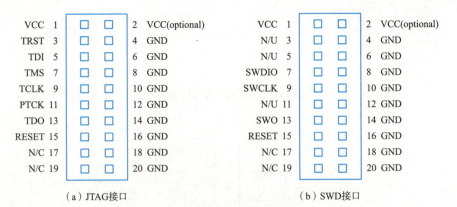

图 1-12 JTAG 接口和 SWD 接口

SWD(serial wire debug,串行调试)接口是一种与 JTAG 不同的调试模式,使用的调试协议也不一样,最直接地体现在调试接口上,与 JTAG 的 20 个引脚相比,SWD 只需要 4 个(或者 5 个)引脚,结构

简单，但是使用范围没有 JTAG 广泛。很多主流调试器也是后来才加入了 SWD 调试模式。

学习笔记

任务实施

一、获取 KEIL5 安装包

要安装 KEIL5，首先要获取 KEIL5 安装包，可以通过 KEIL 的官网进行下载。打开官网的界面，如图 1-13 所示。一定要看清楚要下载的是 MDK-ARM，而且要注意下载的软件基本都是试用版，试用期是一个月，如果要长期使用应购买注册版。

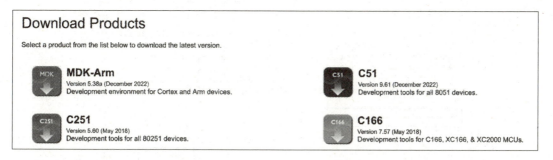

图 1-13　官网下载 MDK-ARM

二、安装 KEIL5

安装步骤如下：

①下载好安装包以后就可以安装，本书使用的版本是 MDK-ARMV 5.23。双击 KEIL5 安装图标，开始安装，如图 1-14 所示。

安装KEIL5

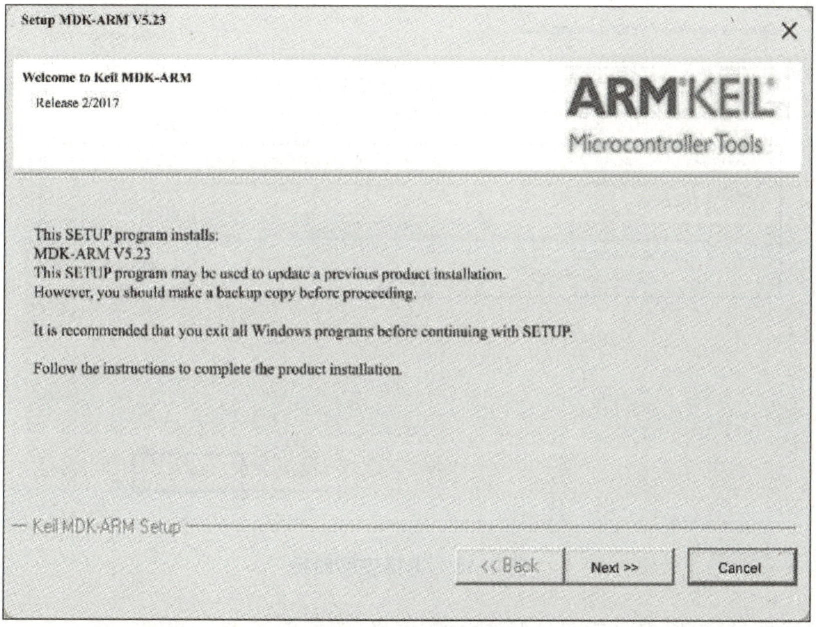

图 1-14　开始安装 KEIL

②选中同意协议复选框,然后单击 Next 按钮继续安装,如图 1-15 所示。

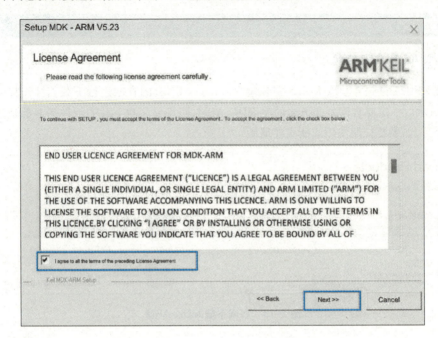

图 1-15　选中同意协议复选框

③选择安装路径,注意路径中不能有中文,然后单击 Next 按钮,如图 1-16 所示。

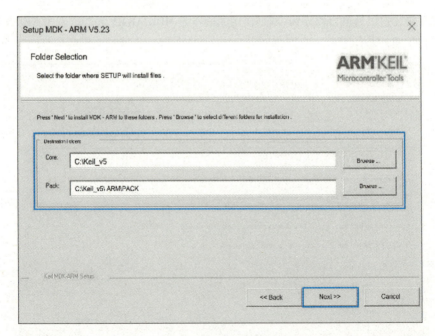

图 1-16　选择安装路径

④填写用户信息,可以填写如图 1-17 所示的信息,然后单击 Next 按钮。

学习笔记

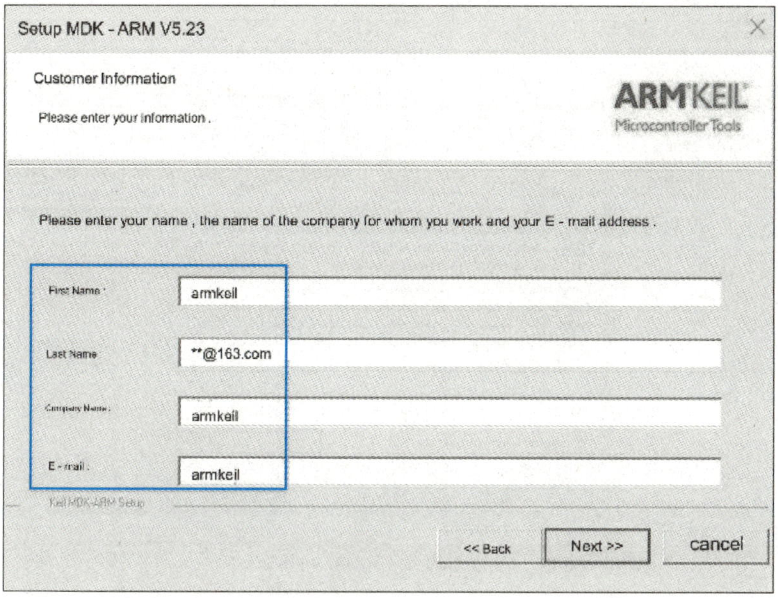

图 1-17　填写用户信息

⑤安装完成,单击 Finish 按钮即可,如图 1-18 所示。安装完成后会在桌面上有一个 KEIL5 图标的快捷方式。

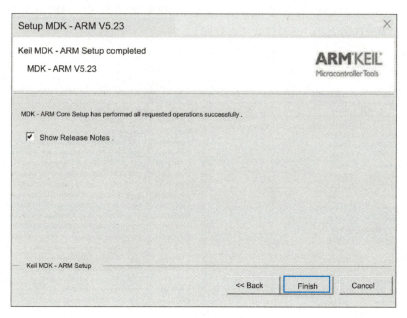

图 1-18　安装完成

三、安装 STM32 芯片包

安装好 KEIL5 时会弹出一个窗口提示读者需要安装芯片包(见图 1-19),直接单击 OK 按钮即可。芯片包可以在 KEIL 的官网下载,如 Keil. STM32F4xx_DFP. 2. 12. 0 包。

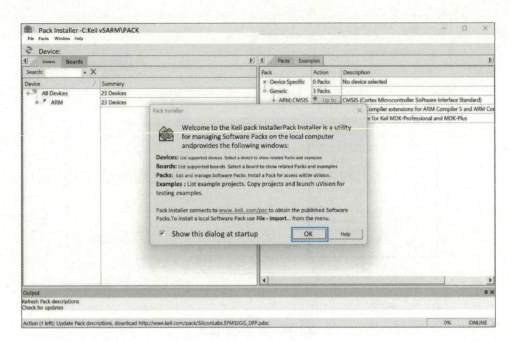

图 1-19　安装芯片包提示窗口

下载好芯片包以后，可以选择 File→import 命令（见图 1-20），双击存储路径下的芯片包开始安装。安装好芯片包以后就能够找到这个器件。例如，如果安装的是 STM32F4 的芯片包，就能够在 Device 中找到 STM32F407ZGTx，该器件就可以使用。

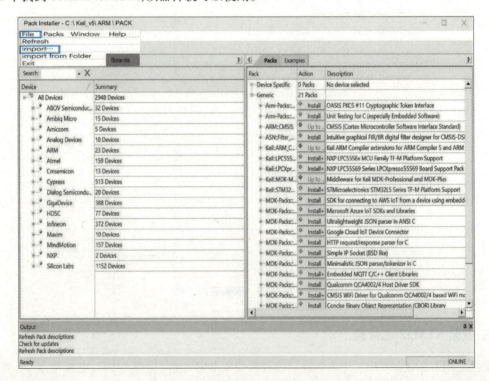

图 1-20　从 File 导入 pack 包

四、安装调试工具

ST-LINK(见图1-21、图1-22)是ST(意法半导体)公司专门针对STM8和STM32系列芯片的仿真器,目前被多数ARM开发环境支持,如MDK、IAR等主流开发环境。

图1-21 ST-LINK仿真器(一)

图1-22 ST-LINK仿真器(二)

要使用ST-LINK仿真器就要安装ST-LINK驱动程序,ST-LINK下载界面如图1-23所示。

图1-23 ST-LINK驱动下载

下载并安装好ST-LINK驱动程序后,需要进行工程设置:

①打开工程,单击工具栏中的"🛠"按钮(见图1-24),单击Debug选项卡(见图1-25),选择ST-LinkDebugger,单击Settings按钮。

图1-24 选择options

②单击Settings按钮后,如果仿真器连接了计算机,则MDK就会识别出仿真器,此时,单击"确

ARM 微控制器与嵌入式系统

定"按钮就可以使用 ST-LINK 下载程序,如图 1-25 所示。

下载程序

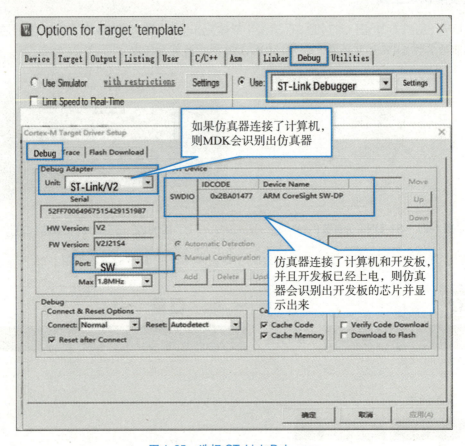

图 1-25 选择 ST-Link Debugger

至此,开发环境搭建完成,接下来就可以进行微控制器的开发。

项目总结

本项目讲解了 ARM 微控制器与嵌入式系统的开发入门知识。通过了解 ARM 历史、STM32F407 微控制器硬件电路以及软件环境搭建使读者为开发微控制器和嵌入式系统做好准备。

扩展阅读 华为麒麟芯片十年攀登史

回首过去,华为终端麒麟芯片从初出茅庐的追赶者一步步成为引领行业的领先者。2009 年,华为推出第一款手机 AP 芯片 K3V1,为后续手机芯片研发积累了宝贵的经验。2017 年,华为发布全球首款人工智能手机 SoC 麒麟 970,开创端侧 AI 行业先河,2019 年登场的全球首款旗舰 5G SoC 麒麟 990 5G 更是率先带给广大消费者更快的 5G 连接体验。具体发展历史如图 1-26 所示。

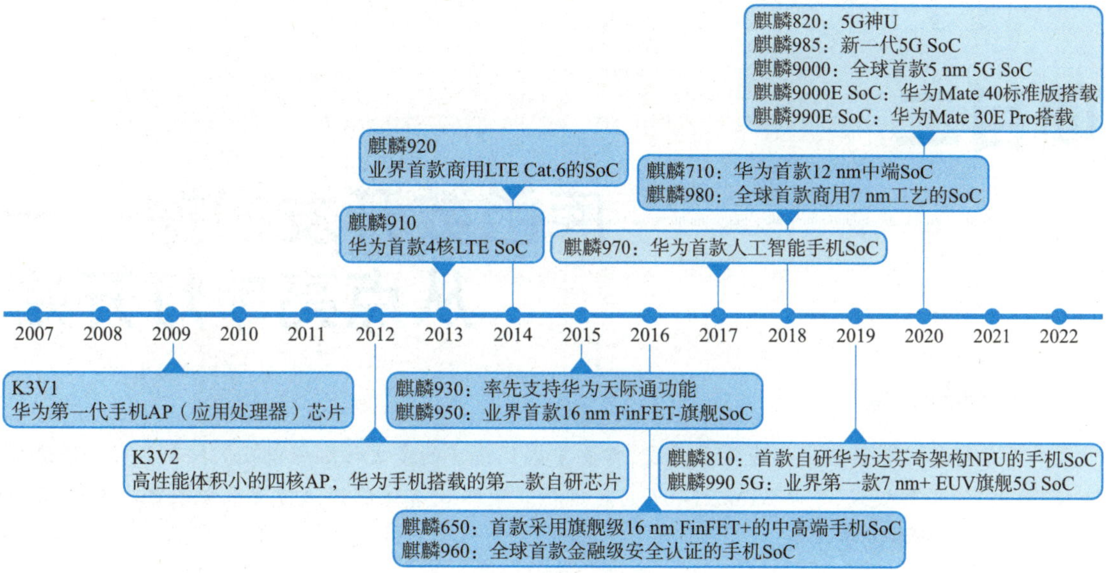

项目一 开发环境搭建

华为麒麟芯片发展时间轴：

- **2009年** K3V1：华为第一代手机AP（应用处理器）芯片
- **2012年** K3V2：高性能体积小的四核AP，华为手机搭载的第一款自研芯片
- **2013年** 麒麟910：华为首款4核LTE SoC
- **2014年** 麒麟920：业界首款商用LTE Cat.6的SoC
- **2015年** 麒麟930：率先支持华为天际通功能；麒麟950：业界首款16 nm FinFET旗舰SoC
- **2016年** 麒麟650：首款采用旗舰级16 nm FinFET+的中高端手机SoC；麒麟960：全球首款金融级安全认证的手机SoC
- **2017年** 麒麟970：华为首款人工智能手机SoC
- **2018年** 麒麟710：华为首款12 nm中端SoC；麒麟980：全球首款商用7 nm工艺的SoC
- **2019年** 麒麟810：首款自研华为达芬奇架构NPU的手机SoC；麒麟990 5G：业界第一款7 nm+ EUV旗舰5G SoC
- **2020年** 麒麟820：5G神U；麒麟985：新一代5G SoC；麒麟9000：全球首款5 nm 5G SoC；麒麟9000E SoC：华为Mate 40标准版搭载；麒麟990E SoC：华为Mate 30E Pro搭载

图 1-26 华为麒麟芯片发展史

十年风雨，麒麟芯片始终坚持初心，追求更好的用户体验，用技术创造价值。
始终相信：唯坚持，得突破。

项目二

库函数开发初探——从点亮单灯开始

项目描述

本项目将通过库函数进行嵌入式开发,需要掌握C语言的多文件编程以及微控制器GPIO(通用输入/输出)的工作模式,了解STM32F407的时钟树。最终读者能够通过建立库函数的工程模板进行库函数开发,能够点亮单灯。

项目内容

- 任务一 多文件编程。
- 任务二 创建库函数工程模板。
- 任务三 点亮单灯。

学习目标

- 熟练掌握:C语言多文件编程的方法,创建库函数工程模板。
- 掌握:点亮单灯的思路、流程。
- 初步了解:GPIO的工作模式,时钟树的基本知识。

任务一 多文件编程

任务描述

C语言在1972年由AT&T公司(现在的朗讯公司-LUCENT)贝尔实验室开发,伴随着UNIX操作系统一起成长。在随后的数年间,C语言与UNIX操作系统相辅相成不断完善。后来,C语言作为一种被广泛采用的语言,独立于UNIX操作系统,可以在各种机器上使用。

相关知识

一、使用函数提高编程效率

下面的实例可以实现3个函数功能:

项目二　库函数开发初探——从点亮单灯开始

```c
#include <stdio.h>
#include <stdlib.h>
void func1();                    //函数声明
void func2();                    //函数声明
void func3();                    //函数声明
int main(void)
{
    printf("Hello world!\n");
    func1();
    func2();
    func3();
    system("pause");
    return 0;
}
//函数实现
void func1(){
    printf("函数 1 \n");
}
void func2(){
    printf("函数 2 \n");
}
void func3(){
    printf("函数 3 \n");
}
```

程序运行结果如图 2-1 所示。

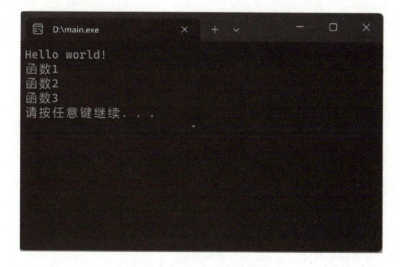

图 2-1　程序运行结果

在这个程序中,所有的函数实现都在同一文件中,代码量很少,很容易看懂。当代码量很大的时候,会发现程序调试很费力,这样的方法就不适用了。这时需要用到模块化编程。

二、模块化编程

在 C 语言中,可以将一个.c 文件称为一个模块(module)。所谓模块化开发,是指一个程序包含了多个源文件(.c 文件)以及头文件(.h 文件),C 语言代码要经过编译器对这些模块进行编译,并通过连接生成可执行文件。

每个 C 程序都有一个且只能有一个 main.c 文件,如果要进行多文件编程,可以再建立多个.c 文件,但是一定要建与这个.c 文件对应的.h 文件,并且名称要相同。在 main.c 中如果要调用.c 文件中的函数,只要把.h 文件包含在里面即可,如图 2-2 所示。

多文件编程

```
#include "max.h"
int main(){
    max(23,80);
    return 0;
}
```
(a) main.c

```
//进行函数的声明
int max(int x,int y);
```
(b) max.h

```
//max函数实现
int max(int x,int y){
    return x>y?x:y;
}
```
(c) max.c

图 2-2　多文件编程

为了体现 C 语言模块化编程思想,可以把 func1、func2、func3 的实现单独放在一个文件中。

在 main.c 文件中只放主函数,建立源文件 myfile.c,在这个源文件中实现子函数;再建立一个 myfile.h 的库函数,声明 myfile.c 文件中的子函数,通过 main.c 调用子函数。

在 main.c 中的程序如下:

```
#include <stdio.h>
#include "myfile.h"
int main( int argc, char **argv)
{
    printf("Hello world!\n");
    func1();
    func2();
    func3();
    return 0;
}
```

在 myfile.c 中的程序如下:

```
void func1(){
    printf("函数 1 \n");
}
void func2(){
    printf("函数 2 \n");
}
void func3(){
    printf("函数 3 \n");
}
```

在 myfile.h 中的程序如下:

```
void func1();
void func2();
void func3();
```

运行后的结果与上面的运行结果相同,多文件编程的工程窗口如图 2-3 所示。

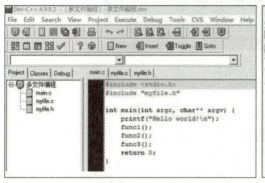
（a）main.c

（b）myfile.c

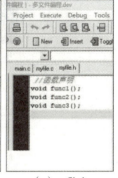
（c）myfile.h

图 2-3　多文件编程工程

多文件编程实例

任务实施

使用多文件编程求三角形和矩形面积

仿照上面多文件编程的步骤,完成三角形和矩形面积的编程。具体步骤如下:
① 创建函数 area.c,在其中实现三角形和矩形的面积函数。
② 创建库函数 area.h,在其中声明三角形和矩形面积函数。
③ 创建主函数 main.c,在其中包含 area.h,输入三角形和矩形的参数,通过调用函数计算面积并输出,如图 2-4 所示。

（a）main.c

（b）area.h

（c）area.c

图 2-4　多文件编程实现面积函数

编译运行后,结果如图 2-5 所示。

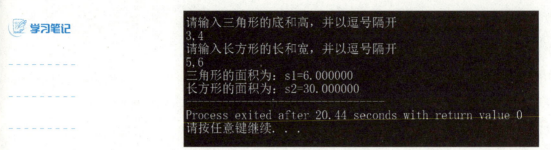

图2-5　面积函数运行结果

任务二　创建库函数工程模板

任务描述

通过了解固件库文件，创建库函数的工程模板，为微控制器的开发做好准备。

相关知识

一、固件库文件

STM32库函数
工程模板创建

可以从官网下载标准的固件库STM32F4xx_DSP_StdPeriph_Lib_V1.8.0，了解固件库的相关内容，然后创建工程模板。

对固件库解压后进入其目录，能看到固件库的文件夹中包含这些内容，如图2-6所示。

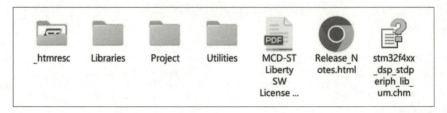

图2-6　标准库文件夹

标准库文件夹中的内容：

①_htmres：文件夹中是一些图标。

②Libraries：文件夹中是驱动库的源代码及启动文件。

③Project：文件夹中是用驱动库写的例子和工程模板。

④Utilities：包含基于ST公司官方实验板的例程，以及第三方软件库，如emwin图形软件库、fatfs文件系统。

⑤MCD-STLiberty SWLicense：库文件的License说明。

⑥Release_Note.html：库的版本更新说明。

⑦stm32f4xx_dsp_stdperiph_lib_um.chm：库帮助文档，这是一个已经编译好的HTML文件，主要

讲述如何使用驱动库来编写自己的应用程序。

在使用库函数进行嵌入式开发时,需要把 Libraries 目录下的库函数文件添加到工程中,并查阅库帮助文档来了解 ST 公司提供的库函数。这个文档说明了每一个库函数的使用方法。

进入 Libraries 文件夹看到,关于内核与外设的库文件分别存放在 CMSIS 和 STM32F4xx_StdPeriph_Driver 文件夹中。

1. CMSIS 文件夹

STM32F4xx_DSP_StdPeriph_Lib_V1.8.0\Libraries\CMSIS\ 文件夹下内容如图 2-7 所示,其中 Device 和 Include 中的文件着重学习。

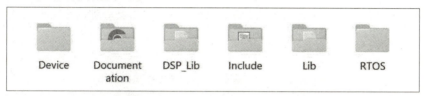

图 2-7　CMSIS 文件夹下的内容

(1) Device 文件夹

Device 文件夹中是具体芯片相关文件,包含启动文件、芯片外设寄存器定义文件、系统时钟初始化功能的一些文件,这是由 ST 公司提供的。

①system_stm32f4xx.c 文件:文件目录 Libraries\CMSIS\Device\ST\STM32F4xx\Source\Templates。

这个文件包含了 STM32 芯片上电后初始化系统时钟、扩展外部存储器用的函数,如 SystemInit()函数,用于上电后初始化时钟。该函数的定义就存储在 system_stm32f4xx.c 文件中。STM32F407 系列的芯片,调用库的 SystemInit()函数后,系统时钟被初始化为 168 MHz,若有需要可以修改这个文件的内容,设置成自己所需的时钟频率。

②startup_stm32f40_41xxx.s 文件:启动文件,文件目录 Libraries\CMSIS\Device\ST\STM32F4xx\Source\Templates\arm。

在 Templates 文件夹下,有很多文件夹,如 arm、gcc_ride7、iar 等,这些文件夹中包含了对应编译平台的汇编启动文件,在实际使用时要根据编译平台来选择。MDK 启动文件在 arm 文件夹中,其中的 startup_stm32f40_41xxx.s 即为 STM32F407 芯片的启动文件。

③stm32f4xx.h 文件:文件目录 Libraries\CMSIS\Device\ST\STM32F4xx\Include。

stm32f4xx.h 文件非常重要,它是 STM32 芯片底层相关文件。它包含了 STM32 中所有的外设寄存器地址和结构体类型定义,在使用到 STM32 标准库的地方都要包含这个头文件。

(2) Include 文件夹

Include 文件夹中包含了 Cortex-M4 内核通用的头文件,作用是为那些采用 Cortex-M4 内核设计 SOC 的芯片商设计的芯片外设提供一个内核接口,定义了一些内核相关的寄存器。至于这些功能是怎样用源码实现的不用管,只需把这些文件加进工程文件即可。

STM32F4 的工程必须用到 4 个文件:core_cm4.h、core_cmFunc.h、corecmInstr.h、core_cmSimd.h,其他的文件属于其他内核,还有几个文件是 DSP 函数库使用的头文件。

core_cm4.c 文件有一些与编译器相关的条件编译语句,用于屏蔽不同编译器的差异。其中包含一些同编译器相关的信息,如"__CC_ARM"(本书采用的是 RVMDK、KEIL)、"__GNUC__"(GNU 编译器)、"ICCCompiler"(IAR 编译器)。这些不同的编译器对于 C 嵌入汇编或内联函数关键字的语法不一样,这段代码统一使用"__ASM、__INLINE"宏来定义,而在不同的编译器下,宏自动更改到相应的值,实现了差异屏蔽。

这里要着重讲的是在 core_cm4.h 文件中包含了 stdint.h 头文件,这是一个 ANSIC 文件,它主要提供一些类型定义。在有些程序中读者还会看到如 u8、u16、u32 这样的类型,分别表示无符号 8 位、16 位、32 位整型。但是,这里要强调的是在标准 C 语言中的 int 类型,要看编译器定义的是 16 位还是 32 位,而在 stdint.h 中定义了具体的 8 位、16 位、或者 32 位、64 位的具体类型,在之后的编程中尽量使用 uint8_t、uint16_t 类型的定义。

2. STM32F4xx_StdPeriph_Driver

进入 Libraries 目录下的 STM32F4xx_StdPeriph_Driver 文件夹,会看到两个文件夹和一个 html 文件,如图 2-8 所示。

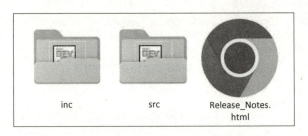

图 2-8　STM32F4xx_StdPeriph_Driver 文件夹下的内容

这两个文件夹分别为 inc(include 的缩写)和 src(source 的简写),主要用于 CMSIS 之外的芯片的片上外设部分。src 中是每个外设的驱动源文件,inc 中则是相对应的外设头文件,如图 2-9 所示。src 及 inc 文件夹是 ST 标准库的主要内容。

(a) inc 文件夹　　　　　　　　　　(b) src 文件夹

图 2-9　inc 和 src 文件夹下的内容

例如,针对 I^2C 外设,在 src 文件夹中有一个 stm32f4xx_i2c.c 源文件,在 inc 文件夹中有一个 stm32f4xx_i2c.h 头文件,若在开发工程中用到 STM32 的 I^2C 外设,则必须要把这两个文件包含到工程里。

这 src 文件夹中,还有一个很特别的 misc.c 文件,这个文件提供了外设对内核中的 NVIC(中断向量控制器)的访问函数,在配置中断时,必须把这个文件添加到工程中。

3. Project 文件夹

文件目录:STM32F4xx_DSP_StdPeriph_Lib_V1.8.0\Project\STM32F4xx_StdPeriph_Templates。在这个文件目录下,存放了官方的一个库工程模板,在用库建立一个完整的工程时,还需要添加这个目录下的 stm32f4xx_it.c、stm32f4xx_it.h、stm32f4xx_conf.h 这三个文件。

①stm32f4xx_it.c:这个文件是专门用来编写中断服务函数的,在修改前,它已经定义了一些系统异常(特殊中断)接口,其他普通中断服务函数由自己添加。如何写中断服务函数可以在汇编启动文件中找到,在学习中断和启动文件时会详细介绍。

②stm32f4xx_it.h:对应于源文件 stm32f4xx_it.c 的库函数。

③stm32f4xx_conf.h:被包含进 stm32f4xx.h 文件。ST 标准库支持所有 STM32F4 型号的芯片,但有的型号芯片外设功能比较多,所以使用这个配置文件根据芯片型号增减 ST 库的外设文件,可通过宏来指定芯片的型号。

4. 固件库各文件间的关系

可以从固件库整体上把握各个文件在库工程中的层次或关系,把这些文件对应到 CMSIS 标准架构上,如图 2-10 所示。

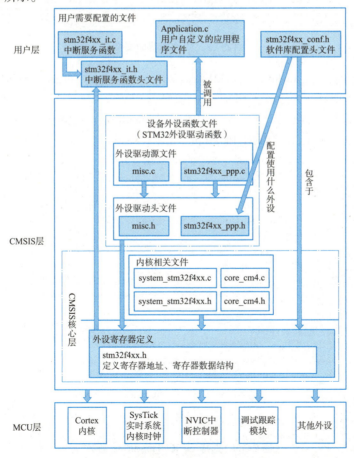

图 2-10　固件库各文件的关系

二、帮助文档

打开固件库帮助文档 stm32f4xx_dsp_stdperiph_lib_um.chm，如图 2-11 所示。

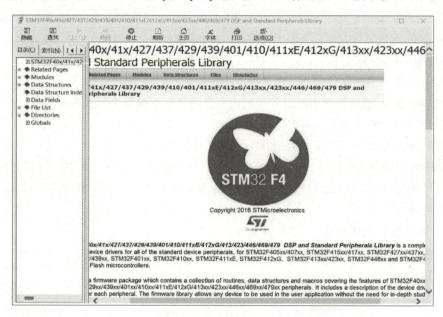

图 2-11　固件库帮助文档

打开帮助文档的目录：Modules\STM32F4xx_StdPeriph_Driver\，可看到 STM32F4xx_StdPeriph_Driver 下有很多外设驱动文件的名字 MISC、ADC、CAN、CRC 等。

打开 GPIO 的函数 Functions 中的位设置函数 GPIO_ResetBits，路径为 Modules\STM32F4xx_StdPeriph_Driver\GPIO\Functions\GPIO_ResetBits，如图 2-12 所示。

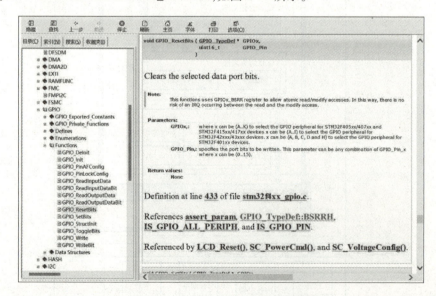

图 2-12　选择 GPIO_ResetBits 函数

通过查看文档,了解到函数的原型为:

void GPIO_ResetBits(GPIO_TypeDef * GPIOx , uint16_t GPIO_Pin_x)

其功能是清零选择的端口位数据。它的参数有 GPIOx 和 GPIO_Pin_x。GPIOx 指选定要控制的 GPIO 端口;GPIO_Pin_x 指端口的引脚号,指定要控制的引脚。

初步了解库函数,会发现每个函数和数据类型都符合见名知义的原则,虽然这样的名称特别长,写起来很容易出错,但是在开发软件时,可以直接从帮助文档或者源文件中复制、粘贴函数名称。同时,可以使用 MDK 软件中的代码自动补全功能,减少输入量。

任务实施

创建库函数工程模板

1. STM32 工程管理

要创建工程模板,需要进行一些约定俗成的说明,工程目录可以按照如图 2-13 所示的这几个文件夹进行创建。

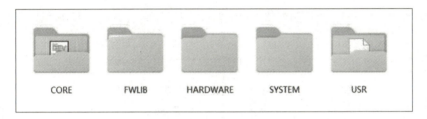

图 2-13　工程模板文件夹

①CORE:内核文件,或者说是微控制器的软件接口标准文件,有的工程目录称为 CMSIS。
②FWLIB:存放固件库函数。
③HARDWARE:外设文件。
④SYSTEM:系统文件。
⑤USR:用户文件。

可以新建一个文件夹,命名为工程的名字(如 firs_ttemplate),在此文件夹下建立 5 个文件夹,分别命名为 USR、SYSTEM、CORE、FWLIB、HARDWARE。在 ST 官网下载最新标准固件库(STM32F4xx_DSP_StdPeriph_Lib_V1.8.0)并解压,从中选择需要的文件,复制到相关的文件夹中。

①在 USR 文件夹中复制如图 2-14 所示的文件,文件的功能见表 2-1。

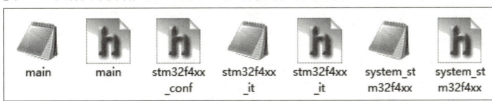

图 2-14　USR 文件夹

表 2-1　USR 文件夹下的文件功能

文 件 名 称	文 件 功 能
main.c	主源文件
main.h	主库函数
stm32f4xx_it.c	相关中断源文件
stm32f4xx_it.h	相关中断.h 文件
system_stm32f4xx.c	系统源文件
system_stm32f4xx.h	系统.h 文件
stm32f4xx_conf.h	外设驱动配置文件

②在 SYSTEM 中包含以下文件,但这些文件不在固件库中,在后面完成具体工程任务时根据需要来创建。

- delay 文件:delay.c、delay.h,延时源文件和延时库文件。
- usart 文件:usart.c、usart.h,串口源文件和串口库文件。

……

③在 CORE 内核文件夹(微控制器软件接口标准文件)中包含如图 2-15 所示的文件,文件的功能见表 2-2。

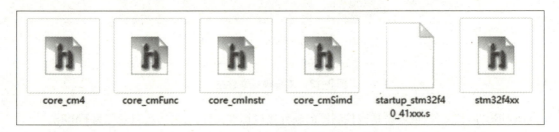

图 2-15　CORE 内核文件夹下的内容

表 2-2　CORE 文件夹下的文件功能

文 件 名 称	功　　能
core_cm4.h	内核功能的定义
core_cmFunc.h	内核核心功能接口头文件
core_cmInstr.h	包含内核核心专用指令的库文件
core_cmSimd.h	包含与编译器相关的处理的库文件
startup_stm32f40_41xxx.s	启动文件
stm32f4xx.h	头文件

④在 HARDWARE 外设文件夹中包含以下文件,这也是在后面完成具体工程任务时根据需要来创建。

- led.c、led.h:led 的源文件和库文件。
- key.c、key.h:key 的源文件和库文件。
- lcd.c、lcd.h:lcd 的源文件和库文件。

⑤在 FWLIB 库文件夹中包含两个文件夹,如图 2-16 所示。
- inc 文件夹:固件库函数头文件。
- src 文件夹:固件库函数源文件。

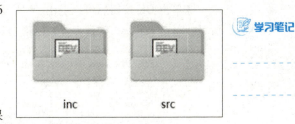

图 2-16　FWLIB 库文件夹下的内容

2. 创建 STM32 库函数工程模板

①打开 KeiluVision5,新建工程,命名为 first-template 保存在 USR 文件夹中,如图 2-17 所示。

图 2-17　新建工程

②单击"保存"按钮,在打开的对话框中,选择 CPU(STM32F407ZGTx),如图 2-18 所示。

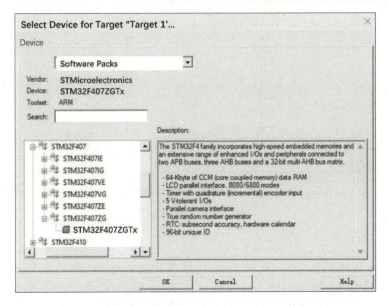

图 2-18　选择 CPU(STM32F407ZGTx)

③单击 OK 按钮后可以退出,不需要选择配套固件,再单击 OK 按钮,即可建好工程,如图 2-19 所示。单击 manage(管理工程)按钮,打开如图 2-20 所示的对话框。

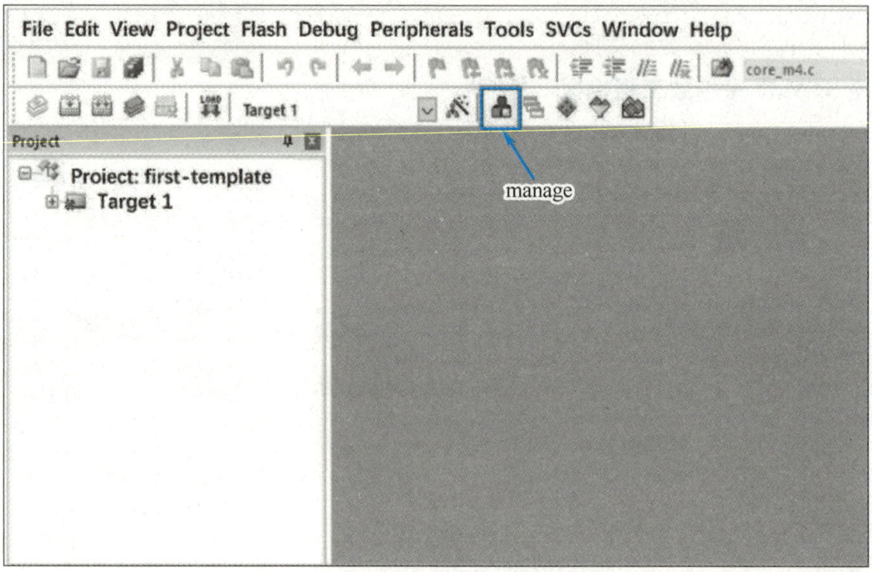

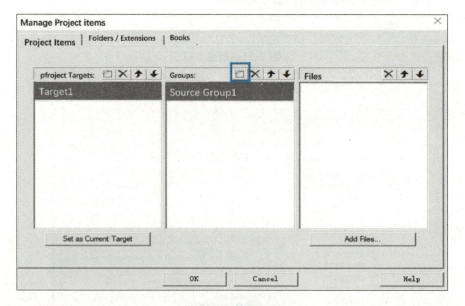

图 2-19　建好的工程

图 2-20　管理工程

④在所建的工程中添加文件,双击 Target1,修改其为 template,然后在 Groups 中增加 USR、SYSTEM、CORE、HARDWARE、FWLIB 五个文件目录,双击 Source Group1,将其修改为 USR,再单击图 2-20 中的 按钮可以增加文件目录,添加好的文件目录如图 2-21 所示。

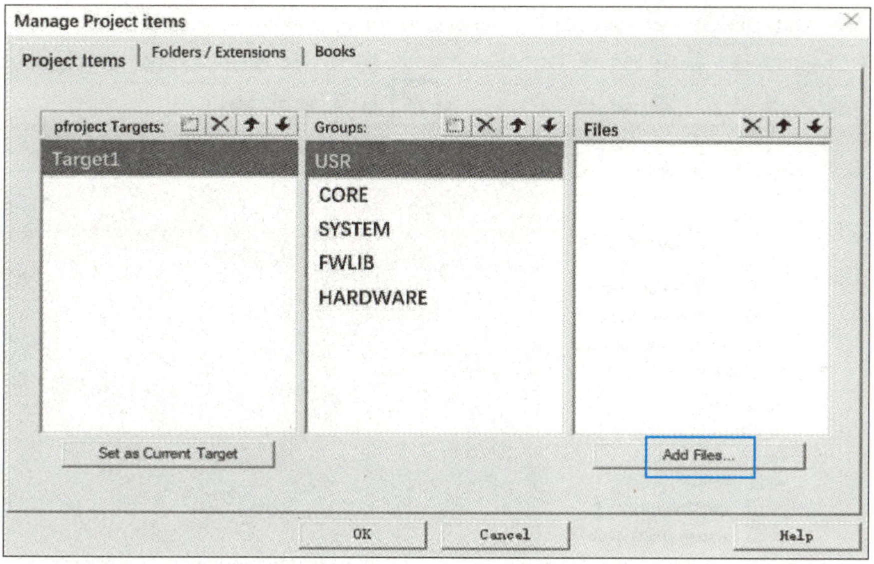

项目二　库函数开发初探——从点亮单灯开始

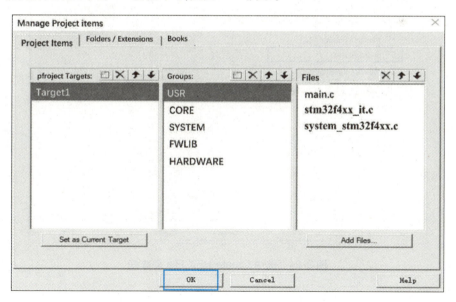

图 2-21　增加文件目录

⑤在设置好目录的对话框中，分别给目录添加文件，单击 Add Files 按钮完成此工作。选中每一个文件目录，如选中 USR，然后单击 Add Files 按钮为其添加文件。其中，USR 中添加 main.c、stm32f4xx_it.c、system_stm32f4xx.c 三个文件；CORE 中添加 startup_stm32f40_41xxx.s；fwlib 中添加的文件与要驱动的外设有关，可以先添加 stm32f4xx_gpio.c、stm32f4xx_rcc.c、stm32f4xx_usart.c；HARDWARE 中添加的文件也与具体的外设相关，可以先不添加；SYSTEM 中也先不添加文件。每个文件夹添加文件完成后单击 OK 按钮即可，如图 2-22 所示。

图 2-22　添加文件

⑥建好工程后选中魔法棒进行工程配置，如图 2-23 所示。

31

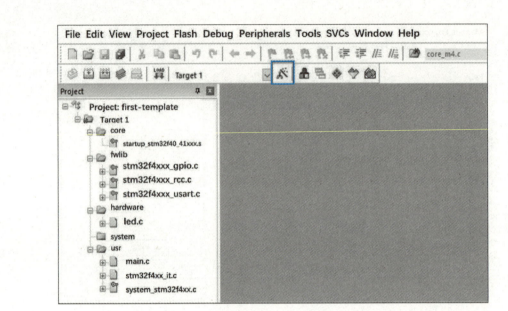

图 2-23　配置好文件目录的工程

⑦单击魔法棒后，在打开的对话框中，首先选择 Output 选项卡，选中 Create HEX File 复选框就能够创建 HEX 文件，如图 2-24 所示。

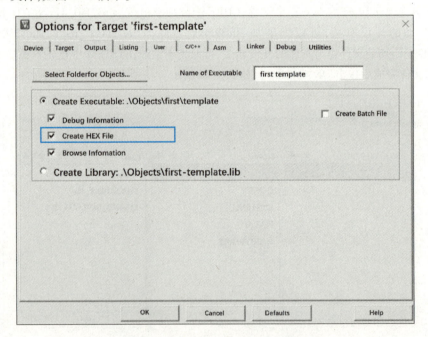

图 2-24　选中 Create HEX File 复选框

⑧在 C/C++ 选项卡的 Define 文本框中添加 USE_STDPERIPH_DRIVER、STM32F40_41xxx，这样就能进行工程的选择性编译，然后在下面的 Include Paths 文本框中添加所有文件夹，以便选择编译

路径，如图 2-25 所示。

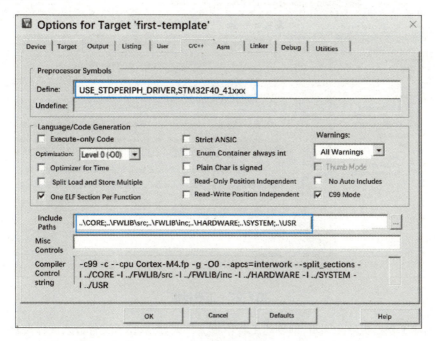

图 2-25　工程选择性编译及路径设置

⑨选择 Debug 选项卡，选择 ST-Link Debugger 进行下载，如图 2-26 所示。建好的工程模板如图 2-27 所示。

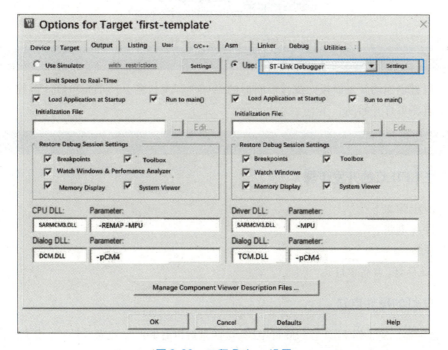

图 2-26　工程 Debug 设置

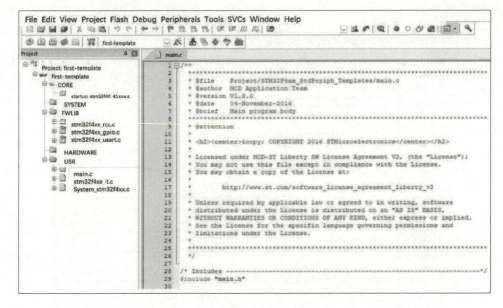

图 2-27　工程模板

总结：创建工程模板分为四步，即创建工程模板文件夹；选取相关文件放入文件夹；创建工程，添加文件；工程配置。

点亮单灯——
硬件电路设计

任务三　点亮单灯

任务描述

本任务通过创建的开发模板完成微控制器的第一个开发任务——点亮单灯。微控制器的开发一般都是从点亮单灯开始的。

相关知识

一、点亮 LED 灯的开发步骤

具体开发步骤如下：
① 设计硬件电路。
② 设计软件。
③ 点亮 LED 灯（点亮单灯）。

二、LED 灯的硬件电路

为了点亮单灯，要了解 LED 灯的硬件电路，这样就可以有的放矢地完成任务。扩展板上 LED 灯的电路如图 2-28 所示。要使用 GPIOA0（PA0）点亮 LED 灯，首先要做的就是拿一根杜邦线把 LED 灯的 1 脚与右边的 PA0 连接。

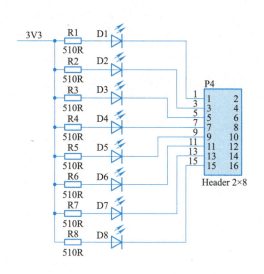

图 2-28 LED 硬件电路图

硬件电路连接好以后,要分析一下 LED 的硬件电路图,从图 2-28 可以清楚地可以看出 LED 的正端接了电阻,与 3V3 连接,而另一端,即负端则使用杜邦线接到了 PA0(图中为 A0)上。从这个连接方式可以看出,想让 LED 亮起来,需要给 PA0 低电平即可。接下来的任务就变成了如何给 PA0 低电平。

三、点亮 LED 灯的软件设计

设计步骤如下:
①使用开发模板新建工程。
②打开外设时钟。
③配置 GPIO。
④点亮 LED 灯(给 GPIOA0 设置低电平)。

任务实施

使用库函数开发点亮单灯

GPIO结构体和库函数

为了完成这个任务,在使用开发模板新建工程后,需要新建一个 led.c 文件保存到 HARDWARE 中,内容为 LED 的相关 GPIO 配置;还要新建一个 led.h 文件,内容为 led.c 源文件的声明;最后要在 main.c 中调用源文件,为 GPIOA0 置低电平。

需要注意的是 led.c 要进行工程管理,加载到 HARDWARE 中,另外 led.h 要使用#include 在 main.c 中加载,即#include "led.h"。

点亮单灯——软件设计

①新建文件的源代码及相关说明如下：

```c
/* * * * * * * * * * * * * * * * * * led.c * * * * * * * * * * * * * * * * * * */
#include "stm32f4xx.h"
void led_Init(void)
{
    GPIO_InitTypeDef GPIO_InitStruct;                                  //定义结构体
    RCC_AHB1PeriphClockCmd(RCC_AHB1Periph_GPIOA, ENABLE); //打开GPIOA的时钟
    GPIO_InitStruct.GPIO_Pin = GPIO_Pin_0;   //设置LED对应的GPIO的Pin口
    GPIO_InitStruct.GPIO_Mode = GPIO_Mode_OUT;           //将GPIO设置为输出模式
    GPIO_InitStruct.GPIO_Speed = GPIO_Speed_100MHz; //设置GPIO的工作频率为100 MHz
    GPIO_InitStruct.GPIO_OType = GPIO_OType_PP; //将GPIO设置为推挽输出模式
    GPIO_InitStruct.GPIO_PuPd = GPIO_PuPd_NOPULL;        //将GPIO设置为浮空模式
    GPIO_Init(GPIOA, &GPIO_InitStruct);                  //初始化GPIO
}
/* * * * * * * * * * * * * * * * * * * * * * * * * * * * * * * * * * * * * * */


/* * * * * * * * * * * * * * * * * * led.h * * * * * * * * * * * * * * * * * * */
#ifndef __LED_H
#define __LED_H
void led_Init(void);                                     //声明led_Init(void);
#endif
/* * * * * * * * * * * * * * * * * * * * * * * * * * * * * * * * * * * * * * */
```

在头文件的开头，使用#ifndef 关键字，判断标号__LED_H 是否被定义，若没有被定义，则#ifndef 至#endif 关键字之间的内容都有效，也就是说，这个头文件若被其他文件用#include 导入时，它就会被包含到该文件中，且头文件中紧接着使用#define 关键字定义上面判断的标号__LED_H。当这个头文件被同一个文件第二次用#include 包含时，由于有了第一次包含中的#define __LED_H 定义，这时再判断#ifndef __LED_H，结果就是假，#ifndef 至#endif 之间的内容都无效，从而防止同一个头文件被包含多次，编译时就不会出现 redefine(重复定义)的错误。

一般来说，不会直接在C 的源文件写两个#include 来包含同一个头文件，但可能因为头文件内部的包含导致重复，这种代码主要是避免这样的问题。

另外，用两个下画线来定义__LED_H 标号，是为了防止与其他普通宏定义重复，例如若用 GPIO_PIN_0 来代替这个判断标号，就会因为 stm32f4xx.h 已经定义了 GPIO_PIN_0，结果导致 led.h 文件无效，led.h 文件一次都没被包含。

```c
/* * * * * * * * * * * * * * * * * * main.c * * * * * * * * * * * * * * * * * * */
#include "stm32f4xx.h"              //包含stm32f4xx.h 的标准固件库
#include "led.h"                    //包含自建的led.h 库
int main(void)                      //主函数，每个工程只有一个main()函数
{
    led_Init();//调用LED 的初始化函数，LED 的初始化主要是对GPIO 进行配置
    while(1) {
        GPIO_ResetBits(GPIOA, GPIO_Pin_0);    //将GPIOA0 设置为低电平
    }
}
/* * * * * * * * * * * * * * * * * * * * * * * * * * * * * * * * * * * * * * */
```

②编译完成的工程,没有错误没有警告,如图2-29所示。

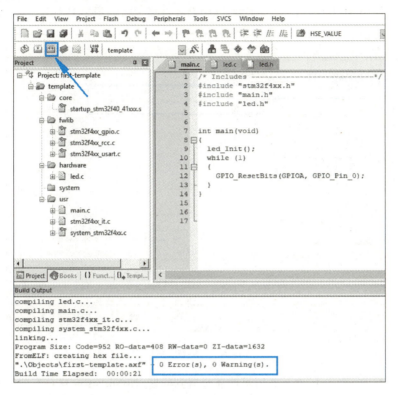

图 2-29　编译工程

③完成下载,在这之前要保证编程器和核心板的连接正确(见图2-30),还要看 D1(LED 灯)是否与 GPIOA0 连接正确,然后单击 LOAD 按钮下载。

图 2-30　编程器与核心板连接

④在单击 LOAD 按钮下载程序之前一定要通过 Options(魔法棒)选择 ST-Link Debugger,然后单击 Settings 按钮,使用 ST-LINK/V2 进行下载,其中 Port 选择 SW,如图 2-31 所示。

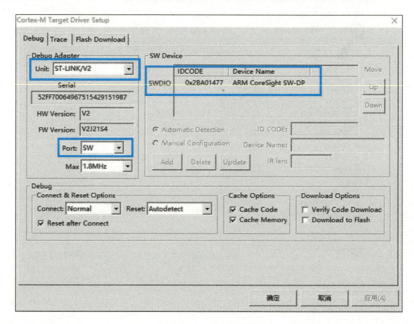

点亮单灯实验

图 2-31　选择 Port

⑤选择好下载的 ST-Link,在下载时可能还会遇到问题,如 No target,这是有些核心板的下载端口的电平问题造成的。在反复实验中,总结了一种下载的方法:可以按住复位,单击 LOAD 按钮,然后放开复位,这样就能够成功下载,如图 2-32 所示。下载好程序的实验结果如图 2-33 所示。

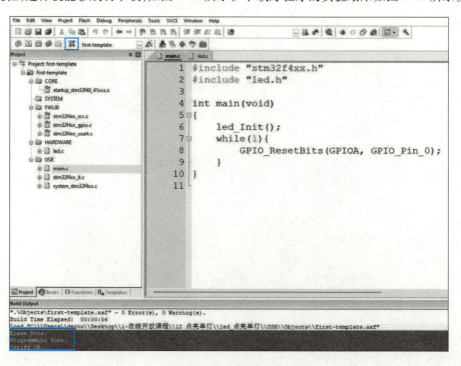

图 2-32　下载程序

项目二 库函数开发初探——从点亮单灯开始

图 2-33 点亮 LED 灯

总结：使用 GPIOA0 点亮 LED 灯分为四步，即连接 GPIOA0 与 LED；完成 GPIOA0 的配置；完成主函数点亮单灯；编译成功，下载到开发板。

项目总结

通过本项目了解了 Cortex M4 的开发方法、程序的构造过程，完成了多文件编程的模块化编程方法，为 Cortex M4 的开发做好了准备。在点亮单灯的任务中，通过认识 GPIO 的结构体，添加 STM32 的头文件，学会使用 GPIO 的库函数，最后完成点亮 LED 灯的任务。本项目使我们真正进入了 ARM 微控制器开发阶段。

本项目完成的是基于库函数的开发，而最早的单片机编程（如 51 单片机）使用的是寄存器编程，也可以通过寄存器编程的方法点亮单灯，这个留作拓展任务。

扩展阅读　千里之行始于足下

千里远的行程，要从迈第一步开始。比喻远大目标的实现，要从小的、基础的事情做起。足下：脚所站立的地方，语出《老子》。《老子》以大树、高台、千里之行一方面说明在问题或祸乱发生之前一定要提前防范或处置妥当，以免量变引起质变；另一方面说明任何事情都需要从头做起，一个好的开始往往是事情成败的关键，远大的理想和抱负需要脚踏实地地推进，才能在一个个具体目标的实现中完成看似不可能完成的任务。点亮单灯是进入微控制器开发的第一个项目，因此这个项目至关重要。

项目三

使用GPIO接口完成简单开发任务

项目描述

从项目二已经开始了微控制器的开发,它是从点亮单灯开始的,任务简单,但是需要了解微控制器的基础知识,其中最基本的就是微控制器的 GPIO 接口,通过 GPIO 引脚以及功能能够点亮 LED 灯。掌握了 GPIO 的功能就能够利用端口操作 LED 灯、数码管,通过按键实现某些功能的操作。

项目内容

- 任务一 使用 GPIO 实现流水灯。
- 任务二 使用 GPIO 完成按键控制。
- 任务三 数码管动态显示。

学习目标

- 了解微控制器的 GPIO 工作模式,在开发过程中能够选择正确的工作模式。
- 能够从微控制器 STM32F407 的时钟框图入手,熟悉五种时钟源,能够开启 GPIO 时钟。
- 能够通过使用不同的库函数完成流水灯任务。
- 能够通过按键的硬件电路归纳编程要点,通过软件方式处理按键去抖完成按键控制。
- 能够理解数码管的显示原理,完成四位数码管动态显示。

任务一 使用 GPIO 实现流水灯

任务描述

本任务将了解 GPIO 的工作模式、STM32F407 的时钟系统,通过 GPIO 实现流水灯。

相关知识

GPIO工作模式

一、GPIO 工作模式

GPIO(general-purpose input/output,通用型输入/输出)接口可以供使用者由软件控制使用,引脚可作为通用输入(GPI)、通用输出(GPO)等。对于输入,可以通过读取某个寄存器来确定引脚电平的高低;对于输出,可通过写入某个寄存器来让这个引脚输出高电平或者低电平;对于其他特殊功能,则有另外的寄存器来控制。

每个通用 I/O 接口都有 4 个 32 位配置寄存器(GPIOx_MODER、GPIOx_OTYPER、GPIOx_OSPEEDR 和 GPIOx_PUPDR)、2 个 32 位数据寄存器(GPIOx_IDR 与 GPIOx_ODR)和 1 个 32 位置位/复位寄存器(GPIOx_BSRR),以及 1 个 32 位锁定寄存器(GPIOx_LCKR)和 2 个 32 位复用功能寄存器(GPIOx_AFRH 和 GPIOx_AFRL)。

GPIO 的主要特性:

①受控 I/O 多达 16 个。
②输出状态:推挽或开漏+上拉/下拉。
③从输出数据寄存器(GPIOx_ODR)或外设(复用功能输出)输出数据。
④可为每个 I/O 选择不同的速度。
⑤输入状态:浮空、上拉/下拉、模拟。
⑥将数据输入到输入数据寄存器(GPIOx_IDR)或外设(复用功能输入)。
⑦置位和复位寄存器(GPIOx_BSRR),对 GPIOx_ODR 具有按位写权限。
⑧锁定机制(GPIOx_LCKR),可冻结 I/O 配置。
⑨模拟功能。
⑩复用功能输入/输出选择寄存器(一个 I/O 最多可具有 16 个复用功能)。
⑪快速翻转,每次翻转最快只需要两个时钟周期。
⑫引脚复用非常灵活,允许将 I/O 引脚用作 GPIO 或多种外设功能中的一种。

GPIO 工作模式如图 3-1 所示。

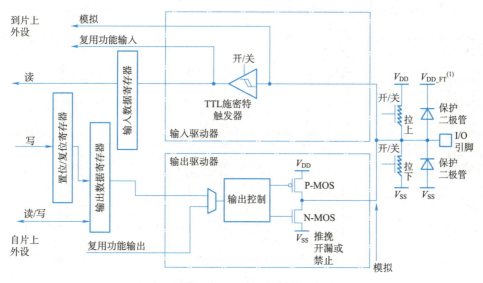

图 3-1　GPIO 工作模式

微控制器 STM32F407 可通过软件将通用 I/O(GPIO)端口的各个端口位分别配置为多种模式:

①输入浮空。
②输入上拉。
③输入下拉。

④模拟功能。

在复位期间及复位刚刚完成后,复用功能尚未激活,I/O 端口被配置为输入浮空模式。复位后,调试引脚处于复用功能上拉/下拉状态:

①PA15:JTDI 处于上拉状态。

②PA14:JTCK/SWCLK 处于下拉状态。

③PA13:JTMS/SWDAT 处于下拉状态。

④PB4:NJTRST 处于上拉状态。

⑤PB3:JTDO 处于浮空状态。

当引脚配置为输出后,写入输出数据寄存器(GPIOx_ODR)的值将在 I/O 引脚上输出。可以在推挽模式或开漏模式下使用输出驱动器(输出 0 时仅激活 N-MOS)。

输入数据寄存器(GPIOx_IDR)每隔一个 AHB1(168 MHz)时钟周期捕获一次 I/O 引脚的数据。

所有 GPIO 引脚都具有内部弱上拉及下拉电阻,可根据 GPIOx_PUPDR(GPIO 端口上拉/下拉寄存器)中的值来打开/关闭。

微控制器 I/O 引脚通过一个复用器连接到板载外设/模块,该复用器一次仅允许一个外设的复用功能(AF)连接到 I/O 引脚。这可以确保共用同一个 I/O 引脚的外设之间不会发生冲突。

每个 I/O 引脚都有一个复用器(见图 3-2),该复用器采用 16 路复用功能输入(AF0 到 AF15),可通过 GPIOx_AFRL(针对引脚 0 到引脚 7)和 GPIOx_AFRH(针对引脚 8 到引脚 15)寄存器对这些输入进行配置:

①完成复位后,所有 I/O 都会连接到系统的复用功能 0(AF0)。

②外设的复用功能映射到 AF1 ~ AF13。

③Cortex™-M4F EVENTOUT 映射到 AF15。

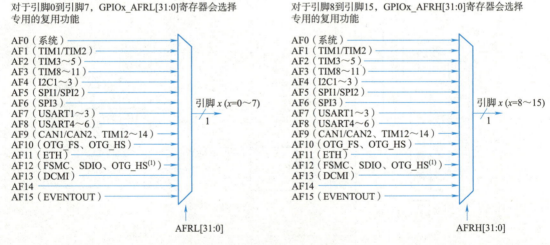

图 3-2 STM32F405xx/07xx 引脚复用器

1. GPIO 输入浮空/上拉/下拉模式

如图 3-3 所示,对 I/O 端口进行编程作为输入时:输出驱动器关闭,施密特触发器输入打开,根据 GPIOx_PUPDR(GPIO 端口上拉/下拉寄存器)中的值决定是否打开上拉和下拉电阻,输入数据寄存器每隔一个 AHB1 时钟周期对 I/O 引脚上的数据进行一次采样,对输入数据寄存器的读访问可获取 I/O 状态。

浮空输入状态下,I/O的电平状态是不确定的,完全由外部输入决定,如果该引脚浮空的情况下,读取该端口的电平是不确定的。

上拉就是将不确定的信号通过一个电阻嵌位在高电平,电阻同时起限流作用,弱强只是上拉电阻的阻值不同,没有什么严格区分。

下拉就是将不确定的信号通过一个电阻嵌位在低电平,电阻同时起限流作用,弱强只是下拉电阻的阻值不同,没有什么严格区分。

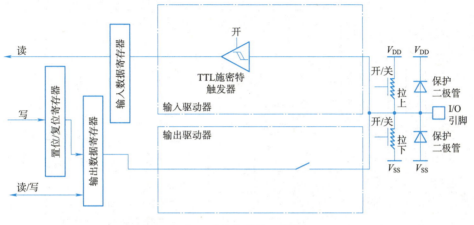

图3-3　GPIO的输入模式

2. GPIO 模拟模式

如图3-4所示,对I/O端口进行编程作为模拟配置时:输出驱动器被禁止。施密特触发器输入停用,I/O引脚的每个模拟输入的功耗变为零。施密特触发器的输出被强制处理为恒定值(0)。弱上拉和下拉电阻被关闭。对输入数据寄存器的读访问值为"0"。

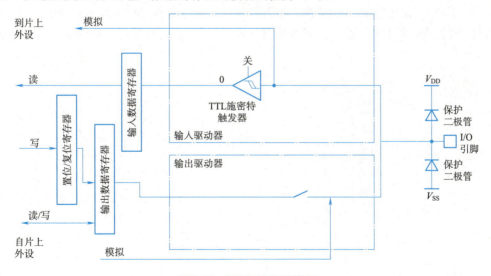

图3-4　GPIO的模拟模式

3. GPIO 输出模式

如图3-5所示,对I/O端口进行编程作为输出时:输出驱动器被打开,若是开漏模式,输出数据寄存器中的"0"可激活 N-MOS,而输出数据寄存器中的"1"会使端口保持高阻态(Hi-Z)(P-MOS 始终不激活)。若是推挽模式,输出数据寄存器中的"0"可激活 N-MOS,而输出数据寄存器中的"1"可激活 P-MOS。施密特触发器输入被打开,根据 GPIOx_PUPDR(GPIO 端口上拉/下拉寄存器)中的值决定是否打开弱上拉电阻和下拉电阻,输入数据寄存器每隔 1 个 AHB1 时钟周期对 I/O 引脚上的数据进行一次采样,对输入数据寄存器的读访问可获取 I/O 状态,对输出数据寄存器的读访问可获取最后的写入值。

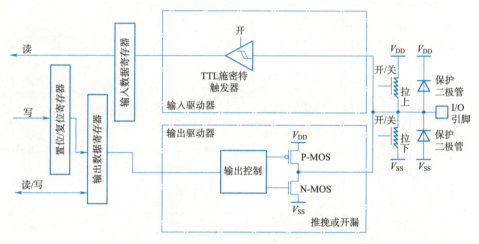

图 3-5 GPIO 的输出模式

推挽和开漏

4. GPIO 复用模式

如图 3-6 所示,对 I/O 端口进行编程作为复用功能时:可将输出驱动器配置为开漏或推挽,输出驱动器由来自外设的信号驱动(发送器使能和数据),施密特触发器输入被打开,根据 GPIOx_PUPDR(GPIO 端口上拉/下拉寄存器)中的值决定是否打开弱上拉电阻和下拉电阻,输入数据寄存器每隔一个 AHB1 时钟周期对 I/O 引脚上的数据进行一次采样,对输入数据寄存器的读访问可获取 I/O 状态。

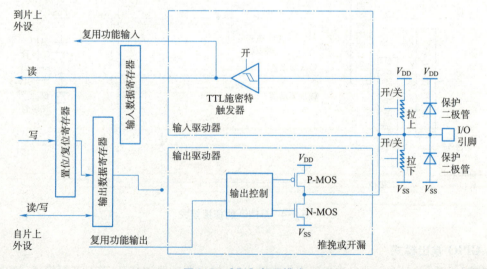

图 3-6 GPIO 复用模式

二、STM32F407ZGT6 的时钟系统

STM32F407ZGT6 可以使用三种不同的时钟源来驱动系统时钟（SYSCLK）：
①HSI 振荡器时钟。
②HSE 振荡器时钟。
③主 PLL（PLL）时钟。

微控制器具有以下两个次级时钟源：
①32 kHz 低速内部 RC（LSI RC），该 RC 用于驱动独立把关定时器（俗称看门狗），也可选择提供给 RTC 用于停机/待机模式下的自动唤醒。
②32.768 kHz 低速外部晶振（LSE 晶振），用于驱动 RTC 时钟（RTCCLK）。

STM32F407ZGT6 的时钟系统

对于每个时钟源来说，在未使用时都可单独打开或者关闭，以降低功耗。时钟控制器为应用带来了高度的灵活性，读者在运行内核和外设时可选择使用外部晶振或者振荡器，既可采用最高的频率，也可以太网以及 HS、I2S 等需要特定时钟的外设保证合适的频率，如图 3-7 所示。

可通过多个预分频器配置 AHB 频率、高速 APB（APB2）和低速 APB（APB1）。AHB 域的最大频率为 168 MHz。高速 APB2 域的最大允许频率为 84 MHz。低速 APB1 域的最大允许频率为 42 MHz。

除以下时钟外，所有外设时钟均由系统时钟（SYSCLK）提供：
①来自特定 PLL 输出（PLL48CLK）的 USB OTG FS 时钟（48 MHz）、基于模拟技术的随机数发生器（RNG）时钟（<= 48 MHz）和 SDIO 时钟（48 MHz）。
②I2S 时钟。要实现高品质的音频性能，可通过特定的 PLL（PLLI2S）或映射到 I2S_CKIN 引脚的外部时钟提供 I2S 时钟。
③由外部 PHY 提供的 USB OTG HS（60 MHz）时钟。
④由外部 PHY 提供的以太网 MAC 时钟（TX、RX 和 RMII）。当使用以太网时，AHB 时钟频率至少应为 25 MHz。

RCC（系统时钟）向 Cortex 系统定时器（SysTick）提供 8 分频的 AHB 时钟（HCLK）。SysTick 可使用此时钟作为时钟源，也可使用 HCLK 作为时钟源，具体可在 SysTick 控制和状态寄存器中配置。

STM32F4xx 的定时器时钟频率由硬件自动设置，分为两种情况：
①如果 APB 预分频器为 1，定时器时钟频率等于 APB（外围总线）域的频率。
②否则，等于 APB 域的频率的两倍（×2）。

1. HSE 时钟

高速外部时钟信号（HSE）有两个时钟源：HSE 外部晶振/陶瓷谐振器和 HSE 外部时钟。

谐振器和负载电容必须尽可能地靠近振荡器的引脚，以尽量减小输出失真和起振稳定时间。负载电容值必须根据所选振荡器的不同做适当调整。

①外部源（HSE 旁路）：在此模式下，必须提供外部时钟源。外部时钟源必须使用占空比约为 50% 的外部时钟信号（方波、正弦波或三角波）来驱动 OSC_IN 引脚，同时 OSC_OUT 引脚应保持为高阻态（Hi-Z），见表 3-1。

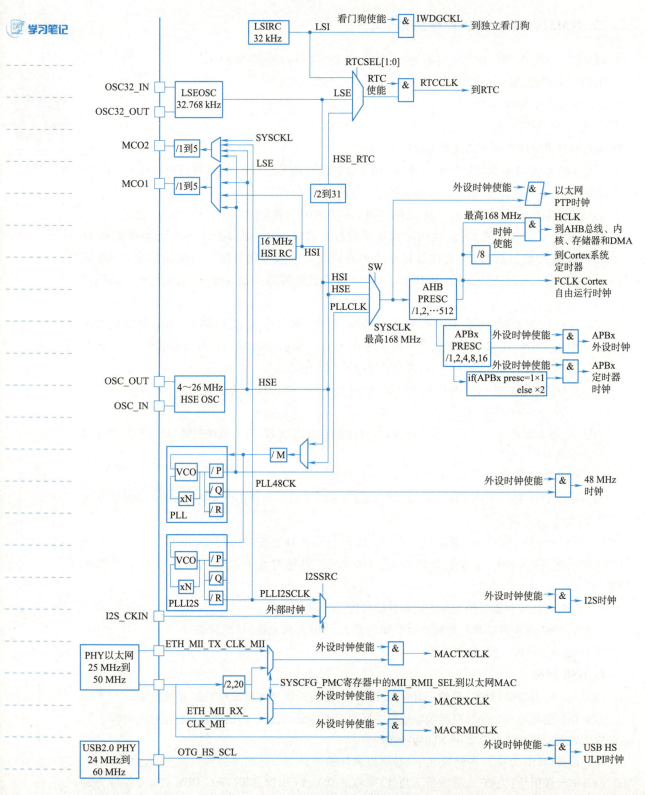

图 3-7 时钟树

表 3-1 HSE 的硬件配置

时钟源	硬件配置
外部时钟	OSC_OUT (Hi-Z) ← 外部源
晶振/陶瓷谐振器	OSC_IN　OSC_OUT，C_{L1}、C_{L2} 负载电容

②外部晶振/陶瓷谐振器(HSE 晶振):HSE 的特点是精度非常高。RCC 时钟控制寄存器(RCC_CR)中的 HSERDY 标志指示高速外部振荡器是否稳定。在启动时,硬件将此位置 1 后,此时钟才可以使用。HSE 晶振可通过 RCC 时钟控制寄存器(RCC_CR)中的 HSEON 位打开或关闭。

2. HSI 时钟

HSI 时钟信号由内部 16 MHz RC 振荡器生成,可直接用作系统时钟,或者用作 PLL(倍频器)输入。

HSIRC 振荡器的优点是成本较低(无须使用外部组件)。此外,其启动速度也要比 HSE 晶振快,但即使校准后,其精度也不及外部晶振或陶瓷谐振器。如果应用受到电压或温度变化影响,则可能也会影响到 RC 振荡器的速度。

3. PLL 配置

STM32F4xx 器件具有两个 PLL:

主 PLL(PLL)由 HSE 或 HSI 振荡器提供时钟信号,并具有两个不同的输出时钟:第一个输出用于生成高速系统时钟(最高达 168 MHz);第二个输出用于生成 USB OTG FS 的时钟(48 MHz)、随机数发生器的时钟(≤48 MHz)和 SDIO 时钟(≤48 MHz)。

专用 PLL(PLLI2S)用于生成精确时钟,从而在 I2S 接口实现高品质音频性能。

由于在 PLL 使能后主 PLL 配置参数便不可更改,所以建议先对 PLL 进行配置,然后再使能(选择 HSI 或 HSE 振荡器作为 PLL 时钟源,并配置分频系数 M、N、P 和 Q)。

PLLI2S 使用与 PLL 相同的输入时钟(PLLM[5:0] 和 PLLSRC 位为两个 PLL 所共用)。但是,PLLI2S 具有专门的使能/禁止和分频系数(N 和 R)配置位。在 PLLI2S 使能后,配置参数便不能更改。

当进入停机和待机模式后,两个 PLL 将由硬件禁止;如果将 HSE 或 PLL(由 HSE 提供时钟信号)用作系统时钟,则在 HSE 发生故障时,两个 PLL 也将由硬件禁止。RCCPLL 配置寄存器(RCC_PLLCFGR)和 RCC 时钟配置寄存器(RCC_CFGR)可分别用于配置 PLL 和 PLLI2S。

4. LSE 时钟

LSE 晶振是 32.768 kHz 低速外部(LSE)晶振或陶瓷谐振器,可作为实时时钟外设(RTC)的时钟源来提供时钟/日历或其他定时功能,具有功耗低且精度高的优点。LSE 晶振通过 RCC 备份域控制寄存器(RCC_BDCR)中的 LSEON 位打开和关闭。RCC 备份域控制寄存器(RCC_BDCR)中的 LSERDY 标志指示 LSE 晶振是否稳定。在启动时,硬件将此位置 1 后,LSE 晶振输出时钟信号才可以使用。

5. LSI 时钟

LSI RC 可作为低功耗时钟源在停机和待机模式下保持运行,供独立看门狗(IWDG)和自动唤醒单元(AWU)使用。时钟频率在 32 kHz 左右。

LSI RC 可通过 RCC 时钟控制和状态寄存器(RCC_CSR)中的 LSION 位打开或关闭。RCC 时钟控制和状态寄存器(RCC_CSR)中的 LSIRDY 标志指示低速内部振荡器是否稳定。在启动时,硬件将此位置 1 后,此时钟才可以使用。

6. 系统时钟(SYSCLK)选择

在系统复位后,默认系统时钟为 HSI。在直接使用 HSI 或者通过 PLL 使用时钟源作为系统时钟时,该时钟源无法停止。

只有在目标时钟源已就绪时(时钟在启动延迟或 PLL 锁相后稳定时),才可从一个时钟源切换到另一个。如果选择尚未就绪的时钟源,则切换在该时钟源就绪时才会进行。RCC 时钟控制寄存器(RCC_CR)中的状态位指示哪个时钟已就绪,以及当前哪个时钟正充当系统时钟。

7. 时钟安全系统(CSS)

时钟安全系统可通过软件激活。激活后,时钟监测器将在 HSE 振荡器启动延迟后使能,并在此振荡器停止时被关闭。

如果 HSE 时钟发生故障,此振荡器将自动禁止,一个时钟故障事件将发送到高级控制定时器 TIM1 和 TIM8 的断路输入,并且同时还将生成一个中断来向软件通知此故障(时钟安全系统中断,CSSI),以使 MCU 能够执行救援操作。

8. RTC/AWU 时钟

一旦选定 RTCCLK 时钟源后,要想修改所做选择,只能复位电源域。

RTCCLK 时钟源可以是 HSE 1 MHz(HSE 由一个可编程的预分频器分频)、LSE 或者 LSI 时钟。

如果选择 LSE 作为 RTC 时钟,则系统电源丢失时 RTC 仍将正常工作。如果选择 LSI 作为 AWU 时钟,则在系统电源丢失时将无法保证 AWU(自动唤醒单元)的状态。如果 HSE 振荡器通过一个介于 2 和 31 之间的值进行分频,则在备用或系统电源丢失时将无法保证 RTC 的状态。

LSE 时钟位于备份域中,而 HSE 和 LSI 时钟则不是。因此:

①如果选择 LSE 作为 RTC 时钟:只要 V_{BAT} 电源保持工作,即使 V_{DD} 电源关闭,RTC 仍可继续工作。

②如果选择 LSI 作为 AWU 时钟:在 V_{DD} 电源掉电时,AWU 的状态将不能保证。

③如果使用 HSE 时钟作为 RTC 时钟:若 V_{DD} 电源掉电或者内部调压器关闭(切断 1.2 V 域的供电),则 RTC 的状态将不能保证。

9. 看门狗时钟

如果独立看门狗(IWDG)已通过硬件选项字节或软件设置的方式启动,则 LSI 振荡器将强制打开且不可禁止。在 LSI 振荡器稳定后,时钟将提供给 IWDG。

10. 时钟输出功能

共有两个微控制器时钟输出(MCO)引脚:

（1）MCO1

用户可通过可配置的预分配器（从1到5）向MCO1引脚（PA8）输出4个不同的时钟源：HSI时钟、LSE时钟、HSE时钟、PLL时钟。

所需的时钟源通过RCC时钟配置寄存器（RCC_CFGR）中的MCO1PRE［2：0］和MCO1［1：0］位选择。

（2）MCO2

用户可通过可配置的预分配器（从1到5）向MCO2引脚（PC9）输出4个不同的时钟源：HSE时钟、PLL时钟、系统时钟（SYSCLK）、PLLI2S时钟。

所需的时钟源通过RCC时钟配置寄存器（RCC_CFGR）中的MCO2PRE［2：0］和MCO2位选择。

对于不同的MCO引脚，必须将相应的GPIO端口在复用功能模式下进行设置。MCO输出时钟不得超过100 MHz（最高I/O速度）。

三、GPIO 结构体及库函数

在stm32f4xx_gpio.h中定义了与GPIO寄存器相关的结构体，在stm32f4xx_gpio.c中定义了相关的库函数。库函数的开发就是通过操作结构体来操作相关的寄存器，可通过库函数的方法完成单片机的开发。

在固件库开发中，操作4个配置寄存器初始化GPIO，它们是通过GPIO的初始化函数完成的。

1. void GPIO_Init（GPIO_TypeDef ＊ GPIOx，GPIO_InitTypeDef ＊ GPIO_InitStruct）

功能描述：初始化GPIO的端口。

输入参数1：GPIOx，其中x可以是A、B、C、D、E等，用来选择GPIO外设。

输入参数2：GPIO_InitStruct，指向结构体GPIO_InitTypeDef的指针，包含外设GPIO的配置信息。

结构体GPIO_InitTypeDef定义在stm32f4xx_gpio.h中。其内容如下：

```
typedefStruct
{
    uint32_t              GPIO_Pin;
    GPIOMode_Type         DefGPIO_Mode;
    GPIOSpeed_Type        DefGPIO_Speed;
    GPIOOType_Type        DefGPIO_OType;
    GPIOPuPd_Type         DefGPIO_PuPd;
}GPIO_InitTypeDef;
```

（1）GPIO_Pin

GPIO_Pin用于选择待设置的GPIO引脚号，如GPIO_Pin_2就是选中引脚2。使用操作符"|"可以一次选中多个引脚，可以使用表3-2中的任意组合。

表3-2 GPIO_Pin 的取值及功能

GPIO_Pin	功　能
GPIO_Pin_None	无引脚被选中
GPIO_Pin_0	选中引脚0
…	…
GPIO_Pin_All	选中全部引脚

(2) GPIO_Mode

GPIO_Mode 用于设置选中引脚的工作状态,表 3-3 给出了该参数的取值及功能。

表 3-3 GPIO_Mode 的取值及功能

GPIO_Mode	功 能
GPIO_Mode_IN	输入模式
GPIO_Mode_OUT	输出模式
GPIO_Mode_AF	复用模式
GPIO_Mode_AN	模拟模式

(3) GPIO_Speed

GPIO_Speed 用于设置选中引脚的速率,表 3-4 给出了该参数的取值及功能。

表 3-4 GPIO_Speed 的取值及功能

GPIO_Speed	功 能
GPIO_Speed_2MHz	低速
GPIO_Speed_25MHz	中速
GPIO_Speed_50MHz	快速
GPIO_Speed_100MHz	高速

(4) GPIO_OType

GPIO_OType 用于设置选中引脚的输出类型,表 3-5 给出了该参数的取值及功能。

表 3-5 GPIO_OType 的取值及功能

GPIO_OType	功 能
GPIO_OType_PP	推挽输出
GPIO_OType_OD	开漏输出

(5) GPIO_PuPd

GPIO_PuPd 用于设置 I/O 的上下拉,表 3-6 给出了该参数的取值及功能。

表 3-6 GPIO_PuPd 的取值及功能

GPIO_PuPd	功 能
GPIO_PuPd_NOPULL	浮空
GPIO_PuPd_UP	上拉
GPIO_PuPd_DOWN	下拉

下面以点亮单灯的初始化结构体的代码为例讲解如何设置结构体的参数。

```
/*********************** led.c ***********************/
#include "stm32f4xx.h"
void led_Init(void)
{
    GPIO_InitTypeDef GPIO_InitStruct;                              //①定义结构体
    RCC_AHB1PeriphClockCmd(RCC_AHB1Periph_GPIOA, ENABLE);          //②打开 GPIOA 的时钟
    GPIO_InitStruct.GPIO_Pin = GPIO_Pin_0;                         //③设置 LED 对应的 GPIO 接口
```

项目三 使用GPIO接口完成简单开发任务

```
    GPIO_InitStruct.GPIO_Mode = GPIO_Mode_OUT;          //④将 GPIO 接口设置为输出模式
    GPIO_InitStruct.GPIO_Speed = GPIO_Speed_100MHz;     //⑤设置 GPIO 接口的频率为 100 MHz
    GPIO_InitStruct.GPIO_OType = GPIO_OType_PP;         //⑥将 GPIO 接口设置为推挽输出模式
    GPIO_InitStruct.GPIO_PuPd = GPIO_PuPd_NOPULL;       //⑦将 GPIO 接口设置为浮空模式
    GPIO_Init(GPIOA, &GPIO_InitStruct);                 //⑧初始化 GPIO 接口
}
/*********************************************/
```

学习笔记

从以上代码可以看出要给相应的 GPIO 进行设置,需要先通过①定义一个结构体,结构体的名字为 GPIO_InitStruct,然后通过②打开 GPIO 的时钟,再通过③、④、⑤、⑥、⑦对结构体的参数进行设置,最后通过⑧完成 GPIO 的初始化。

其③、④、⑤、⑥、⑦的方法就是结构体的名称 GPIO_InitStruct 后面加"."来调用其中的各个参数,如 GPIO_InitStruct.GPIO_Pin,然后将其赋值为 GPIO_Pin_0,即选择 Pin_0 这个口,如果需要选择别的 I/O 也可以对这个值进行修改。若要打开多个 Pin 口,只要使用"|"连接即可,这里还可以直接赋值 GPIO_Pin_All,表示选择端口所有的 Pin 口。

而④则是选择了 GPIO_Mode 参数的值为 GPIO_Mode_OUT,这个选择表明 LED 需要 GPIO 口的模式为输出模式,如果使用按键则需要将模式修改为输入模式。

⑤中的 GPIO_Speed,它的参数有 4 个,这里选择了高速模式 GPIO_Speed_100 MHz,还可以根据 GPIO 驱动不同外设的速率选择相应的 Speed。

⑥中的 GPIO_OType,它的参数有 2 个:一个是 GPIO_OType_PP,表示推挽输出,可以输出强高电平和强低电平,这个案例中选择此参数;另一个是 GPIO_OType_OD,表示开漏输出,如果选择这个参数,需要上拉电阻才能输出高电平。

⑦中的 GPIO_PuPd,它的参数有 3 个,这里选择了 GPIO_PuPd_NOPULL,表示浮空。

⑧中的 GPIO_Init(GPIOA,&GPIO_InitStruct),这条语句必不可少,就是通过这条语句来初始化固件库函数,把刚才的③、④、⑤、⑥、⑦设置的参数写入固件库的结构体中。

2. void GPIO_PinLockConfig(GPIO_TypeDef * GPIOx, uint16_t GPIO_Pin)

功能描述:锁定 GPIO 引脚设置寄存器。

输入参数 1:GPIOx,其中 x 可以是 A、B、C、D 或者 E 等,用来选择 GPIO 外设。

输入参数 2:GPIO_Pin,待锁定的端口位。该参数可以取 GPIO_Pin_x(x 可以是 0~15)的任意组合。

例如,要定 GPIOA 的 Pin0 和 Pin1。代码如下:

```
GPIO_PinLockConfig(GPIOA, GPIO_Pin_0 | GPIO_Pin_1);
```

3. uint16_t GPIO_ReadInputData(GPIO_TypeDef * GPIOx)

功能描述:读取指定的 GPIO 端口输入。

输入参数:GPIOx,其中 x 可以是 A、B、C、D 或者 E 等,用来选择 GPIO 外设。

返回值:GPIO 输入数据端口值。

例如,读取 GPIOC 的输入数据并将其存储到 ReadValue 变量中。代码如下:

```
uint16_t ReadValue;
ReadValue = GPIO_ReadInputData(GPIOC);
```

51

4. uint16_t GPIO_ReadOutputData(GPIO_TypeDef * GPIOx)

功能描述:读取指定的 GPIO 端口输出。

输入参数:GPIOx,其中 x 可以是 A、B、C、D 或者 E 等,用来选择 GPIO 外设。

返回值:GPIO 输出数据端口值。

例如,读取 GPIOC 的输出数据并将其存储到 ReadValue 变量中。代码如下:

```
uint16_t ReadValue;
ReadValue = GPIO_ReadOutputData(GPIOC);
```

5. void GPIO_SetBits(GPIO_TypeDef * GPIOx, uint16_t GPIO_Pin)

功能描述:设置指定的数据端口位。

输入参数1:GPIOx,其中 x 可以是 A、B、C、D 或者 E 等,用来选择 GPIO 外设。

输入参数2:GPIO_Pin:待设置的端口位,该参数可以取 GPIO_Pin_x(x 可以是 0~15)的任意组合。

例如,给 GPIOA 的 pin10 和 pin15 置 1。代码如下:

```
GPIO_SetBits(GPIOA, GPIO_Pin_10 | GPIO_Pin_15);
```

6. void GPIO_ResetBits(GPIO_TypeDef * GPIOx, uint16_t GPIO_Pin)

功能描述:清除指定的数据端口位。

输入参数1:GPIOx,其中 x 可以是 A、B、C、D 或者 E 等,用来选择 GPIO 外设。

输入参数2:GPIO_Pin:待清除的端口位。

例如,给 GPIOA 的 pin10 和 pin15 清零。代码如下:

```
GPIO_ResetBits(GPIOA, GPIO_Pin_10 | GPIO_Pin_15);
```

7. void GPIO_WriteBit(GPIO_TypeDef * GPIOx, uint16_t GPIO_Pin, BitAction BitVal)

功能描述:设置或者清除指定的数据端口位。

输入参数1:GPIOx,其中 x 可以是 A、B、C、D 或者 E 等,用来选择 GPIO 外设。

输入参数2:GPIO_Pin,待设置或者清除的端口位。

输入参数3:BitVal,指定了待写入的值,该参数必须取枚举 BitAction 其中的一个值:Bit_RESET,清除数据端口位;Bit_SET,设置数据端口位。

例如,给 GPIOA 的 pin15 置 1。代码如下:

```
GPIO_WriteBit(GPIOA, GPIO_Pin_15, Bit_SET);
```

8. void GPIO_Write(GPIO_TypeDef * GPIOx, uint16_t PortVal)

功能描述:向指定 GPIO 数据端口写入数据。

输入参数1:GPIOx,其中 x 可以是 A、B、C、D 或者 E 等,用来选择 GPIO 外设。

输入参数2:PortVal:待写入端口数据寄存器的值。

例如,给 GPIOA 写数据 0x1101。代码如下:

```
GPIO_Write(GPIOA, 0x1101);
```

项目三 使用GPIO接口完成简单开发任务

任务实施

通过 GPIOA 实现流水灯

通过前面学习 GPIO 的结构体和库函数，现在可以做一个流水灯的实例。这是开发的第一个项目，很多工程师称流水灯为跑马灯，它是开发过程的一个里程碑。

1. 流水灯硬件电路

开发板上有 8 个 LED 灯，标号为 D1,…,D8，可以通过杜邦线与任意 I/O 口相连接。这里把 D1~D8 分别接 PA0,PA1,…,PA7，如图 3-8 所示。

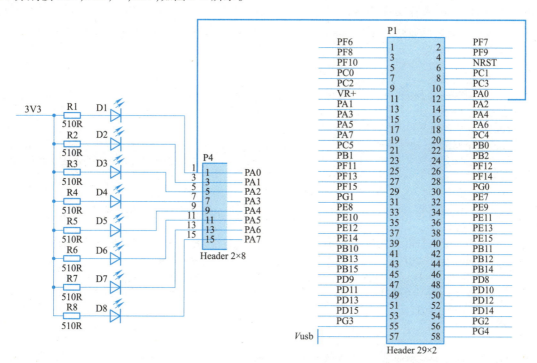

图 3-8　流水灯硬件设计

2. 流水灯的软件设计步骤

（1）为 GPIOPortA 开放时钟

```
RCC_AHB1PeriphClockCmd(RCC_AHB1Periph_GPIOA, ENABLE);
```

（2）配置 GPIOPortA 外设

```
GPIO_InitTypeDef GPIO_InitStruct;                    //定义结构体
//将 GPIO_Pin 配置为 PA0、PA1、PA2、PA3、PA4、PA5、PA6、PA7
GPIO_InitStruct.GPIO_Pin = GPIO_Pin_0 |GPIO_Pin_1 |GPIO_Pin_2 |GPIO_Pin_3 |GPIO_Pin_4 |GPIO_Pin_5 |GPIO_Pin_6 |GPIO_Pin_7;
GPIO_InitStruct.GPIO_Mode = GPIO_Mode_OUT;           //设置为输出模式
GPIO_InitStruct.GPIO_Speed = GPIO_Speed_100MHz;      //设置 GPIO 接口的频率为 100 MHz
GPIO_InitStruct.GPIO_OType = GPIO_OType_PP;          //推挽输出
```

```
GPIO_InitStruct.GPIO_PuPd = GPIO_PuPd_NOPULL;      //浮空
GPIO_Init(GPIOA, &GPIO_InitStruct);                //初始化 GPIOA
```

（3）设置 GPIOPortA，pin0～pin 7 输出为高低电平

可以使用固件库中的函数直接给 GPIOA 赋值：

```
void GPIO_Write(GPIO_TypeDef* GPIOx, uint16_t PortVal);
```

下面的代码都使用多文件编程来实现，在第一个案例中就要养成一个好习惯，能够通过不同的 C 文件实现不同的功能。下面的主函数主要实现调用 led 的初始化函数进行各个参数的设置，然后通过给定 GPIOA 不同的值给定不同的 pin 口高低电平从而实现流水灯。这里的 led 初始化函数 led_Init()则是在 led.c 中完成的，在 main.c 中只需使用#include"led.h"就能调用 led.c 中新建的库函数，而流水灯使用的延时函数则是通过 delay.c 完成源函数，并使用#include"delay.h"进行调用完成的。

一盏灯闪烁

代码实例：

```
//main.c,主函数
#include "stm32f4xx.h"
#include "main.h"
#include "led.h"
#include "delay.h"
char led = 0x01;                         //定义变量 led 并为其赋初值 00000001
int main(void)
{
    led_Init();                          //调用 led_Init()函数
    while (1) {
        GPIO_Write(GPIOA, ~led);         //把 led 的取反赋值为 GPIOA
        delay(1000);                     //延时函数
        led < <=1;                       //把变量 led 左移一位
        if(led = = 0x00)                 //加一个条件,当 led 变为 0x00 时
            led = 0x01;                  //为 led 赋值 0x01
    }
}
//led.c:GPIO 接口初始化函数是在该文件中定义的
#include "stm32f4xx.h"
#include "main.h"
void led_Init(void)
{
    GPIO_InitTypeDef GPIO_InitStructure;                        //定义结构体
    RCC_AHB1PeriphClockCmd(RCC_AHB1Periph_GPIOA, ENABLE);       //打开时钟
    /* 这里打开了 GPIO 接口所有的 GPIO_Pin,这样做是为了书写方便,实在实际的开发中建议使用
    哪个 LED 则打开对应的 GPIO_Pin* /
    GPIO_InitStructure.GPIO_Pin = GPIO_Pin_All;
    GPIO_InitStructure.GPIO_Speed = GPIO_Speed_100MHz;          //频率为 100 MHz
    GPIO_InitStructure.GPIO_Mode = GPIO_Mode_OUT;               //输出模式
    GPIO_InitStructure.GPIO_OType = GPIO_OType_PP;              //推挽输出
    GPIO_InitStructure.GPIO_PuPd = GPIO_PuPd_NOPULL;            //上下拉为浮空
    GPIO_Init(GPIOA, &GPIO_InitStructure);                      //初始化结构体
}
```

项目三　使用GPIO接口完成简单开发任务

```
//led.h:对应于 led.c 的库函数,目的是声明 led.c 中定义的源函数
#ifndef __LED_H                    //这里使用 ifndef 的方式来定义,避免重复引用,下同
#define __LED_H
void led_Init(void);               //声明函数
#endif
//delay.c:延时函数,保存在 system 文件夹中
#include "stm32f4xx.h"
#include "main.h"
void delay(uint16_t t)
{
    uint16_t i,j;
    for(i=0;i<t;i++)
    for(j=0;j<1000;j++);
}
```

我们会发现延时函数就是空循环。代码如下:

```
//delay.h:延时函数的库函数
#include "stm32f4xx.h"
#include "main.h"
#ifndef __DELAY_H
#define __DELAY_H
void delay(uint16_t t);
#endif
```

下载验证:编译没有错误,没有警告,成功。下载到目标板,八盏灯按照流水闪亮。

任务二　使用 GPIO 完成按键控制

任务描述

键盘是嵌入系统最重要的人机输入设备,通过对键盘的操作,可以给系统下达指令,告知系统要进行什么操作,要进行什么处理。系统对按键的处理,是通过循环读取与按键相连 I/O 口的电平来判断按键状况的。就其本质来说,系统对按键的处理,就是对 I/O 口电平的读取和处理。以下用一个简单的实例说明使用 I/O 口处理按键的过程。

GPIO 控制按键点亮单灯。通过 PC0 控制按键点亮 PA0 控制的单灯。

相关知识

一、按键的硬件电路

在开发板上集成了 8 个按键,可以从中选取一个,通过按键与 GPIO 口的连接来控制按键。选取 S1 与 PC0 相连接,那么控制 S1 就转变成了控制 PC0 的高低电平。在这里 PC0 应该接收外部的高低电平,因此 PC0 的模式配置变成了输入配置,这是与点亮 LED 灯不同的地方。另外,由于按键需要读入高低电平,开发板的按键接 GND,因此 PC0 的 PuPd 配置需要给一个上拉电阻。

55

单按键硬件设计如图 3-9 所示。

二、按键去抖

当按键机械触点断开、闭合时，由于触点的弹性作用，按键开关不会马上稳定接通或一下子断开，使用按键时会产生带波纹信号，需要消抖处理滤波。一般会采用软件消抖，也就是不断检测按键值，直到按键值稳定。实现方法就是假设按键后输入为 0，抖动时间不定。可以做以下检测，当检测到按键输入为 0 之后，延时 5～10 ms，再次检测，如果按键还为 0，就认为有按键输入。这样延时的 5～10 ms 恰好避开了抖动期。

轮询式按键的程序框架图一般都是这样的，如图 3-10 所示。

按键编程的编程要点

按键去抖

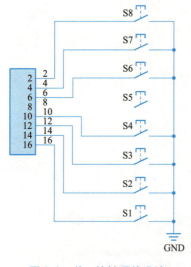

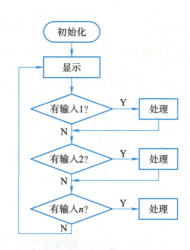

图 3-9　单一按键硬件设计　　　　图 3-10　轮询式按键的程序框架图

轮询式按键编程结构如下：

```
//定义一个变量 key0 接收 GPIO_Pin_0 的高/低电平
key0 = GPIO_ReadInputDataBit(GPIOC,GPIO_Pin_0);
if(key0 = = 0){                                    //如果 key0 为 0
    delay(10);                                     //延时
    if(key0 = = 0){                                //再次判断 key0 是否为 0
        //按键处理语句；                             //若仍然为 0，则执行按键处理语句
    }
}
key0 = GPIO_ReadInputDataBit(GPIOC,GPIO_Pin_0);    //再次检测 key0
while(key0 = = 1){                                 //如果 key0 为 1，说明按键已经弹起
    //按键处理语句；                                 //这是释放后按键后的执行语句，非必需的
    key0 = GPIO_ReadInputDataBit(GPIOC,GPIO_Pin_0);//再次检测 key0
}
```

轮询式按键结构

三、按键控制软件设计

按键控制步骤如下：

① 为 GPIOPortA 开放时钟：

```
RCC_AHBPeriphClockCmd(RCC_AHBPeriph_GPIOA,ENABLE);
```

②为 GPIOPortC 开放时钟：

```
RCC_AHBPeriphClockCmd(RCC_AHBPeriph_GPIOC,ENABLE);
```

③配置 GPIOPortA 外设：

```
GPIO_InitTypeDef GPIO_InitStruct;                      //定义结构体
GPIO_InitStruct.GPIO_Mode = GPIO_Mode_OUT;             //将 GPIO 接口设置为输出模式
GPIO_InitStruct.GPIO_OType = GPIO_OType_PP;            //将 GPIO 接口设置为推挽输出模式
GPIO_InitStruct.GPIO_Pin = GPIO_Pin_0;                 //将引脚 PA0 设置为输出模式
GPIO_InitStruct.GPIO_Speed = GPIO_Speed_100MHz;        //将 GPIO 接口的频率设置为 100 MHz
GPIO_InitStruct.GPIO_PuPd = GPIO_PuPd_NOPULL;          //浮空模式
GPIO_Init(GPIOA, & GPIO_InitStruct);                   //初始化 GPIOA
```

④配置 GPIOPortC 外设：

```
GPIO_InitStruct.GPIO_Mode = GPIO_Mode_IN;              //将 GPIO 接口设置为输入模式
GPIO_InitStruct.GPIO_OType = GPIO_OType_PP;            //将 GPIO 接口设置为推挽输出模式
GPIO_InitStruct.GPIO_Pin = GPIO_Pin_0;                 //将引脚 PC0 设置为输入模式
GPIO_InitStruct.GPIO_Speed = GPIO_Speed_100MHz;        //将 GPIO 接口的频率设置为 100 MHz
GPIO_InitStruct.GPIO_PuPd = GPIO_PuPd_UP;              //上拉模式
GPIO_Init(GPIOC, & GPIO_InitStruct);                   //初始化 GPIOC
```

⑤操作 GPIOPortA，GPIOPortC。通过标准固件库中的函数：

```
uint8_t GPIO_ReadInputDataBit(GPIO_TypeDef* GPIOx, uint16_t GPIO_Pin);
```

可以读取 PC0 引脚的输入值。另外，通过以下两个函数：

```
void GPIO_SetBits(GPIO_TypeDef* GPIOx, uint16_t GPIO_Pin);
void GPIO_ResetBits(GPIO_TypeDef* GPIOx, uint16_t GPIO_Pin);
```

分别将 PA0 引脚置 1 或清 0。

任务实施

一、使用 GPIOC0 控制按键

代码实例：

```c
/* main.c:主函数*/
#include "stm32f4xx.h"
#include "led.h"
#include "key.h"
#include "delay.h"
int key0,key1,key2;
int main(void)
{
    led_Init();                                    //调用 led_Init()函数
    key_Init();                                    //调用 key_Init()函数
    GPIO_SetBits(GPIOA,GPIO_Pin_All);              //将 GPIOA 置高电平，熄灭 LED
```

```c
        while(1) {
            key0 = GPIO_ReadInputDataBit(GPIOC, GPIO_Pin_0);      //这里使用的 GPIOC0
            if( key0 = =0) {
                delay(10);
                key0 = GPIO_ReadInputDataBit(GPIOC, GPIO_Pin_0);
                if( key0 = =0) {
                    GPIO_ResetBits(GPIOA, GPIO_Pin_0);            //将 GPIOA 置低电平, 点亮 LED
                    key0 = GPIO_ReadInputDataBit(GPIOC, GPIO_Pin_0);
                }
            }
            while( key0 = =1) {
                GPIO_SetBits(GPIOA, GPIO_Pin_0);                  //给 GPIOA 置高电平, 灯灭
                key0 = GPIO_ReadInputDataBit(GPIOC, GPIO_Pin_0);
            }
        }
    }
/* key.c: 按键的源文件*/
#include "stm32f4xx.h"
void key_Init(void) {
    GPIO_InitTypeDef GPIO_Initstructure;                          //初始化结构体
    RCC_AHB1PeriphClockCmd(RCC_AHB1Periph_GPIOC, ENABLE);         //打开时钟
    GPIO_Initstructure.GPIO_Pin = GPIO_Pin_0;                     //配置 GPIO_Pin_0
    GPIO_Initstructure.GPIO_Mode = GPIO_Mode_IN;                  //将 GPIO 接口设置为输入模式
    GPIO_Initstructure.GPIO_Speed = GPIO_Speed_100MHz;
                                                                  //将 GPIO 接口的频率设置为 100 MHz
    GPIO_Initstructure.GPIO_OType = GPIO_OType_PP;                //将 GPIO 接口设置为推挽输出模式
    GPIO_Initstructure.GPIO_PuPd = GPIO_PuPd_UP;                  //上拉
    GPIO_Init(GPIOC, &GPIO_Initstructure);                        //初始化结构体
    }
/* key.h: 对应于 key.c 的库函数*/
#ifndef __KEY_H
#define __KEY_H
void key_Init(void);
#endif
/* led.c: 在流水灯任务的基础上进行修改*/
#include "stm32f4xx.h"
void led_Init(void) {
    GPIO_InitTypeDef GPIO_Initstructure;
    RCC_AHB1PeriphClockCmd(RCC_AHB1Periph_GPIOA, ENABLE);
    GPIO_Initstructure.GPIO_Pin = GPIO_Pin_All;
    GPIO_Initstructure.GPIO_Mode = GPIO_Mode_OUT;
    GPIO_Initstructure.GPIO_Speed = GPIO_Speed_100MHz;
    GPIO_Initstructure.GPIO_OType = GPIO_OType_PP;
    GPIO_Initstructure.GPIO_PuPd = GPIO_PuPd_NOPULL;
    GPIO_Init(GPIOA, &GPIO_Initstructure);
}
/* led.h: 对应于 led.c 的库函数*/
#ifndef __LED_H
#define __LED_H
```

```
void led_Init(void);
#endif
/* delay.c,与流水灯延时函数相同*/
#include "stm32f4xx.h"
void delay(uint16_t t)
{
    uint16_t i,j;
    for(i=0;i<t;i++)
    for(j=0;j<1000;j++);}
/* delay.h*/
#ifndef __DELAY_H
#define __DELAY_H
void delay(uint16_t t);
#endif
```

下载验证:编译没有错误,没有警告,成功。下载到目标板,通过PC0控制按键点亮PA0控制的单灯。

二、多个按键控制

为了统一轮询式按键的程序结构,定义程序的基本结构。

如果有两个按键或者有三个以及更多。先假设有三个按键:

```
key0=GPIO_ReadInputDataBit(GPIOC, GPIO_Pin_0);
key1=GPIO_ReadInputDataBit(GPIOC, GPIO_Pin_1);
key2=GPIO_ReadInputDataBit(GPIOC, GPIO_Pin_2);
if(key0==0){
    delay(10);
    key0=GPIO_ReadInputDataBit(GPIOC, GPIO_Pin_0);
    if(key0==0){
        //执行语句;
        key0=GPIO_ReadInputDataBit(GPIOC, GPIO_Pin_0);
    }
}
if(key1==0){
    delay(10);
    key1=GPIO_ReadInputDataBit(GPIOC, GPIO_Pin_1);
    if(key1==0){
        //执行语句;
        key1=GPIO_ReadInputDataBit(GPIOC, GPIO_Pin_1);
    }
}
if(key2==0){
    delay(10);
    key2=GPIO_ReadInputDataBit(GPIOC, GPIO_Pin_2);
    if(key2==0){
        //执行语句;
        key2=GPIO_ReadInputDataBit(GPIOC, GPIO_Pin_2);
    }
}
```

```
while(key0 = =1&&key1 = =1&&key2 = =1){
    //执行语句;
    key0 = GPIO_ReadInputDataBit(GPIOC, GPIO_Pin_0);
    key1 = GPIO_ReadInputDataBit(GPIOC, GPIO_Pin_1);
    key2 = GPIO_ReadInputDataBit(GPIOC, GPIO_Pin_2);
}
```

当按键更多时可以依次添加。读者可以使用三个按键分别控制一个单灯闪烁,练习上面的轮询式按键结构。

任务三 数码管动态显示

任务描述

数码管的显示原理

在四位数码管上显示数字。例如,要显示数字1234,就需要第一次显示1,第二次显示2,第三次显示3,第四次显示4,通过延时的方式产生数码管的余辉和人眼的暂留作用,使人感觉各位数码管同时在显示。

相关知识

一、数码管内部结构

数码管是单片机显示系统常用的显示器,其中包括一位数码管、两位数码管、四位数码管,以及米字数码管等。

数码管的原理是靠内部的发光二极管来发光。一位数码管的引脚是10个,显示一个8字需要7段,另外还有一个小数点,所以其内部有8个发光二极管,最后还有一个公共端,生产商为了封装统一,一位的数码管都封装10个引脚,其中第3和第8引脚是连接在一起的。而它们的公共端又可分为共阳极和共阴极。图3-11所示为一位数码管的内部结构图。

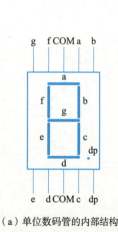
(a) 单位数码管的内部结构

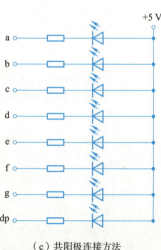
(b) 共阴极连接方法　　(c) 共阳极连接方法

图3-11　单位数码管的内部结构及其连接方法

对于共阴极数码管来说，其 8 个发光二极管的阴极在数码管内部全部连接在一起，所以称为共阴，而它们的阳极是独立的，通常在设计电路时把阴极接地，阳极与单片机的 I/O 口相连。这时，如果单片机给 I/O 口高电平就能够点亮其中的 LED 灯，从而点亮这一段。

共阳极数码管，其 8 个发光二极管的阳极在数码管内部全部连接在一起，所以称为共阳，而它们的阴极是独立的，通常在设计电路时把阳极接 VCC，阴极与单片机的 I/O 口相连。这时，如果单片机给 I/O 口低电平就能够点亮其中的 LED 灯，从而点亮这一段。

二位和四位数码管，甚至更多位的数码管，它们内部的公共端是独立的，而负责显示什么数字的段是连在一起的，独立的公共端可以控制多位一体中的某一位数码管点亮，而连在一起的段则可以控制这个能点亮的数码管是什么数字。通常把公共端称为"位选线"，连接在一起的段线称为"段选线"。有了这两个线后单片机就可以驱动外部电路来控制任意的数码管显示任意的数字。

一般一位数码管有 10 个引脚，两位数码管也有 10 个引脚，四位数码管有 12 个引脚，关于具体的引脚及段、位标号可以通过查询相关资料或者使用万用表测量。

二、数码管的静态显示

开发板上没有集成数码管，可以通过目标板进行电路设计。采用共阳极的数码管进行实验，如图 3-12 所示。

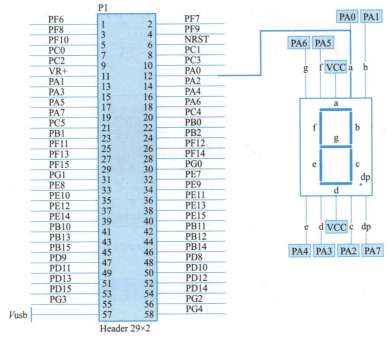

图 3-12　共阳数码管与 GPIO 引脚的连线图

共阳极数码管的编码方式如下：

例如，显示数字 0，需要段 a、段 b、段 c、段 d、段 e、段 f 这几个 LED 灯亮，而段 g、段 dp 不亮。LED 灯要亮就需要给低电平，就要 PA0、PA1、PA2、PA3、PA4、PA5 这几个 I/O 口为低电平，而 PA6、PA7 为高电平。因此，直接给 PA 这个端口写入数据 11000000 就可以使得一位数码管显示 0 这个数字。依次类推，得到 0~9 这 10 个数字的编码见表 3-7，称之为共阳数码管的段码。

表 3-7 共阳数码管段码

0	1	2	3	4	5	6	7	8	9
0xc0	0xf9	0xa4	0xb0	0x99	0x92	0x82	0xf8	0x80	0x90

在 C 语言中，编码定义的方法可以通过数组定义的方法来完成：

unsigned char code table[ ] = {0xc0,0xf9,0xa4,0xb0,0x99,0x92,0x82,0xf8,0x80,0x98};

调用数组的方法是给 PA 赋值，其中需要用到固件库的函数：

void GPIO_Write(GPIO_TypeDef* GPIOx, uint16_t PortVal);

通过这个函数可以直接给 PA 赋值 table[0]，即可使单位数码管显示 0：

GPIO_Write(GPIOA, table[0]);

三、数码管的动态显示

所谓动态显示就是轮流向各位数码管送出字形码和相应的位选，利用发光二极管的余辉和人眼视觉暂留作用，使人的感觉好像各位数码管同时都在显示。动态显示的亮度比静态显示要差一些，所以在选择限流电阻时应略小于静态显示电路中的限流电阻。

这里选择四位数码管来做实验。其中段选端接 PA0~PA7，位选端接 PB0、PB1、PB2、PB3，如图 3-13 所示。

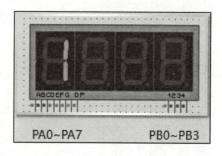

图 3-13 四位数码管与微控制器的连线图

任务实施

一、在一位数码管上轮流显示 0~9

硬件设计：如图 3-13 所示共四位数码管与微控制器的连线图。
软件设计：
① 为 GPIOPortA 开放时钟：

RCC_AHB1PeriphClockCmd(RCC_AHB1Periph_GPIOA, ENABLE);

② 配置 GPIOPortA 外设：

```
GPIO_InitTypeDef GPIO_InitStruct;              //定义结构体
GPIO_InitStruct.GPIO_Pin = GPIO_Pin_All;       //将 GPIO_Pin 设置为 GPIO_Pin_All
GPIO_InitStruct.GPIO_Mode = GPIO_Mode_OUT;     //将 GPIOA 设置为输出模式
GPIO_InitStruct.GPIO_Speed = GPIO_Speed_100MHz;//将 GPIOA 的频率设置为 100 MHz
GPIO_InitStruct.GPIO_OType = GPIO_OType_PP;    //将 GPIOA 设置为推挽输出模式
GPIO_InitStruct.GPIO_PuPd = GPIO_PuPd_NOPULL;  //浮空
GPIO_Init(GPIOA, &GPIO_InitStruct);            //初始化 GPIOA
```

③使用固件库函数为 GPIOA 写入编码值。

可以使用固件库中的函数 GPIO_Write() 直接给 GPIOA 赋值。

代码实例：

```
/* main.c */
#include "stm32f4xx.h"
#include "seg.h"
#include "delay.h"
char LED[ ] = {0xc0,0xf9,0xa4,0xb0,0x99,0x92,0x82,0xf8,0x80,0x90,0x88};
int main(void)
{
    seg_Init();                          //调用数码管初始化函数
    int i;                               //定义循环变量
    while(1) {
        for(i = 0; i < 10; i ++) {
            GPIO_Write(GPIOA, LED[i]);   //向 GPIOA 写入编码
            delay(1000);
        }
    }
}
/* seg.c:数码管的配置 */
#include "stm32f4xx.h"
void seg_Init(void)
{
    GPIO_InitTypeDef GPIO_InitStruct;
    RCC_AHB1PeriphClockCmd(RCC_AHB1Periph_GPIOA, ENABLE);
    GPIO_InitStruct.GPIO_Pin = GPIO_Pin_All;
    GPIO_InitStruct.GPIO_Mode = GPIO_Mode_OUT;
    GPIO_InitStruct.GPIO_Speed = GPIO_Speed_100MHz;
    GPIO_InitStruct.GPIO_OType = GPIO_OType_PP;
    GPIO_InitStruct.GPIO_PuPd = GPIO_PuPd_NOPULL;
    GPIO_Init(GPIOA, &GPIO_InitStruct);
}
/* seg.h: 对应于 seg.c 的库函数 */
#ifndef __SEG_H
#define __SEG_H
void seg_Init(void);
#endif
```

编译上面的代码，当编译没有警告和错误时将编译后的程序下载到开发板。启动开发板后可以在单位数码管上轮流显示数字 0~9。

二、四位数码管显示不同数字

任务要求是要在四位数码管上显示数字 1234。使用共阴数码管的小模块完成任务要求,图 3-14 所示为共阴数码管的 PCB 图。

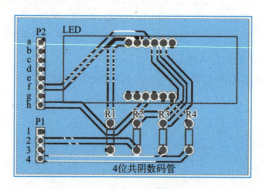

图 3-14　共阴数码管的 PCB 图

硬件设计:图 3-13 所示为四位数码管与单片机的连线图,A～DP 接 PA0～PA7,1～4 接 PB0～PB3。
软件设计步骤:

① 为 GPIOPortA 开放时钟:

```
RCC_AHB1PeriphClockCmd(RCC_AHB1Periph_GPIOA,ENABLE);
```

② 为 GPIOPortB 开放时钟:

```
RCC_AHB1PeriphClockCmd(RCC_AHB1Periph_GPIOB,ENABLE);
```

③ 配置 GPIOPortA 外设:

```
GPIO_InitTypeDef GPIO_InitStruct;                        //定义结构体
GPIO_InitStruct.GPIO_Mode = GPIO_Mode_OUT;               //将 GPIOA 设置为输出模式
GPIO_InitStruct.GPIO_OType = GPIO_OType_PP;              //将 GPIOA 设置为推挽输出模式
GPIO_InitStruct.GPIO_Pin = GPIO_Pin_All;                 //将 GPIO_Pin 设置为 GPIO_Pin_All
GPIO_InitStruct.GPIO_Speed = GPIO_Speed_100MHz;          //将 GPIOA 的频率设置为 100 MHz
GPIO_InitStruct.GPIO_PuPd = GPIO_PuPd_NOPULL;            //浮空模式
GPIO_Init(GPIOA,& GPIO_InitStruct);                       //初始化 GPIOA
```

④ 配置 GPIOPortB 外设:

```
GPIO_InitStruct.GPIO_Mode = GPIO_Mode_OUT;               //将 GPIOB 设置为输出模式
GPIO_InitStruct.GPIO_OType = GPIO_OType_PP;              //将 GPIOA 设置为推挽输出模式
//配置 PB0、PB1、PB2、PB3 引脚设置为输出模式
GPIO_InitStruct.GPIO_Pin = GPIO_Pin_0 |GPIO_Pin_1 |GPIO_Pin_2 |GPIO_Pin_3;
GPIO_InitStruct.GPIO_Speed = GPIO_Speed_100MHz;          //将 GPIOB 的频率设置为 100 MHz
GPIO_InitStruct.GPIO_PuPd = GPIO_PuPd_NOPULL;            //浮空模式
GPIO_Init(GPIOB,& GPIO_InitStruct);                       //初始化 GPIOB
```

⑤ 操作 GPIOPortA、GPIOPortB。使用固件库函数为 GPIOA 写入编码值,通过 GPIOB 控制数码管的位选。可以使用固件库中的函数直接给 GPIOA、GPIOB 赋值。

```
void GPIO_Write(GPIO_TypeDef*  GPIOx, uint16_t PortVal);
```

项目三　使用GPIO接口完成简单开发任务

代码实例：

```c
/* main.c* /
#include "stm32f4xx.h"
#include "main.h"
#include "led.h"
#include "delay.h"
#include "key.h"
#include "seg.h"
int main(void){
    seg_Init();
    while(1){
        display_seg(1234);
    }
}
/* seg.c: 包含两个函数,一个函数是 void seg_Init(void),该函数用于配置相关的 GPIO;另一个
   函数是 void display_seg(uint16_t a),该函数用于显示相关内容* /
#include "stm32f4xx.h"
#include "main.h"
#include "delay.h"
#include "seg.h"
char LED[ ] ={0xc0,0xf9,0xa4,0xb0,0x99,0x92,0x82,0xf8,0x80,0x90,0x88,0x83,
            0xc6,0xa1,0x86,0x8e};
void seg_Init(void){
    GPIO_InitTypeDef GPIO_InitStructure;
    RCC_AHB1PeriphClockCmd(RCC_AHB1Periph_GPIOA, ENABLE);
    GPIO_InitStructure.GPIO_Pin = GPIO_Pin_All;
    GPIO_InitStructure.GPIO_Speed = GPIO_Speed_100MHz;
    GPIO_InitStructure.GPIO_Mode = GPIO_Mode_OUT;
    GPIO_InitStructure.GPIO_OType = GPIO_OType_PP;
    GPIO_InitStructure.GPIO_PuPd = GPIO_PuPd_NOPULL;
    GPIO_Init(GPIOA, &GPIO_InitStructure);
    RCC_AHB1PeriphClockCmd(RCC_AHB1Periph_GPIOB, ENABLE);
    GPIO_InitStructure.GPIO_Pin = GPIO_Pin_All;
    GPIO_InitStructure.GPIO_Speed = GPIO_Speed_100MHz;
    GPIO_InitStructure.GPIO_Mode = GPIO_Mode_OUT;
    GPIO_InitStructure.GPIO_OType = GPIO_OType_PP;
    GPIO_InitStructure.GPIO_PuPd = GPIO_PuPd_NOPULL;
    GPIO_Init(GPIOB, &GPIO_InitStructure);
}
void display_seg(uint16_t a){
    wela1_0; wela2_1; wela3_1; wela4_1;
    GPIO_Write(GPIOA, ~ LED[a/1000]);
    delay(10);
    wela1_1; wela2_0; wela3_1; wela4_1;
    GPIO_Write(GPIOA, ~ LED[a% 1000/100]);
    delay(10);
    wela1_1; wela2_1; wela3_0; wela4_1;
    GPIO_Write(GPIOA, ~ LED[a% 100/10]);
```

```
        delay(10);
        wela1_1;wela2_1;wela3_1;wela4_0;
        GPIO_Write(GPIOA, ~ LED[ a% 10]);
        delay(10);
}
/* seg.h:这是与 seg.c 对应的头文件,该头文件通过宏定义定义了参数 weila1_0、wela1_1、wela2_0、
    wela2_1、wela3_0、wela3_1、wela4_0、wela4_1,这几个参数用于选择数码管的位* /
#ifndef __SEG_H
#define __SEG_H
#define wela0_0    GPIO_ResetBits(GPIOB,GPIO_Pin_0)
#define wela0_1    GPIO_SetBits(GPIOB,GPIO_Pin_0)
#define wela1_0    GPIO_ResetBits(GPIOB,GPIO_Pin_1)
#define wela1_1    GPIO_SetBits(GPIOB,GPIO_Pin_1)
#define wela2_0    GPIO_ResetBits(GPIOB,GPIO_Pin_2)
#define wela2_1    GPIO_SetBits(GPIOB,GPIO_Pin_2)
#define wela3_0    GPIO_ResetBits(GPIOB,GPIO_Pin_3)
#define wela3_1    GPIO_SetBits(GPIOB,GPIO_Pin_3)
void seg_Init(void);
void display(uint16_t a,uint16_t b,uint16_t c,uint16_t d);
#endif
```

编译上面的代码,当编译没有警告和错误时将编译后的程序下载到开发板。启动开发板后可以看到数码管上显示数字 1、2、3、4,如图 3-15 所示。

图 3-15　数码管显示 1、2、3、4

项目总结

本项目通过 GPIO 的功能及库函数、时钟树完成了 3 个 GPIO 的基本任务。在任务完成过程中,熟悉了基本程序的结构、输入、输出情况的配置以及固件库的内容。通过流水灯案例、单一按键案例,以及数码管动态显示案例进行了编程实验,使读者能够熟悉 GPIO 的相关开发。

流水灯实验

项目拓展

①请使用 KEIL 软件,完成程序。要求:流水灯的硬件电路连接 GPIOA8~GPIOA15,而且给 GPIOA8~A15 置低电平才能点亮 LED 灯,使用 GPIO_Write( ) 函数。

②请使用 KEIL 软件,完成程序。要求:流水灯的硬件电路连接 GPIOA0~GPIOA7,而且给 GPIOA0~A7 置低电平才能点亮 LED 灯,使用 GPIO_Write( ) 函数。

③请完成单一按键的编程任务:按键按下 LED 灯亮,释放后 LED 灯灭。按键使用 GPIOC0,LED 灯使用 GPIOA0。

④编程完成:使用三个按键,其中一个按键用于计数的递增、递减选择,使用两个 LED 灯表示递增和递减;第二个按键用于计数启动,使用四个 LED 灯来表示递增的计数或递减的计数;第三个按键用于计数清零,1 个 LED 灯亮表示计数清零。

⑤编程任务:动态显示数字 1234。微控制器的 PA0~PA7 接段选端,PB0~PB3 接位选端。

⑥编程任务:四位数码管的动态显示,先显示 0、1、2、3,再显示 4、5、6、7。微控制器的 PA0~PA7 接段选端,PB0~PB3 接位选端。

按键编程实验

扩展阅读 代码规范

在 C 语言中不遵守编译器的规定,编译器在编译时就会报错,这个规定称为规则。但是有一种规定,它是一种人为的、约定俗成的,即使不按照这种规定也不会出错,这种规定就称为规范。

代码规范化有很多好处,如规范的代码可以促进团队合作,一个项目大多都是由一个团队来完成,统一的风格使得代码可读性大幅提高。规范的代码可以减少 bug 处理,可以降低维护成本,也有助于代码审查,养成代码规范的习惯,有助于程序员自身的成长。

要达到高水平的程序员,养成良好的开发习惯是必需的。不要沉迷表面的得失,看似无用的东西经过慢慢地累积由量变达到质变的时候,才能感受到其价值所在。

项目四 利用定时器和外部中断实现电子钟校准

项目描述

通过定时器实现电子钟校准需要熟悉微控制器的中断系统以及定时器的内容。在实现电子钟校准的基础上，要通过外部中断实现电子钟的校准功能。

外部中断是单片机实时地处理外部事件的一种内部机制。当某种外部事件发生时，单片机的中断系统将迫使 CPU 暂停正在执行的程序，转而去进行中断事件的处理；中断处理完毕后，又返回被中断的程序处，继续执行程序。

在没有干预的情况下，单片机的程序在封闭状态下自主运行。如果在某一时刻需要响应一个外部事件，例如有按键按下，这时就会用到外部中断。具体来讲，外部中断就是在单片机的一个引脚上，由于外部因素导致一个电平的变化（如由高变低），而通过捕获这个变化，单片机内部自主运行的程序就会被暂时打断，转而去执行相应的中断处理程序，执行完后又回到原来中断的地方继续执行原来的程序。这个引脚上的电平变化，就申请了一个外部中断事件，而这个能申请外部中断的引脚就是外部中断的触发引脚。

STM32F40xx 的外部中断/事件控制器 EXTI 管理了控制器的 23 个中断/事件线。每个中断/事件线都对应有一个边沿检测器，可以实现输入信号的上升沿检测和下降沿的检测。EXTI 可以实现对每个中断/事件线进行单独配置，可以单独配置为中断或者事件，以及触发事件的属性。

项目内容

- 任务一　通过嵌套向量中断控制器 NVIC 设置中断参数。
- 任务二　利用定时器实现电子钟。
- 任务三　利用外部中断为电子钟校准。

学习目标

- 熟悉 STM32 的中断和异常。
- 掌握嵌套向量中断控制器 NVIC 的特性，并能够设置中断的相关参数。
- 掌握中断的编程要点。
- 掌握基本定时器的相关特性，可以设置定时器的相关参数。
- 能够通过定时器和中断实现电子钟。
- 熟悉 EXTI 的功能特性。
- 掌握 EXT 结构体的设置，并可以使用库函数。

- 能够通过外部中断完成电子钟的校准。

任务一 通过嵌套向量中断控制器 NVIC 设置中断参数

任务描述

早期的计算机没有中断功能，主机与外设交换信息只能采用程序控制传送方式。由于 CPU 主动要求传送数据，而外围设备的工作速度根本无法与 CPU 的处理速度匹配，因此每次信息交换，CPU 都要浪费大量时间等待外设。为了解决这个问题，计算机科学家使用中断的办法解决了这一问题。

相关知识

一、STM32 的中断和异常

中断是指来自 CPU 执行指令以外的事件发生后，处理机暂停正在运行的程序，转去执行处理该事件的程序的过程。中断方式是指由外设主动提出信息传送的请求，CPU 在收到请求之前，执行本身的工作任务（主程序），只是在收到外设进行数据传送的请求之后，才暂时中断原有主程序的执行，去与外设交换数据。直到数据传送完毕，又返回来继续执行主程序。CPU 的工作速度很快，交换信息所花费的时间很短，对主程序的运行不会造成什么影响。

不仅会有中断的概念，还经常说到异常。在 ARM 处理器中，中断和异常有些差别，异常主要从处理器被动接收的角度出发，而中断带有向处理器主动申请的色彩。下面所说的异常和中断不做严格区分，两者都是指请求处理器打断正常的程序执行流程，进入特定程序循环的一种机制。

Cortex 内核具有强大的异常响应系统，它把能够打断当前代码执行流程的事件分为异常和中断，并把它们用一个表进行管理。STM32F4 系列在内核水平上搭载了一个异常响应系统，支持为数众多的系统异常和外部中断，其中系统异常有 10 个，外部中断 81 个。除了个别的异常优先级被定死以外，其他异常都是可编程的。

当一个异常发生时，硬件会自动比较该异常的优先级是否比当前的异常优先级更高。如果发现了更高优先级的异常，处理器就会中断当前的中断服务程序（或者是普通程序），而服务新的异常。当开始响应一个中断后，Cortex-M4 会自动定位一张向量表，并且根据中断号从表中找出中断服务程序的入口地址，然后跳转过去执行。不需要像以前的 ARM 那样，由软件来分辨到底是哪个中断发生了，也无须半导体厂商提供私有的中断控制器来完成这种工作，中断延迟时间大幅缩短。

STM32F407 的向量表列举了异常和外部中断清单，见表 4-1。

表 4-1　STM32F407 的向量表

位 置	优 先 级	优先级类型	名　　称	说　　明	地　　址
—	—	—	—	保留	0x00000000
—	−3	固定	Reset	复位	0x00000004
—	−2	固定	NMI	不可屏蔽中断，RCC 时钟安全系统（CSS）连接到 NMI 向量	0x00000008

续表

位置	优先级	优先级类型	名称	说明	地址
—	−1	固定	HardFault	所有类型的错误	0x0000000C
—	0	可设置	MemManage	存储器管理	0x00000010
—	1	可设置	BusFault	预取值失败、存储器访问失败	0x00000014
—	2	可设置	UsageFault	未定义的指令或非法状态	0x00000018
—	—	—	—	保留	0x0000001C-0x0000002B
—	3	可设置	SVCall	通过 SWI 指令调用的系统服务	0x0000002C
—	4	可设置	DebugMonitor	调试监控器	0x00000030
—	—	—	—	保留	0x00000034
—	5	可设置	PendSV	可挂起的系统服务	0x00000038
—	6	可设置	SysTick	系统嘀嗒定时器	0x0000003C
0	7	可设置	WWDG	窗口看门狗中断	0x00000040
1	8	可设置	PVD	连接到 EXTI 线的可编程电压检测（PVD）中断	0x00000044
2	9	可设置	TAMP_STAMP	连接到 EXTI 线的入侵和时间戳中断	0x00000048
3	10	可设置	RTC_WKUP	连接到 EXTI 线的 RTC 唤醒中断	0x0000004C
4	11	可设置	FLASH	Flash 全局中断	0x00000050
5	12	可设置	RCC	RCC 全局中断	0x00000054
6	13	可设置	EXTI0	EXTI 线 0 中断	0x00000058
7	14	可设置	EXTI1	EXTI 线 1 中断	0x0000005C
8	15	可设置	EXTI2	EXTI 线 2 中断	0x00000060
9	16	可设置	EXTI3	EXTI 线 3 中断	0x00000064
10	17	可设置	EXTI4	EXTI 线 4 中断	0x00000068
……					
27	34	可设置	TIM1_CC	TIM1 捕获比较中断	0x000000AC
28	35	可设置	TIM2	TIM2 全局中断	0x000000B0
29	36	可设置	TIM3	TIM3 全局中断	0x000000B4
30	37	可设置	TIM4	TIM4 全局中断	0x000000B8
77	84	可设置	OTG_HS	USBOnTheGoHS 全局中断	0x00000174
78	85	可设置	DCMI	DCMI 全局中断	0x00000178
79	86	可设置	CRYP	CRYP 加密全局中断	0x0000017C
80	87	可设置	HASH_RNG	哈希和随机数发生器全局中断	0x00000180
81	88	可设置	FPU	FPU 全局中断	0x00000184

二、嵌套向量中断控制器 NVIC

NVIC，嵌套向量中断控制器，属于内核外设，管理着包括内核和片上所有外设中断的相关功能。

STM32F407 内置有嵌套的向量中断控制器,可管理 16 个优先级,处理带 FPU 的 Cortex-M4 内核的最多 81 个可屏蔽中断通道及 16 个中断线。

1. NVIC 的主要特性

①紧耦合的 NVIC 使得中断响应更快。
②直接向内核传递中断入口向量表地址。
③允许对中断进行早期处理。
④处理延迟到达,优先级较高的中断。
⑤支持尾链功能。
⑥自动保存处理器状态。
⑦退出中断时自动恢复现场,无须指令开销。
NVIC 模块以最短的中断延迟提供了灵活的中断管理功能。

2. 两个重要的文件

两个重要的文件是 core_cm4.h 和 misc.c(在使用库函数时需要在工程树文件中加载该文件)。在 core_cm4.h 中定义了很多寄存器,下面列出了 NVIC_Type 的结构体:

```
typedef struct
{
    __IO uint32_t ISER[8];          //中断置位使能寄存器
         uint32_t RESERVED0[24];
    __IO uint32_t ICER[8];          //中断清除使能寄存器
         uint32_t RSERVED1[24];
    __IO uint32_t ISPR[8];          //中断置位悬起寄存器
         uint32_t RESERVED2[24];
    __IO uint32_t ICPR[8];          //中断清除挂起寄存器
         uint32_t RESERVED3[24];
    __IO uint32_t IABR[8];          //中断有源位寄存器
         uint32_t RESERVED4[56];
    __IO uint8_t  IP[240];          //中断优先级寄存器
         uint32_t RESERVED5[644];
    __O  uint32_t STIR;             //软件触发中断寄存器
}NVIC_Type;
```

但是,STM32F407 在配置中断时不需要都配置,只使用 ISER、ICER、IP 这 3 个寄存器,其中 ISER 用来使能中断,ICER 用来失能中断,IP 用来设置中断的优先级。

3. 优先级

在 NVIC 中有一个专门的寄存器——中断优先级寄存器 NVIC_IPRx,用来配置外部中断的优先级,IPR 宽度为 8 位,原则上每个外部中断可配置的优先级为 0~255,数值越小,优先级越高。但是绝大多数 Cortex-M4 内核的微控制器都会精简设计,以致实际上支持的优先级数减少,在 STM32F407 中,只使用了 4 位,见表 4-2。

表 4-2 STM32F407 使用 4 位表示优先级

bit7	bit6	bit5	bit4	bit3	bit2	bit1	bit0
用于表达优先级				未使用,读回为 0			

用于表达优先级的这4位,又被分组成抢占优先级(主优先级)和响应优先级。如果有多个中断同时响应,抢占优先级高的就会抢占优先级低的优先得到执行,当抢占优先级相同时,就比较响应优先级;如果抢占优先级和响应优先级都相同,就比较它们的硬件中断编号,编号越小,优先级越高。

从STM32F407的向量表中,可以看出,向量优先级就是中断的硬件编号,Cortex-M4的芯片在设计时就已经定义好它们的中断硬件编号,编号越小,优先级越高。除去表4-1的系统异常,从中断开始,看门狗的优先级是最高的。

4. 优先级分组

STM32微控制器中断优先级由抢占优先级与响应优先级决定,抢占优先级和响应优先级取值范围由中断分组决定,见表4-3。

表4-3 中断优先级分组

优先级分组	抢占优先级(主优先级)	响应优先级(子优先级)	描述
NVIC_PriorityGroup_0	0	0~15	抢占优先级0位 响应优先级4位
NVIC_PriorityGroup_1	0~1	0~7	抢占优先级1位 响应优先级3位
NVIC_PriorityGroup_2	0~3	0~3	抢占优先级2位 响应优先级2位
NVIC_PriorityGroup_3	0~7	0~1	抢占优先级3位 响应优先级1位
NVIC_PriorityGroup_4	0~15	0	抢占优先级4位 响应优先级0位

表4-4所示为中断向量A和B根据抢占优先级与响应优先级得到的优先级顺序对比描述。

表4-4 中断向量优先级

中断向量	抢占优先级	响应优先级	描述
A	0	1	抢占优先级相同,响应优先级数值小的优先级高(A>B)
B	0	2	
A	1	2	响应优先级相同,抢占优先级数值小的优先级高(A<B)
B	0	2	
A	1	0	抢占优先级比响应优先级高(A<B)
B	0	2	
A	1	1	抢占优先级和响应优先级均相同,则中断向量编号小的先执行(需要比较中断表中的顺序)
B	1	1	

这3个优先级的比较顺序是:抢占式优先级>响应优先级>中断表中的排位顺序。

第一组的A和B,当抢占优先级相同时,关注响应优先级,哪个小哪个优先级高。这里当然就是A的优先级高于B的。第二组的A和B,响应优先级相同,抢占优先级数值小的优先级高。这里当然就是B的优先级高。第三组的A和B,抢占优先级比响应优先级高。当然就是B的优先级高。第四组的A和B,抢占优先级和响应优先级均相同,则中断向量编号小的先执行。

三、NVIC 结构体

在固件库中，NVIC 的结构体给每个寄存器都预留了很多位，以便日后扩展功能。但是 STM32F407 用不了这么多，只用了其中一部分。

在 misc.h 中定义了 NVIC 的结构体：

```
typedef struct
{
    uint8_t NVIC_IRQChannel;                          //中断源
    uint8_t NVIC_IRQChannelPreemptionPriority;        //抢占优先级
    uint8_t NVIC_IRQChannelSubPriority;               //响应优先级
    FunctionalState NVIC_IRQChannelCmd;               //中断向量使能或失能
}NVIC_InitTypeDef;
```

NVIC结构体

这个结构体中包含有中断源、抢占优先级、响应优先级、中断向量使能或失能。如果要使用中断就要设置 NVIC 结构体中的这几个成员。

1. NVIC_IRQChannel 中断源

中断源在向量表中都已经列出，这里的中断源就是那些中断，例如，EXTI 线 0 中断、DMA1 流 0 全局中断、ADC1、ADC2 和 ADC3 全局中断、CAN1TX 中断、TIM1 捕获比较中断、USART1 全局中断。它们都有唯一的名称，系统都已经规定好了，在 stm32f4xx.h 头文件中的 IRQn_Type 结构体定义。这个结构体包含了所有的中断源：

```
typedef enum IRQn
{
    /* * * * * * Cortex-M4 处理器异常编号 * * * * * * * * * * * * * * * * */
    NonMaskableInt_IRQn = -14,          /* !<2 NonMaskableInterrupt */
    MemoryManagement_IRQn = -12,        /* !<4 Cortex-M4 MemoryManagementInterrupt */
    BusFault_IRQn = -11,                /* !<5 Cortex-M4 BusFaultInterrupt */
    UsageFault_IRQn = -10,              /* !<6 Cortex-M4 UsageFaultInterrupt */
    SVCall_IRQn = -5,                   /* !<11 Cortex-M4 SVCallInterrupt */
    DebugMonitor_IRQn = -4,             /* !<12 Cortex-M4 DebugMonitorInterrupt */
    PendSV_IRQn = -2,                   /* !<14 Cortex-M4 PendSVInterrupt */
    SysTick_IRQn = -1,                  /* !<15 Cortex-M4 SystemTickInterrupt */
    /* * * * * * STM32 外部中断编号 * * * * * * * * * * * * * * * * * * */
    WWDG_IRQn = 0,                      /* !<WindowWatchDogInterrupt */
    PVD_IRQn = 1,                       /* !<PVDthroughEXTILinedetectionInterrupt */
    …
    EXTI0_IRQn = 6,                     /* !<EXTILine0Interrupt */
    EXTI1_IRQn = 7,                     /* !<EXTILine1Interrupt */
    EXTI2_IRQn = 8,                     /* !<EXTILine2Interrupt */
    EXTI3_IRQn = 9,                     /* !<EXTILine3Interrupt */
    EXTI4_IRQn = 10,                    /* !<EXTILine4Interrupt */
    DMA1_Stream0_IRQn = 11,             /* !<DMA1Stream0globalInterrupt */
    …
    ADC_IRQn = 18,                      /* !<ADC1,ADC2andADC3globalInterrupts */

    #if defined(STM32F40_41xxx)
```

```
            CAN1_TX_IRQn = 19,              /* !< CAN1 TX Interrupt */
            ...
            EXTI9_5_IRQn = 23,              /* !< External Line[9:5] Interrupts */
            ...
            TIM2_IRQn = 28,                 /* !< TIM2 global Interrupt */
            TIM3_IRQn = 29,                 /* !< TIM3 global Interrupt */
            TIM4_IRQn = 30,                 /* !< TIM4 global Interrupt */
            I2C1_EV_IRQn = 31,              /* !< I2C1 Event Interrupt */
            ...
            SPI1_IRQn = 35,                 /* !< SPI1 global Interrupt */
            SPI2_IRQn = 36,                 /* !< SPI2 global Interrupt */
            USART1_IRQn = 37,               /* !< USART1 global Interrupt */
            ...
            EXTI15_10_IRQn = 40,            /* !< External Line[15:10] Interrupts */
            ...
            HASH_RNG_IRQn = 80,             /* !< Hash and Rng global interrupt */
            FPU_IRQn = 81                   /* !< FPU global interrupt */
            #endif                          /* STM32F40_41xxx */
        }IRQn_Type;
```

例如,在 STM32F407xx 微控制器中基本定时器(TIM6、TIM7)中断向量共 2 个,分别为 TIM6_DAC_IRQn 和 TIM7_IRQn,可以做如下赋值:

```
NVIC_InitStructure.NVIC_IRQChannel = TIM6_DAC_IRQn;
```

2. 优先级配置

(1) 进行优先级分组配置

可以使用库函数 voidNVIC_PriorityGroupConfig(uint32_t NVIC_PriorityGroup) 进行配置,取值有 NVIC_PriorityGroup_0、NVIC_PriorityGroup_1、NVIC_PriorityGroup_2、NVIC_PriorityGroup_3、NVIC_PriorityGroup_4。

例如,NVIC_PriorityGroupConfig(NVIC_PriorityGroup_0)表明设置优先级分组为 0 组。

(2) 抢占优先级和响应优先级配置

上面的例子中设置中断优先级分组为 0,则抢占优先级只能取 0,优先级设置主要靠响应优先级,响应优先级可以从 0~15 中任取一个数字。例如:

```
NVIC_InitStructure.NVIC_IRQChannelPreemptionPriority = 0;
NVIC_InitStructure.NVIC_IRQChannelSubPriority = 3;    //可以是 0~15 中的任意数字
```

同样,如果改变抢占优先级,则响应优先级的取值范围也会改变。

(3) NVIC_IRQChannelCmd 取值范围

NVIC_IRQChannelCmd 的取值有 ENABLE(使能)和 DISABLE(失能),如果要使用中断就要使能 NVIC,可以配置成:

```
NVIC_InitStructure.NVIC_IRQChannelCmd = ENABLE;
```

(4) 初始化 NVIC

要进行 NVIC 的初始化不得不提到 NVIC_Init() 这个库函数,可以直接使用 NVIC_Init(&NVIC_InitStructure)把刚配置好的参数写到 NVIC 的结构体中。

四、NVIC 的固件库函数

表 4-5 列出了 NVIC 的几个库函数,常用的是:

```
voidNVIC_PriorityGroupConfig(uint32_t NVIC_PriorityGroup)
voidNVIC_Init(NVIC_InitTypeDef* NVIC_InitStruct)
```

它们的功能分别是设置优先级分组和初始化 NVIC 的寄存器,其用法在上面结构体中都已经描述,这里不做赘述。

表 4-5　NVIC 的固件库函数

NVIC 库函数	描述
voidNVIC_PriorityGroupConfig(uint32_t NVIC_PriorityGroup)	设置中断优先级分组
voidNVIC_Init(NVIC_InitTypeDef* NVIC_InitStruct)	根据 VIC_InitStruct 中指定的参数初始化外设 NVIC 寄存器
voidNVIC_SetVectorTable(uint32_t NVIC_VectTab, uint32_t Offset)	设置向量表的位置和偏移
voidNVIC_SystemLPConfig(uint8_t LowPowerMode, FunctionalState NewState)	选择系统进入低功耗模式的条件

五、中断编程要点

配置中断的编程要点:

①使能外设某个中断,具体由每个外设的相关中断使能位控制。例如,串口有发送完成中断、接收完成中断,这两个中断都由串口控制寄存器的相关中断使能位控制。

②初始化 NVIC_InitTypeDef 结构体,配置中断优先级分组,设置抢占优先级和响应优先级,使能中断请求。

③编写中断服务函数。在启动文件 startup_stm32f40xx.s 中预先为每个中断写一个中断服务函数,只是这些中断函数都为空,为的只是初始化中断向量表。实际的中断服务函数都需要重新编写,中断服务函数统一写在 stm32f4xx_it.c 源文件中。

关于中断服务函数的函数名必须跟启动文件中预先设置的一样,如果写错,系统就在中断向量表中找不到中断服务函数的入口,直接跳转到启动文件中预先写好的空函数,并且在里面无限循环,无法实现中断。

任务实施

完成基本定时器 TIM6 的 NVIC 配置

代码如下:

```
void TIM6_NVIC_config(void)
{
    NVIC_InitTypeDefNVIC_InitStruct;                              //定义结构体
    NVIC_PriorityGroupConfig(NVIC_PriorityGroup_0);               //设置中断组为 0
    NVIC_InitStruct.NVIC_IRQChannel = TIM6_DAC_IRQn;               //设置中断源
    NVIC_InitStruct.NVIC_IRQChannelPreemptionPriority = 0;         //设置抢占优先级
```

```
    NVIC_InitStruct.NVIC_IRQChannelSubPriority = 3;       //设置响应优先级
    NVIC_InitStruct.NVIC_IRQChannelCmd = ENABLE;          //使能 NVIC
    NVIC_Init( &NVIC_InitStruct);                         //初始化 NVIC
}
```

任务二　利用定时器实现电子钟

任务描述

电子钟可以显示时间,包括时分秒、年月日,显示只能采取前面使用的数码管,因此需要分屏显示,首先显示分和秒,然后显示小时和分钟,接着显示月和日,最后显示年,循环显示。

只要能够使用定时器完成 1 s 定时,再结合数码管显示,就可以使用定时器实现电子钟的任务。实现该任务有两个难点:实现万年历和定时器定时 1 s。

为了实现电子钟,就要实现最小的时间单位 1 s,这就要通过定时器的结构体和库函数完成该内容。

STM32F407xx 系列包括 2 个高级控制定时器、8 个通用定时器、2 个基本定时器以及 2 个看门狗。表 4-6 列出了各个定时器的特性及功能。

定时器的特性

表 4-6　定时器的特性及功能

定时器类型	定时器	计数器分辨率	计数器类型	预分频因子	DMA 请求生成	捕获/比较通道	互补输出
高级控制	TIM1 TIM8	16 位	递增;递减; 递增/递减	1~65 536 之间的整数	是	4	是
通用类型	TIM2 TIM5	32 位	递增;递减; 递增/递减	1~65 536 之间的整数	是	4	无
通用类型	TIM3 TIM4	16 位	递增;递减; 递增/递减	1~65 536 之间的整数	是	4	否
通用类型	TIM9	16 位	递增	1~65 536 之间的整数	否	2	否
通用类型	TIM10 TIM11	16 位	递增	1~65 536 之间的整数	否	1	否
通用类型	TIM12	16 位	递增	1~65 536 之间的整数	否	2	否
通用类型	TIM13 TIM14	16 位	递增	1~65 536 之间的整数	否	1	否
基本类型	TIM6 TIM7	16 位	递增	1~65 536 之间的整数	是	0	否

初始化结构体定义在 stm32f4xx_tim.h 文件中,初始化库函数定义在 stm32f4xx_tim.c 文件中,编程时可以结合这两个文件使用。标准库函数对定时器外设建立了四个初始化结构体,基本定时器只用到其中一个 TIM_TimeBaseInitTypeDef,该结构体成员用于设置定时器基本工作参数,并由定时器基本初始化配置函数 TIM_TimeBaseInit( )调用,这些设置参数将会设置定时器相应的寄存器,达到配置定时器的目的。

相关知识

一、高级定时器、通用定时器、基本定时器

1. 高级定时器

高级定时器 TIM1 和 TIM8 具有以下特性：

①16 位递增、递减、递增/递减自动重载计数器,16 位可编程预分频器,用于对计数器时钟频率进行分频(即运行时修改),分频系数介于 1～65 536 之间。

②多达 4 个独立通道,可用于:输入捕获,输出比较,PWM 生成(边沿和中心对齐模式),单脉冲模式输出。

③带可编程死区的互补输出,使用外部信号控制定时器且可实现多个定时器互连的同步电路,重复计数器,用于仅在给定数目的计数器周期后更新定时器寄存器,用于将定时器的输出信号置于复位状态或已知状态的断路输入,支持定位用增量(正交)编码器和霍尔传感器电路,外部时钟触发输入或逐周期电流管理。

发生如下事件时生成中断/DMA 请求:

①更新:计数器上溢/下溢、计数器初始化(通过软件或内部/外部触发)。

②触发事件(计数器启动、停止、初始化或通过内部/外部触发计数)。

③输入捕获。

④输出比较。

⑤断路输入。

2. 通用定时器

STM32F40x 器件中内置有 10 个同步通用定时器:TIM2～TIM5、TIM9～TIM14。

通用定时器包含一个 16 位(除 TIM2 和 TIM5 的其余定时器)或 32 位(TIM2 和 TIM5)自动重载计数器,该计数器由可编程预分频器驱动。它们可用于多种用途,包括测量输入信号的脉冲宽度(输入捕获)或生成输出波形(输出比较和 PWM)。使用定时器预分频器和 RCC 时钟控制器预分频器,可将脉冲宽度和波形周期从几微秒调制到几毫秒。这些定时器彼此完全独立,不共享任何资源。

3. 基本定时器

基本定时器 TIM6 和 TIM7 包含一个 16 位自动重载计数器,该计数器由可编程预分频器驱动。此类定时器不仅可用作通用定时器以生成时基,还可以专门用于驱动数模转换器(DAC)。实际上,此类定时器内部连接到 DAC 并能够通过其触发输出驱动 DAC。这些定时器彼此完全独立,不共享任何资源。

二、基本定时器的主要特性

为了更好地理解定时器的用法,可将定时器想象成一块手表,即一个基础时钟信号(时基)一直在运行着。首先计划多少个时基后执行某一个动作(即中断),设置好后,开始计数。这种方式类似闹钟,是通常所说的定时器功能(例如,TIM6/TIM7 只有基本定时功能),下面学习基本定时器的主要功能。基本定时器框图如图 4-1 所示。

1. 时基单元

可编程定时器的主要模块由一个 16 位递增计数器及其相关的自动重载寄存器组成。计数器的时钟可通过预分频器进行分频。

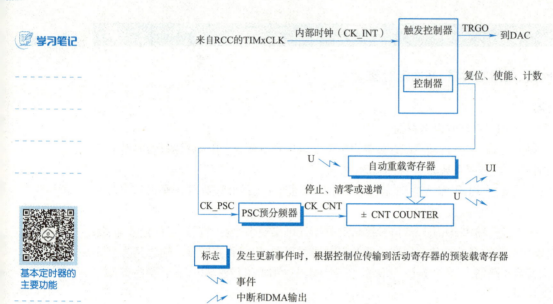

图 4-1 基本定时器框图

计数器、自动重载寄存器和预分频器寄存器可通过软件进行读/写。即使在计数器运行时也可执行读/写操作。

时基单元包括：

①计数器寄存器(TIMx_CNT)。

②预分频器寄存器(TIMx_PSC)。

③自动重载寄存器(TIMx_ARR)。

(1) 自动重载寄存器

自动重载寄存器是预装载的。每次尝试对自动重载寄存器执行读/写操作时，都会访问预装载寄存器。预装载寄存器的内容既可以直接传送到影子寄存器，也可以在每次发生更新事件 UEV 时传送到影子寄存器，这取决于 TIMx_CR1 寄存器中的自动重载预装载使能位(ARPE)。当计数器达到上溢值并且 TIMx_CR1 寄存器中的 UDIS 位为 0 时，将发送更新事件。

(2) 计数器寄存器

计数器由预分频器输出 CK_CNT 提供时钟，仅当 TIMx_CR1 寄存器中的计数器启动位(CEN)置1 时，才会启动计数器。实际的计数器使能信号 CNT_EN 在 CEN 置 1 的一个时钟周期后被置 1。

(3) 预分频器寄存器

预分频器可对计数器时钟频率进行分频，分频系数介于 1 和 65 536 之间。该预分频器基于 TIMx_PSC 寄存器中的 16 位寄存器所控制的 16 位计数器。由于 TIMx_PSC 控制寄存器有缓冲，因此可对预分频器进行实时更改。而新的预分频比将在下一更新事件发生时被采用。

2. 计数模式

计数器从 0 计数到自动重载值(TIMx_ARR 寄存器的内容)，然后重新从 0 开始计数并生成计数器上溢事件。

每次发生计数器上溢时会生成更新事件，或将 TIMx_EGR 寄存器中的 UG 位置 1(通过软件或使用从模式控制器)也可以生成更新事件。

通过软件将 TIMx_CR1 寄存器中的 UDIS 位置 1 可禁止 UEV 事件。这可避免向预装载寄存器写入新值时更新影子寄存器。这样，直到 UDIS 位中写入 0 前便不会生成任何更新事件，但计数器和预分频器计数器都会重新从 0 开始计数（而预分频比保持不变）。此外，如果 TIMx_CR1 寄存器中的 URS 位（更新请求选择）已置 1，则将 UG 位置 1 会生成更新事件 UEV，但不会将 UIF 标志置 1（因此，不会发送任何中断或 DMA 请求）。

发生更新事件时，将更新所有寄存器且将更新标志（TIMx_SR 寄存器中的 UIF 位）置 1（取决于 URS 位）：
①使用预装载值（TIMx_PSC 寄存器的内容）重新装载预分频器的缓冲区。
②使用预装载值（TIMx_ARR）更新自动重载影子寄存器。

图 4-2 所示为当 TIMx_ARR = 0x36 时不同时钟频率下计数器行为示例。

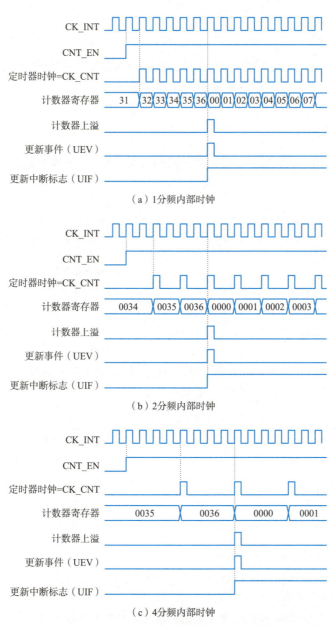

图 4-2 分频内部时钟计数器时序图

3. 时钟源

计数器时钟由内部时钟（CK_INT）源提供。定时器的内部时钟 CK_INT 频率为 84 MHz。CEN（TIMx_CR1 寄存器中）和 UG 位（TIMx_EGR 寄存器中）为实际控制位，并且只能通过软件进行更改（保持自动清零的 UG 除外）。当对 CEN 位写入 1 时，预分频器的时钟就由内部时钟 CK_INT 提供，如图 4-3 所示。

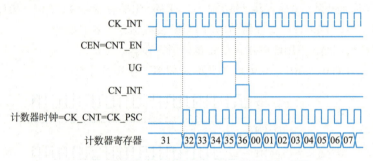

图 4-3　正常模式下的控制电路，1 分频内部时钟

三、定时器的结构体

结构体 TIM_TimeBaseInitTypeDef 定义在 stm32f4xx_tim.h 中。其内容如下：

```
typedef struct
{
    uint16_t TIM_Prescaler;              //预分频器
    uint16_t TIM_CounterMode;            //计数模式
    uint32_t TIM_Period;                 //定时器周期
    uint16_t TIM_ClockDivision;          //时钟分频
    uint8_t TIM_RepetitionCounter;       //重复计算器
}TIM_TimeBaseInitTypeDef;
```

①TIM_Prescaler：定时器预分频器设置。时钟源经该预分频器才是定时器时钟，它设置 TIMx_PSC 寄存器的值。可设置范围为 0~65 535，实现 1~65 536 分频。

②TIM_CounterMode：定时器计数方式，可以为向上计数、向下计数以及 3 种中央对齐模式。基本定时器只能是向上计数，即 TIMx_CNT 只能从 0 开始递增，并且无须初始化，见表 4-7。

表 4-7　TIM_CounterMode 的参数取值

TIM_CounterMode	描　　述
TIM_CounterMode_Up	TIM 向上计数模式
TIM_CounterMode_Down	TIM 向下计数模式
TIM_CounterMode_CenterAligned1	TIM 中央对齐模式 1 计数模式
TIM_CounterMode_CenterAligned2	TIM 中央对齐模式 2 计数模式
TIM_CounterMode_CenterAligned3	TIM 中央对齐模式 3 计数模式

③TIM_Period：定时器周期，实际就是设置自动重载寄存器的值，在事件生成时更新到影子寄存器。可设置范围为 0~65 535。

④TIM_ClockDivision：时钟分频，设置定时器时钟 CK_INT 频率与数字滤波器采样时钟频率分频

比,基本定时器没有此功能,不用设置,见表4-8。

表4-8 TIM_ClockDivision 的参数取值

TIM_ClockDivision	描　　述
TIM_CKD_DIV1	TDTS = Tck_tim
TIM_CKD_DIV2	TDTS = 2Tck_tim
TIM_CKD_DIV4	TDTS = 4Tck_tim

⑤TIM_RepetitionCounter:重复计数器,属于高级控制寄存器专用寄存器位,利用它可以非常容易地控制输出PWM的个数。这里不用设置。

四、定时器的库函数

1. voidTIM_TimeBaseInit(TIM_TypeDef * TIMx, TIM_TimeBaseInitTypeDef * TIM_TimeBaseInitStruct)

函数功能:根据 TIM_TimeBaseInitStruct 中指定的参数初始化 TIMx 的时间基数单位。

函数有两个输入参数:

输入参数1:TIMx,其中 x 可以是2、3 或者4 等,用来选择 TIM 外设。

输入参数2:TIM_TimeBaseInitStruct,指向结构体 TIM_TimeBaseInitTypeDef 的指针,包含了 TIMx 时间基数单位的配置信息。

2. voidTIM_Cmd(TIM_TypeDef * TIMx, FunctionalState NewState)

函数功能:使能或者失能 TIMx 外设。

输入参数1:TIMx,其中 x 可以是2、3 或者4 等,用来选择 TIM 外设。

输入参数2:NewState,外设 TIMx 的新状态,这个参数可以取 ENABLE 或者 DISABLE。

例如,使能 TIM6 外设可以设置为 TIM_Cmd(TIM6,ENABLE)。

3. voidTIM_ITConfig(TIM_TypeDef * TIMx, uint16_t TIM_IT, FunctionalState NewState)

函数功能:使能或者失能指定的 TIMx 中断。

输入参数1:TIMx,x 可以是2、3 或者4 等,用来选择 TIM 外设

输入参数2:TIM_IT,待使能或者失能的 TIM 中断源。

输入参数3:NewState,TIMx 中断的新状态,这个参数可以取 ENABLE 或者 DISABLE。

其中 TIM_IT 的取值见表4-9。

表4-9 TIM_IT 的取值

TIM_IT	描　　述
TIM_IT_Update	TIM 更新中断源
TIM_IT_CC1	TIM 捕获/比较1 中断源
TIM_IT_CC2	TIM 捕获/比较2 中断源
TIM_IT_CC3	TIM 捕获/比较3 中断源
TIM_IT_CC4	TIM 捕获/比较4 中断源
TIM_IT_COM	TIMCOM 中断源
TIM_IT_Trigger	TIM 触发中断源
TIM_IT_Break	TIM 制动中断源

例如，使能 TIM6 的更新中断可以设置为 TIM_ITConfig(TIM6,TIM_IT_Update,ENABLE)。

4. ITStatusTIM_GetITStatus(TIM_TypeDef * TIMx, uint16_t TIM_IT)

函数功能：检查指定的 TIM 中断发生与否。

输入参数 1：TIMx，x 可以是 2、3 或者 4 等，用来选择 TIM 外设。

输入参数 2：TIM_IT，待检查的 TIM 中断源，可以的取值见表 4-9。

例如，检查 TIM6 的更新中断是否发生，可以使用下面的代码：

```
if(TIM_GetITStatus(TIM6,TIM_IT_Update)!=RESET){…}
```

5. voidTIM_ClearFlag(TIM_TypeDef * TIMx, uint16_t TIM_FLAG)

函数功能：清除 TIMx 的待处理标志位。

输入参数 1：TIMx，x 可以是 2、3 或者 4 等，用来选择 TIM 外设。

输入参数 2：TIM_FLAG，待清除的 TIM 标志位，可以的取值见表 4-10。

表 4-10　TIM_FLAG 的取值

TIM_FLAG	描　　述
TIM_FLAG_Update	TIM 更新标志位
TIM_FLAG_CC1	TIM 捕获/比较 1 标志位
TIM_FLAG_CC2	TIM 捕获/比较 2 标志位
TIM_FLAG_CC3	TIM 捕获/比较 3 标志位
TIM_FLAG_CC4	TIM 捕获/比较 4 标志位
TIM_FLAG_COM	TIMCOM 标志位
TIM_FLAG_Break	TIM 制动标志位
TIM_FLAG_Trigger	TIM 触发标志位
TIM_FLAG_CC1OF	TIM 捕获/比较 1 溢出标志位
TIM_FLAG_CC2OF	TIM 捕获/比较 2 溢出标志位
TIM_FLAG_CC3OF	TIM 捕获/比较 3 溢出标志位
TIM_FLAG_CC4OF	TIM 捕获/比较 4 溢出标志位

例如，清除 TIM 的更新中断标志位：

```
TIM_ClearFlag(TIM6,TIM_FLAG_Update);
```

6. voidTIM_ClearITPendingBit(TIM_TypeDef * TIMx, uint16_t TIM_IT)

函数功能：清除 TIMx 的中断待处理位。

输入参数 1：TIMx，x 可以是 2、3 或者 4 等，用来选择 TIM 外设。

输入参数 2：TIM_IT，待检查的 TIM 中断待处理位，取值见表 4-9。

五、使用基本定时器 TIM6 定时 1 s

如果要使用基本定时器 TIM6 定时 1 s，结构体的参数的设置还需要根据情况进行计算。

定时事件生成时间主要由 TIMx_PSC 和 TIMx_ARR 两个寄存器值决定，这就是定时器的周期。

例如,需要一个 1 s 周期的定时器,具体这两个寄存器值该如何设置? 假设,先设置 TIMx_ARR 寄存器值为 9999,即当 TIMx_CNT 从 0 开始计算,刚好等于 9999 时生成事件,总共计数 10 000 次,此时时钟源周期为 100 μs 即可得到刚好 1 s 的定时周期。

接下来问题就是设置 TIMx_PSC 寄存器值使得 CK_CNT 输出为 100 μs 周期(10 000 Hz)的时钟。预分频器的输入时钟 CK_PSC 为 84 MHz,所以设置预分频器值为(8 400 − 1)即可满足。所以,结构体 TIM_TimeBaseInitTypeDef 的参数设置为 TIM_Prescaler = 8 400 − 1, TIM_Period = 10 000 − 1。

```
void TIM6_config(void)
{
    TIM_TimeBaseInitTypeDef TIM_TimeBaseInitStruct;         //①定义结构体
    RCC_APB1PeriphClockCmd(RCC_APB1Periph_TIM6,ENABLE);     //②打开 TIM6 的时钟
    TIM_TimeBaseInitStruct.TIM_Prescaler = 8400 - 1;        //③设置分频系数为 8400
    TIM_TimeBaseInitStruct.TIM_Period = 10000 - 1;          //④设置 ARR 计数到 10000
    TIM_TimeBaseInit(TIM6,&TIM_TimeBaseInitStruct);         //⑤初始化结构体
    TIM_ClearFlag(TIM6,TIM_FLAG_Update);                    //⑥清除定时器更新中断标志位
    TIM_ITConfig(TIM6,TIM_IT_Update,ENABLE);                //⑦开启定时器更新中断
    TIM_Cmd(TIM6,ENABLE);                                   //⑧使能定时器
}
```

定时器的配置步骤

从这段代码可以看出要对 TIM6 进行设置,需要先通过①定义一个结构体,结构体的名字为 TIM_TimeBaseInitStruct,然后通过②打开 TIM6 的时钟,再通过③、④进行分频和计数的设置,再通过⑤对结构体的参数进行设置,通过⑥清除定时器更新中断标志位,通过⑦开启定时器更新中断,最后通过⑧使能定时器。

任务实施

基本定时器定时的软件设计步骤:
①定时器的配置。
②NVIC 的配置(中断优先级配置)。
③设计中断服务程序。

一、掌握基本定时器的原理

基本定时器的原理如下:
①定时器的内部时钟 CK_INT 频率为 84 MHz。
②可编程定时器的主要模块由一个 16 位递增计数器及其相关的自动重载寄存器组成。计数器的时钟可通过预分频器进行分频。
③计数器从 0 计数到自动重载值(TIMx_ARR 寄存器的内容),然后重新从 0 开始计数并生成计数器上溢事件。

二、定时器定时 1 s

在前面已经学会使用基本定时器 TIM6 分频计数,完成 1 s 定时,只需要设置分频系数为 8 400,设置重装载寄存器的值为 10 000 即可实现。实现的方法:首先 TIM6 的时钟频率为 84 MHz,经过 8 400 分频,变为 84 MHz/8 400 = 10 000 Hz,这样每计一次数就是 0.000 1 s,当把重装载寄存器变为 10 000 时,0.0001 * 10 000 = 1 s。这样就完成了 1 s 定时。

三、定时器实现电子钟

1. 定时器的配置

①打开定时器时钟。
②定义时基结构体。
③设置分频因子和自动重装载值（按照定时时长配置）。
④初始化结构体。
⑤清除定时器更新中断标志位，开启定时器更新中断，使能定时器。

```
/* * * * * * * * * * * * * * * 定时器的配置* * * * * * * * * * * * * * * * * */
void TIM6_config(void)
{
    TIM_TimeBaseInitTypeDef TIM_TimeBaseInitStruct;         //定义结构体
    RCC_APB1PeriphClockCmd(RCC_APB1Periph_TIM6,ENABLE);     //打开 TIM6 的时钟
    TIM_TimeBaseInitStruct.TIM_Prescaler = 8400 - 1;        //设置分频系数为 8400
    TIM_TimeBaseInitStruct.TIM_Period = 10000 - 1;          //设置 ARR 计数到 10000
    TIM_TimeBaseInit(TIM6,&TIM_TimeBaseInitStruct);         //初始化结构体
    TIM_ClearFlag(TIM6,TIM_FLAG_Update);                    //清除定时器更新中断标志位
    TIM_ITConfig(TIM6,TIM_IT_Update,ENABLE);                //开启定时器更新中断
    TIM_Cmd(TIM6,ENABLE);                                   //使能定时器
}
/* * * * * * * * * * * * * * * * * * * * * * * * * * * * * * * * * * * * * */
```

2. NVIC 的配置（中断优先级配置）

```
/* * * * * * * * * * * * * NVIC 的配置( 中断优先级配置) * * * * * * * * * * * * */
void TIM6_NVIC_config(void)
{
    NVIC_InitTypeDef NVIC_InitStruct;                               //定义结构体
    NVIC_PriorityGroupConfig(NVIC_PriorityGroup_0);                 //设置中断组为 0
    NVIC_InitStruct.NVIC_IRQChannel = TIM6_DAC_IRQn;                //设置中断源
    NVIC_InitStruct.NVIC_IRQChannelPreemptionPriority = 0;          //设置抢占优先级
    NVIC_InitStruct.NVIC_IRQChannelSubPriority = 3;                 //设置响应优先级
    NVIC_InitStruct.NVIC_IRQChannelCmd = ENABLE;                    //使能 NVIC
    NVIC_Init(&NVIC_InitStruct);                                    //初始化 NVIC
}
/* * * * * * * * * * * * * * * * * * * * * * * * * * * * * * * * * * * * * */
```

3. 中断服务程序（按照实现的目标完成）

```
/* * * * * * * * * * * * * * * 中断服务程序* * * * * * * * * * * * * * * * * */
void TIM6_DAC_IRQHandler(void)
{
    if(TIM_GetITStatus(TIM6,TIM_IT_Update) != RESET)    //检查 TIM6 的更新中断是否发生
    {
        /* 执行语句*/
        TIM_ClearITPendingBit(TIM6,TIM_IT_Update);      //清除 TIMx 的中断待处理位
```

```
        }
    }
    /* * * * * * * * * * * * * * * * * * * * * * * * * * * * * * * * * * * * * /
```

下面的代码都使用多文件编程来实现,能够通过不同的 C 文件实现不同的功能。

在 seg.c 中完成 display2 显示函数(在原来的基础上增加此函数)用来显示小时和分钟,或者分和秒,或者月和日。而原来的函数 display1(修改后)可以显示年。

在 basic_TIM.c 中,函数 void TIM6_NVIC_config(void) 用于 NVIC 的设置,函数 void TIM6_config(void) 用于定时器的设置,再用函数 void TIM6_Init(void) 把前面两个函数放到一起,完成设置,在主函数中调用 TIM6_Init() 即可完成定时器和 NVIC 的设置。

在 calendar.c 中,函数 int Monthday(int year,int month) 用于闰年的判定。

在 stm32f4xx_it.c 中,函数 void TIM6_DAC_IRQHandler(void) 作为中断服务程序实现时钟的进位。

主函数主要实现调用定时器的初始化函数进行各个参数的设置以及优先级的设置,调用数码管的配置函数,完成 GPIO 口的设置,然后通过使用 display() 函数实现时钟显示。

其中的库函数一定要在 .h 文件中声明,并在 main() 函数中加载,这里不再赘述。

这里一定要注意,还要把系统文件 stm32f4xx_tim.c 和 misc.c 加载到 fwlib 组件中,把新建的 basic_TIM.c、calendar.c 加载到 system 组件中。

代码实例:

```
/* * * * * * * * * * * * * * * * main.c:主函数* * * * * * * * * * * * * * * * * /
#include "stm32f4xx.h"
#include "led.h"
#include "delay.h"
#include "key.h"
#include "seg.h"
#include "basic_TIM.h"
#include "calendar.h"
char led = 0x01;
int key0;
int a = 0;
int min = 59,sec = 57,hour = 23,year = 2020,month = 2,day = 28,monthday;
int main(void)
{
    seg_Init();
    TIM6_Init();
    monthday = Monthday(year,month);
    while(1){
        if(a < 4) display2(min,sec);
        elseif(a < 8) display2(hour,min);
        elseif(a < 12) display2(month,day);
        elseif(a < 16) display1(year);
    }
}
/* * * * * * * * * * * * * * * * * * * * * * * * * * * * * * * * * * * * * * * /
```

```c
/* * * * * * * * * * * * basic_TIM.c:TIM初始化函数在其中* * * * * * * * * * * * * */
void TIM6_NVIC_config(void)
{
    NVIC_InitTypeDef NVIC_InitStruct;
    NVIC_PriorityGroupConfig(NVIC_PriorityGroup_0);
    NVIC_InitStruct.NVIC_IRQChannel = TIM6_DAC_IRQn;
    NVIC_InitStruct.NVIC_IRQChannelPreemptionPriority = 0;
    NVIC_InitStruct.NVIC_IRQChannelSubPriority = 3;
    NVIC_InitStruct.NVIC_IRQChannelCmd = ENABLE;
    NVIC_Init(&NVIC_InitStruct);
}
void TIM6_config(void)
{
    TIM_TimeBaseInitTypeDef TIM_TimeBaseInitStruct;
    RCC_APB1PeriphClockCmd(RCC_APB1Periph_TIM6,ENABLE);
    TIM_TimeBaseInitStruct.TIM_Prescaler = 8400 - 1;
    TIM_TimeBaseInitStruct.TIM_Period = 10000 - 1;
    TIM_TimeBaseInit(TIM6,&TIM_TimeBaseInitStruct);
    TIM_ClearFlag(TIM6,TIM_FLAG_Update);            //清除定时器更新中断标志位
    TIM_ITConfig(TIM6,TIM_IT_Update,ENABLE);        //开启定时器更新中断
    TIM_Cmd(TIM6,ENABLE);  //使能定时器
}
void TIM6_Init(void)
{
    TIM6_NVIC_config();
    TIM6_config();
}
/* * * * * * * * * * * * * * * * * * * * * * * * * * * * * * * * * * * * * * * */


/* * * * * * * * * * basic_TIM.h:对应于basic_TIM.c的库函数* * * * * * * * * * * * */
#ifndef __BASIC_TIM_H
#define __BASIC_TIM_H
void TIM6_NVIC_config(void);
void TIM6_config(void);
void TIM6_Init(void);
#endif
/* * * * * * * * * * * * * * * * * * * * * * * * * * * * * * * * * * * * * * * */


/* * * * * * * * 中断服务程序stm32f4xx_it.c中完成了日历的最关键算法* * * * * * * * */
#include "stm32f4xx_it.h"
#include "main.h"
#include "calendar.h"
externint a;
externint min,sec,hour,year,month,day,monthday;
void TIM6_DAC_IRQHandler(void)
{
    if(TIM_GetITStatus(TIM6,TIM_IT_Update) != RESET)
    {
```

```
        a++; if(a==16) a=0;
        sec++;
        if(sec==60) {sec=0; min++;
            if(min==60) {min=0; hour++;
                if(hour==24) {hour=0; day++;
                    monthday=Monthday(year,month);
                    if(day==monthday+1) {day=1; month++;
                        monthday=Monthday(year,month);
                        if(month==13) {month=1; year++;
                            if(year==2999) year=2000;
                            monthday=Monthday(year,month); }}}}}
        TIM_ClearITPendingBit(TIM6,TIM_IT_Update);
}}
/* * * * * * * * * * * * * * * * * * * * * * * * * * * * * * * * * * * */
```

下载验证：编译没有错误，没有警告，成功。下载到开发板，可以看到显示的是分和秒，如图4-4所示。

图4-4 定时器实现电子钟

任务拓展：使用数码管显示数字的工程，通过基本定时器 TIM6 完成 1 s 定时，数码管上的数字每 1 s 变化一次，从 0 变化到 9 999，循环往复。

任务三 利用外部中断实现电子钟的校准

任务描述

基于定时器的电子钟，使用外部中断实现电子钟的调时（校准）。

定时器实现电子钟时，系统可以显示时间，包括时分秒、年月日，显示只能采取前面使用的数码管，因此需要分屏显示。首先显示分和秒，然后显示小时和分钟，接着显示月和日，最后显示年，循环显示。在此基础上，可以通过按键调时、调分、调年、调月、调日。

为了进行外部中断编程，熟悉外部中断事件线 EXTI 的功能特性，需要对 EXTI 的结构体进行初始化，并使用 EXTI 的相关库函数完成编程。

标准库函数对每个外设都建立了一个初始化结构体，如 EXTI_InitTypeDef。结构体成员用于设置外设工作参数,并由外设初始化配置函数,如 EXTI_Init( )调用。这些设置参数将会设置外设相应的寄存器,达到配置外设工作环境的目的。初始化结构体定义在 stm32f4xx_exti.h 文件中,初始化库函数定义在 stm32f4xx_exti.c 文件中,编程时可以结合这两个文件使用。

相关知识

一、EXTI 控制器的主要特性

EXTI 控制器的主要特性如下:

每个中断/事件线上都具有独立的触发和屏蔽;每个中断线都具有专用的状态位;支持多达 23 个软件事件/中断请求;检测脉冲宽度低于 APB2 时钟宽度的外部信号。

EXTI 控制器框图如图 4-5 所示,要产生中断,必须先配置好并使能中断线。根据需要的边沿检测设置 2 个触发寄存器(上升沿触发选择寄存器或下降沿触发选择寄存器),同时在中断屏蔽寄存器的相应位写"1"使能中断请求。当外部中断线上出现选定信号沿时,便会产生中断请求,对应的挂起位也会置 1。在挂起寄存器的对应位写"1",将清除该中断请求。

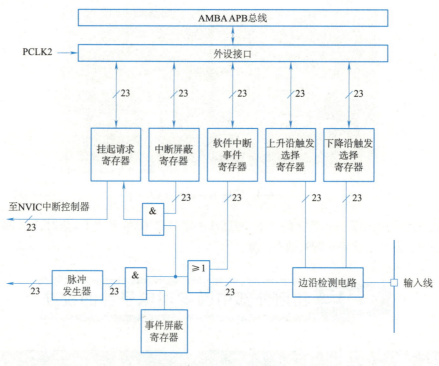

图 4-5　EXTI 控制器框图

要产生事件,必须先配置好并使能事件线。根据需要的边沿检测设置 2 个触发寄存器,同时在事件屏蔽寄存器的相应位写"1"允许事件请求。当事件线上出现选定信号沿时,便会产生事件脉冲,对应的挂起位不会置 1。

通过在软件中对软件中断/事件寄存器写"1",也可以产生中断/事件请求。

硬件中断选择要配置 23 根线作为中断源,需要执行以下步骤:

①配置 23 根中断线的屏蔽位(EXTI_IMR)。

②配置中断线的触发选择位(EXTI_RTSR 和 EXTI_FTSR)。

③配置对应到外部中断控制器(EXTI)的 NVIC 中断通道的使能和屏蔽位,使得 23 个中断线中的请求可以被正确地响应。

硬件事件选择要配置 23 根线作为事件源,需要执行以下步骤:

①配置 23 根事件线的屏蔽位(EXTI_EMR)。

②配置事件线的触发选择位(EXTI_RTSR 和 EXTI_FTSR)。

二、使用软件中断产生外部中断

软件中断/事件选择可将这 23 根线配置为软件中断/事件线。产生软件中断的步骤如下:

①配置 23 根中断/事件线的屏蔽位(EXTI_IMR、EXTI_EMR)。

②在软件中断寄存器设置相应的请求位(EXTI_SWIER)。

EXTI 是在 APB2 总线上的,在编程时需要注意。

外部中断/事件 GPIO 映射如图 4-6 所示。多达 140 个 GPIO 通过这种方式连接到 16 个外部中断/事件线。

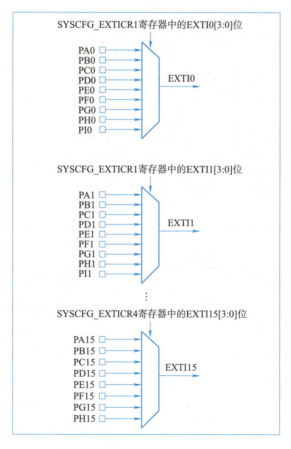

图 4-6　外部中断/事件 GPIO 映射

EXTI0~EXTI15 用于 GPIO,通过编程控制可以实现任意一个 GPIO 作为 EXTI 的输入源。EXTI0 可以通过 SYSCFG_EXTICR1(SYSCFG 外部中断配置寄存器 1)的 EXTI0[3:0]位选择配置为 PA0、

PB0、PC0、PD0、PE0、PF0、PG0、PH0 或者 PI0。其他 EXTI 线（EXTI 中断/事件线）使用配置都是类似的。

另外七根 EXTI 线连接方式如下：
①EXTI 线 16 连接到 PVD 输出。
②EXTI 线 17 连接到 RTC 闹钟事件。
③EXTI 线 18 连接到 USB OTG FS 唤醒事件。
④EXTI 线 19 连接到以太网唤醒事件。
⑤EXTI 线 20 连接到 USB OTG HS（在 FS 中配置）唤醒事件。
⑥EXTI 线 21 连接到 RTC 入侵和时间戳事件。
⑦EXTI 线 22 连接到 RTC 唤醒事件。

EXTI 线与外部中断向量的对应关系：

关联好中断线以后，还要了解外部中断向量，包括 EXTI0_IRQn、EXTI1_IRQn、EXTI2_IRQn、EXTI4_IRQn、EXTI9_5_IRQn、EXTI15_10_IRQn。其中，外部中断线 0、1、2、3、4 分别对应外部中断向量 EXTI0_IRQn 至 EXTI4_IRQn，外部中断线 9~5 共用中断向量 EXTI9_5_IRQn，外部中断线 15~10 共用中断向量 EXTI15_10_IRQn。

三、EXTI 的结构体

初始化结构体 EXTI_InitTypeDef 定义于文件 stm32f4xx_exti.h 中。

```
typedef struct
{
    uint32_t EXTI_Line;                      //中断/事件线
    EXTIMode_TypeDef EXTI_Mode;              // EXTI 模式
    EXTITrigger_TypeDef EXTI_Trigger;        //触发事件
    FunctionalState EXTI_LineCmd;            // EXTI 控制
}EXTI_InitTypeDef;
```

①EXTI_Line：中断/事件线选择，可选 EXTI_Line0~EXTI_Line22，见表 4-11。

表 4-11　EXTI_Line 的取值

EXTI_Line0~EXTI_Line15	外部中断线 0~外部中断线 15
EXTI_Line16	可编程电压检测器（PVD）输出
EXTI_Line17	RTC 闹钟事件
EXTI_Line18	USB OTG FS 唤醒事件
EXTI_Line19	以太网唤醒事件
EXTI_Line20	USB OTG HS（在 FS 中配置）唤醒事件
EXTI_Line21	RTC 入侵和时间戳事件
EXTI_Line22	RTC 唤醒事件

②EXTI_Mode：EXTI 模式选择，可选为产生中断（EXTI_Mode_Interrupt）或者产生事件（EXTI_Mode_Event），见表 4-12。

项目四　利用定时器和外部中断实现电子钟校准

表 4-12　EXTI_Mode 的取值

EXTI_Mode_Event	设置 EXTI 模式为事件请求
EXTI_Mode_Interrupt	设置 EXTI 模式为中断请求

③EXTI_Trigger：EXTI 边沿触发事件，可选上升沿触发（EXTI_Trigger_Rising）、下降沿触发（EXTI_Trigger_Falling）或者上升沿和下降沿都触发（EXTI_Trigger_Rising_Falling），见表 4-13。

表 4-13　EXTI_Trigger 的取值

EXTI_Trigger_Falling	下降沿触发
EXTI_Trigger_Rising	上升沿触发
EXTI_Trigger_Rising_Falling	上升沿和下降沿都触发

④EXTI_LineCmd：控制是否使能 EXTI 线，可选使能 EXTI 线（ENABLE）或禁用（DISABLE）。

四、ETXI 的库函数

1. 函数 voidEXTI_Init(EXTI_InitTypeDef * EXTI_InitStruct)

函数功能：根据 EXTI_InitStruct 中指定的参数初始化外设 EXTI 寄存器。

参数：EXTI_InitStruct，指向结构 EXTI_InitTypeDef 的指针，包含了外设 EXTI 的配置信息。

2. 函数 FlagStatus EXTI_GetFlagStatus(uint32_t EXTI_Line)

函数功能：检查指定的 EXTI 线路标志位设置与否。

参数：EXTI_Line，待检查的 EXTI 线路标志位，可取的值为 EXTI_Line0 ~EXTI_Line22。

返回值：EXTI_Line 的新状态（SET 或者 RESET）。

例如，要获得 EXTIline8 的线路标志位可用如下代码：

```
FlagStatus EXTIStatus;
EXTIStatus = EXTI_GetFlagStatus(EXTI_Line8);
```

3. 函数 voidEXTI_ClearFlag(uint32_t EXTI_Line)

函数功能：清除 EXTI 线路挂起标志位。

参数：EXTI_Line，待清除标志位的 EXTI 线路，可取的值为 EXTI_Line0 ~ EXTI_Line22。

例如，清除 EXTIline2 的挂起标志：

```
EXTI_ClearFlag(EXTI_Line2);
```

4. 函数 ITStatus EXTI_GetITStatus(uint32_t EXTI_Line)

函数功能：检查指定的 EXTI 线路触发请求发生与否。

参数：EXTI_Line，待检查 EXTI 线路的挂起位，可取的值为 EXTI_Line0 ~ EXTI_Line22。

返回值：EXTI_Line 的新状态（SET 或者 RESET）。

例如，检查 EXTIline8 的触发请求发生与否：

```
ITStatus EXTIStatus;
EXTIStatus = EXTI_GetITStatus(EXTI_Line8);
```

5. 函数 voidEXTI_ClearITPendingBit(uint32_t EXTI_Line)

函数功能：清除 EXTI 线路挂起位。

外部中断的库函数

参数：EXTI_Line，待清除 EXTI 线路的挂起位，可取的值为 EXTI_Line0 ~ EXTI_Line22。

例如，清除 EXTIline2 的线路挂起位：

```
EXTI_ClearITpendingBit(EXTI_Line2);
```

6. 函数 voidSYSCFG_EXTILineConfig(uint8_t EXTI_PortSourceGPIOx, uint8_t EXTI_PinSourcex)

此函数不在 stm32f4xx_exti.h 文件中，而在 stm32f4xx_syscfg.h 中，因此外部中断的配置中除了要把 stm32f4xx_exti.c 文件加载在 fwlib 中，还要把 stm32f4xx_syscfg.c 也加载进去。注意：只要使用到外部中断，就必须打开 SYSCFG 时钟。

函数功能：设置 IO 口与中断线的映射关系。

参数 1：EXTI_PortSourceGPIOx，选择用作外部中断线源的 GPIO 端口，可以取的值有 EXTI_PortSourceGPIOx（x 可以是 A，B，…，K）。

参数 2：EXTI_PinSourcex，待设置的外部中断线路，可以取的值有 EXTI_PinSource0 ~ EXTI_PinSource15。

例如，要设置 GPIOC4 与中断线的映射关系：

```
SYSCFG_EXTILineConfig(EXTI_PortSourceGPIOC,EXTI_PinSource4);
```

任务实施

一、配置外部中断线的相关参数

使能外部中断线 12 和 14，并通过下降沿触发：

```
EXTI_InitTypeDef EXTI_InitStructure;                          //定义结构体
EXTI_InitStructure.EXTI_Line = EXTI_Line12 |EXTI_Line14;      //外部事件线为 12 和 14
EXTI_InitStructure.EXTI_Mode = EXTI_Mode_Interrupt;           //EXTI 的模式为中断
EXTI_InitStructure.EXTI_Trigger = EXTI_Trigger_Falling;       //下降沿触发
EXTI_InitStructure.EXTI_LineCmd = ENABLE;                     //使能外部中断线
EXTI_Init( &EXTI_InitStructure);                              //初始化结构体
```

1. 编程要点

①开启 GPIO 时钟，配置 GPIO。
②配置 NVIC。
③开启 SYSCFG 时钟，配置 EXTI，IO 与外部中断线关联。
④编写中断服务函数。

外部中断配置
——打开时钟，配置端口

2. NVIC 的参数配置

```
NVIC_InitTypeDef NVIC_InitStruct;                                      //定义结构体
NVIC_PriorityGroupConfig(NVIC_PriorityGroup_0);                        //选择 0 组
NVIC_InitStruct.NVIC_IRQChannel = EXTI0_IRQn;                          //中断源为 EXTI0_IRQn 中断向量
NVIC_InitStruct.NVIC_IRQChannelPreemptionPriority = 0;                 //抢占优先级为 0
NVIC_InitStruct.NVIC_IRQChannelSubPriority = 0;                        //响应优先级为 0
NVIC_InitStruct.NVIC_IRQChannelCmd = ENABLE;                           //使能 NVIC
NVIC_Init( &NVIC_InitStruct);                                          //初始化 NVIC
```

3. EXTI 的参数配置

```
EXTI_InitTypeDef EXTI_InitStruct;                        //定义结构体
EXTI_InitStruct.EXTI_Line = EXTI_Line0;                  //配置 EXTI 外部中断线为 EXTI_Line0
EXTI_InitStruct.EXTI_Mode = EXTI_Mode_Interrupt;         //配置外部中断模式
EXTI_InitStruct.EXTI_Trigger = EXTI_Trigger_Falling;
                                                         //下降沿触发
EXTI_InitStruct.EXTI_LineCmd = ENABLE;                   //使能外部中断线
EXTI_Init( &EXTI_InitStruct);                            //初始化 EXTI
```

二、利用外部中断实现电子钟的校准

1. 硬件连接

实验的硬件设计遵循项目三的 GPIO 按键硬件设计，如图 4-7 所示。

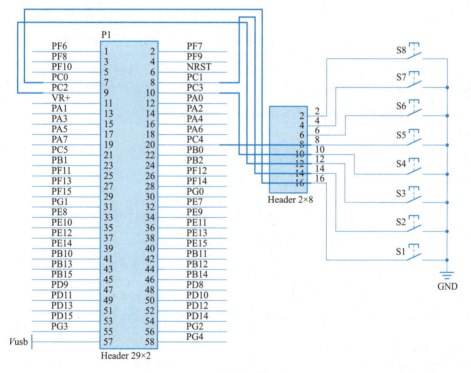

图 4-7　按键硬件设计

2. 软件编程

下面使用 GPIOC0、GPIOC1、GPIOC2、GPIOC3、GPIOC4 分别作为调分、调时、调日、调月、调年的 5 个外部中断线的 IO 口，开始配置 GPIO。

外部中断与定时器不同的地方在于定时器是内部中断，没有相应的外设对应，因此外部中断就比定时器的编程要点多了配置 GPIO，要设置 IO 与中断线的关联。

（1）打开 GPIO 的时钟：

```
RCC_AHB1PeriphClockCmd( RCC_AHB1Periph_GPIOC,ENABLE);    //打开时钟
```

下面进行 GPIOC0～GPIOC4 的配置，要把 GPIO 配置成上拉输入（原因同 GPIO 的按键配置，因为按键按下时为低电平，则希望不按下时为高电平，因此配置为上拉）。

```
GPIO_InitTypeDef GPIO_InitStruct;                    //定义结构体
GPIO_InitStruct.GPIO_Pin = GPIO_Pin_0;               //输出端口为 GPIOC0
GPIO_InitStruct.GPIO_Mode = GPIO_Mode_IN;            //输入模式
GPIO_InitStruct.GPIO_Speed = GPIO_Speed_100MHz;      //速度为 100 MHz
GPIO_InitStruct.GPIO_OType = GPIO_OType_PP;          //推挽
GPIO_InitStruct.GPIO_PuPd = GPIO_PuPd_UP;            //上拉
GPIO_Init(GPIOC, &GPIO_InitStruct);                  //初始化
```

（2）配置 NVIC。无论是在定时器里还是在外部中断中都会配置 NVIC，外部中断的优先级应该最高，设置外部中断优先级的数字越小越好。

外部中断配置——NVIC 配置

```
NVIC_InitTypeDef NVIC_InitStruct;                              //定义结构体
NVIC_PriorityGroupConfig(NVIC_PriorityGroup_0);                //选择 0 组
NVIC_InitStruct.NVIC_IRQChannel = EXTI0_IRQn;                  //中断源为 EXTI0_IRQn 中断向量
NVIC_InitStruct.NVIC_IRQChannelPreemptionPriority = 0;         //抢占优先级为 0
NVIC_InitStruct.NVIC_IRQChannelSubPriority = 0;                //响应优先级为 0
NVIC_InitStruct.NVIC_IRQChannelCmd = ENABLE;                   //使能 NVIC
NVIC_Init(&NVIC_InitStruct);                                   //初始化 NVIC
```

（3）开启 SYSCFG 时钟，配置 EXTI，I/O 与外部中断线关联。

①开启 SYSCFG 时钟：

```
RCC_APB2PeriphClockCmd(RCC_APB2Periph_SYSCFG, ENABLE);
```

②完成 I/O 与外部中断线关联：

```
SYSCFG_EXTILineConfig(EXTI_PortSourceGPIOC, EXTI_PinSource0);
```

③配置 EXTI，主要是配置 EXTI 的事件线、中断模式及触发方式。

```
EXTI_InitTypeDef EXTI_InitStruct;                        //定义结构体
EXTI_InitStruct.EXTI_Line = EXTI_Line0;                  //配置 EXTI 外部中断线为 EXTI_Line0
EXTI_InitStruct.EXTI_Mode = EXTI_Mode_Interrupt;         //配置外部中断模式
EXTI_InitStruct.EXTI_Trigger = EXTI_Trigger_Falling;
                                                         //下降沿触发
EXTI_InitStruct.EXTI_LineCmd = ENABLE;                   //使能外部中断线
EXTI_Init(&EXTI_InitStruct);                             //初始化 EXTI
```

（4）写中断服务函数，完成外部中断调整分钟：

中断服务函数

```
void EXTI0_IRQHandler(void)
{
    if(EXTI_GetITStatus(EXTI_Line0) != RESET) {
        min ++;
        if(min == 60) min = 0;
        a = 4;
        EXTI_ClearITPendingBit(EXTI_Line0);
    }
}
```

(5)代码实例:

```c
/* * * * * * * * * * * * * * * * main.c:主函数* * * * * * * * * * * * * * * */
#include"stm32f4xx.h"
#include"led.h"
#include"delay.h"
#include"key.h"
#include"seg.h"
#include"basic_TIM.h"
#include"EXTI.h"                          //这是相对于定时器实现电子钟增加的库函数
#include"calendar.h"
#include"systick.h"
#include"lcd.h"
char led=0x01;                            //在之前led工程中使用,这里没有意义
int key0;                                 //在之前的按键工程中使用过,这里没有意义
int a=0;                                  //控制分屏显示的变量,值的改变在中断服务函数中
int min=59,sec=57,hour=23,year=2020,month=2,day=28,monthday;
                                          //定义时分秒、年月日

int main(void)
{
    seg_Init();
    TIM6_Init();
    EXTI0_Init();
    EXTI1_Init();
    EXTI2_Init();
    EXTI3_Init();
    EXTI4_Init();
    monthday=Monthday(year,month);
    while(1) {
        if(a<4) display2(min,sec);
        elseif(a<8) display2(hour,min);
        elseif(a<12) display2(month,day);
        elseif(a<16) display1(year);
    }
}
/* * * * * * * * * * * * * * * * * * * * * * * * * * * * * * * * * * * * * */

/* * * * * * * * * * * * * EXTI.c:外部中断配置函数* * * * * * * * * * * * * */
/* GPIOC0 的配置,分成了 3 个函数,一个是 GPIO 的配置,另一个是 NVIC 的配置,还有一个 EXTI 的配
置,最后使用一个 EXTI0_Init 结合到一起。GPIOC1、GPIOC2、GPIOC3、GPIOC4 这 4 个 IO 的配置相同* */
void EXTI0_NVIC_config(void)
{
    NVIC_InitTypeDef NVIC_InitStruct;                   //定义结构体
    NVIC_PriorityGroupConfig(NVIC_PriorityGroup_0);     //选择优先级 0 组
    NVIC_InitStruct.NVIC_IRQChannel=EXTI0_IRQn;         //中断源为 EXTI0_IRQn 中断向量
    NVIC_InitStruct.NVIC_IRQChannelPreemptionPriority=0;
                                                        //抢占优先级为 0
    NVIC_InitStruct.NVIC_IRQChannelSubPriority=0;       //响应优先级为 0
    NVIC_InitStruct.NVIC_IRQChannelCmd=ENABLE;          //使能 NVIC
```

```c
        NVIC_Init( &NVIC_InitStruct);                      //初始化 NVIC
    }

    void EXTI0_GPIO_config(void)
    {
        GPIO_InitTypeDef GPIO_InitStruct;                  //定义结构体
        RCC_AHB1PeriphClockCmd( RCC_AHB1Periph_GPIOC,ENABLE);//打开 GPIOC 的时钟
        GPIO_InitStruct.GPIO_Pin = GPIO_Pin_0;             //输出端口为 GPIOC0
        GPIO_InitStruct.GPIO_Mode = GPIO_Mode_IN;          //输入模式
        GPIO_InitStruct.GPIO_Speed = GPIO_Speed_100MHz;    //速度为 100 MHz
        GPIO_InitStruct.GPIO_OType = GPIO_OType_PP;        //推挽
        GPIO_InitStruct.GPIO_PuPd = GPIO_PuPd_UP;          //上拉
        GPIO_Init( GPIOC,&GPIO_InitStruct);                //初始化
    }

    void EXTI0_config(void)
    {
        EXTI_InitTypeDef EXTI_InitStruct;                  //定义结构体
        RCC_APB2PeriphClockCmd( RCC_APB2Periph_SYSCFG,ENABLE);//打开 SYSCFG 的时钟
        SYSCFG_EXTILineConfig( EXTI_PortSourceGPIOC,EXTI_PinSource0);
                                                           //IO 与外部中断线关联
        EXTI_InitStruct.EXTI_Line = EXTI_Line0;            //配置 EXTI 外部中断线为 EXTI_Line0
        EXTI_InitStruct.EXTI_Mode = EXTI_Mode_Interrupt;   //配置外部中断模式
        EXTI_InitStruct.EXTI_Trigger = EXTI_Trigger_Falling; //下降沿触发
        EXTI_InitStruct.EXTI_LineCmd = ENABLE;             //使能外部中断线
        EXTI_Init( &EXTI_InitStruct);                      //初始化 EXTI
    }

    void EXTI0_Init(void)
    {
        EXTI0_NVIC_config();                               //NVIC 的配置函数
        EXTI0_GPIO_config();                               //GPIO 的配置函数
        EXTI0_config();                                    //EXTI 的配置函数
    }
    /*******************************************************/
```

其中 GPIOC1、GPIOC2、GPIOC3、GPIOC4 四个 GPIO 的配置与 GPIOC0 配置相同,分别对应 EXTI1_Init( )、EXTI2_Init( )、EXT3_Init( )、EXT4_Init( )。

```c
    /****************** EXTI.h 库函数 ********************/
    #ifndef __EXTI_H
    #define __EXTI_H
    void EXTI0_NVIC_config(void);
    void EXTI0_GPIO_config(void);
    void EXTI0_config(void);
    void EXTI0_Init(void);
    void EXTI1_Init(void);
    void EXTI2_Init(void);
    void EXTI3_Init(void);
```

```c
void EXTI4_Init(void);
#endif
/* * * * * * * * * * * * * * * * * * * * * * * * * * * * * * * * * * * * * */

/* * * 中断服务程序:定时器部分的内容不变,下面只附上外部中断服务程序的部分 * * * * * */
void EXTI0_IRQHandler(void)
{
    if(EXTI_GetITStatus(EXTI_Line0) != RESET) {
        min ++;
        if(min == 60) min = 0;
        a = 4;
        EXTI_ClearITPendingBit(EXTI_Line0);
    }
}
/* * * * * * * * * * * * * * * * * * * * * * * * * * * * * * * * * * * * * */

void EXTI1_IRQHandler(void)
{
    if(EXTI_GetITStatus(EXTI_Line1) != RESET) {
        hour ++;
        if(hour == 24) hour = 0;
        a = 4;
        EXTI_ClearITPendingBit(EXTI_Line1);
    }
}

void EXTI2_IRQHandler(void)
{
    if(EXTI_GetITStatus(EXTI_Line2) != RESET) {
        day ++;
        if(day == monthday + 1) day = 1;
        a = 8;
        EXTI_ClearITPendingBit(EXTI_Line2);
    }
}
void EXTI3_IRQHandler(void) {
    if(EXTI_GetITStatus(EXTI_Line3) != RESET) {
        month ++;
        if(month == 13) month = 1;
        a = 8;
        EXTI_ClearITPendingBit(EXTI_Line3);
    }
}
void EXTI4_IRQHandler(void) {
    if(EXTI_GetITStatus(EXTI_Line4) != RESET) {
        year ++;
        if(year == 3000)    year = 2000;
        a = 12;
        EXTI_ClearITPendingBit(EXTI_Line4);
```

```
        }
    }
/*************************************************/
```

下载验证,编译没有错误,没有警告,成功,然后下载到目标板。

这里进行硬件连接:GPIOC0、GPIOC1、GPIOC2、GPIOC3、GPIOC4 分别接目标板的 s1、s2、s3、s4、s5,如图 4-8 所示。

观察结果:数码管显示能够分屏显示分秒、时分、月日、年。可以通过 s1、s2、s3、s4、s5 调分、时、日、月、年。

图 4-8　利用外部中断对电子时钟调时

任务拓展:

① 通过外部中断完成一个按键调整显示数字的程序。

② 完成一个时钟系统,可以调时、调分、调月、调日、调年。时钟系统的 1s 触发通过基本定时器实现,调时等通过外部中断来实现。

项 目 总 结

本项目通过熟悉 STM32F407 的中断系统、定时器的特性,通过定时器定时功能实现了电子钟。前两个任务主要是为完成第三个任务做一些知识积累。在任务完成的过程中,熟悉了中断系统以及定时器的特性。通过电子钟的实现,我们应该能够通过基本定时器完成计时功能。在定时器实现电子时钟的基础上,通过 EXTI 特性、对 EXTI 结构体的初始化,以及库函数的使用方法,完成了外部中断对电子时钟的校准调时。读者可以通过这样的方式对 EXTI 这个新的外设进行开发,总结其中的方式方法,为今后的外设开发做好准备。

扩展阅读　知识产权

知识产权保护工作关系国家治理体系和治理能力现代化,关系高质量发展,关系人民生活幸福,关系国家对外开放大局,关系国家安全。

创新是引领发展的第一动力,保护知识产权就是保护创新。

当前,新一轮科技革命和产业变革加速推进,唯有进一步全面加强知识产权保护,才能为广大科技工作者向世界科技最前沿冲锋做好保障,为实现科技自立自强打好制度基础。随着创新的持续发展并向经济社会生活全面渗透,加强知识产权保护的意义也早已不限于科技创新领域。

当前,我国正在从知识产权引进大国向知识产权创造大国转变,知识产权工作正在从追求数量向提高质量转变。

项目五 通过USART收发数据

项目描述

通信，指人与人或人与自然之间通过某种行为或媒介进行的信息交流与传递，广义上是指需要信息的双方或多方在不违背各自意愿的情况下采用任意方法、任意媒质，将信息从某方准确安全地传送到另一方。而计算机通信是将计算机技术和通信技术相结合，完成计算机与外围设备或计算机与计算机之间的信息交换。也就是说，通信的本质就是信息的交换。

串口通信(serial communication)是一种设备间非常常用的串行通信方式，因为它简单、便捷，大部分电子设备都支持该通信方式，电子工程师在调试设备时也经常使用该通信方式输出调试信息。

按数据传送的方式，把通信分为串行通信与并行通信。根据数据通信的方向，通信又分为全双工、半双工及单工通信，主要是以信道的方向来区分的。全双工通信是指在同一时刻，两个设备之间可以同时收发数据；半双工是指两个设备之间可以收发数据，但不能在同一时刻进行；单工是指在任何时刻都只能进行一个方向的通信，即一个固定为发送设备，另一个固定为接收设备。

根据通信的同步方式，又可分为同步通信与异步通信两种，这两种通信方式的区分可以根据通信过程中是否使用到时钟信号进行简单的区分。

本项目主要了解串口通信协议，熟悉微控制器的 USART 外设，掌握 USART 的结构体和库函数的使用方法，并能够通过 USART 收发数据。

项目内容

- 任务一　配置 USART 的参数。
- 任务二　通过 USART 收发数据。

学习目标

- 理解串口通信协议的物理层和协议层的含义。
- 熟悉微控制器的 USART 外设。
- 能够使用 USART 结构体设置相关参数，并能够熟练使用库函数。
- 能够通过 USART 收发数据。

任务一　配置 USART 的参数

任务描述

本任务通过介绍通信协议的物理层和协议层,使读者能够理解串口通信协议。为了通过 USART 收发数据,需要熟悉 USART 外设的特性及功能。通过学习 USART 的结构体和库函数,能够配置串口通信的相关参数,为 USART 收发数据做准备。

相关知识

一、串口通信协议

通信协议一般分为物理层和协议层。物理层规定通信系统中具有机械、电子功能部分的特性,确保原始数据在物理媒体的传输。协议层主要规定通信逻辑,统一收发双方的数据打包、解包标准。

1. 串口通信的物理层

串口通信的物理层有很多标准及变种,根据通信使用的电平标准不同,串口通信可分为 TTL 标准及 RS-232 标准。

RS-232 标准接口(又称 EIARS-232)是常用的串行通信接口标准之一,它是由美国电子工业协会(EIA)联合贝尔系统公司、调制解调器厂家及计算机终端生产厂家于 1970 年共同制定,其全名是"数据终端设备(DTE)和数据通信设备(DCE)之间串行二进制数据交换接口技术标准"。在串行通信时,要求通信双方都采用一个标准接口,使不同的设备可以方便地连接起来进行通信。RS-232-C 接口(又称 EIARS-232-C)是目前最常用的一种串行通信接口。

RS-232 标准主要规定了信号的用途、通信接口以及信号的电平标准。使用 RS-232 标准的串口设备间常见的通信结构如图 5-1 所示。

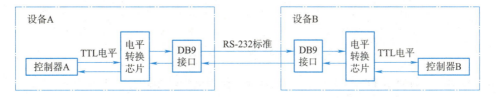

图 5-1　串口通信结构图

(1)接口:DB9 接口

两个通信设备的"DB9 接口"之间通过串口信号线建立起连接,串口信号线中使用"RS-232 标准"传输数据信号。由于 RS-232 电平标准的信号不能直接被控制器识别,所以这些信号会经过一个"电平转换芯片"转换成控制器能识别的"TTL 标准"的电平信号,才能实现通信。

在旧式的台式计算机中一般会有 RS-232 标准的 COM 口(也称 DB9 接口),如图 5-2 所示。在目前其他工业控制使用的串口通信中,一般只使用 RXD、TXD 以及 GND 三条信号线,直接传输数据信号。

串口通信协议物理层标准

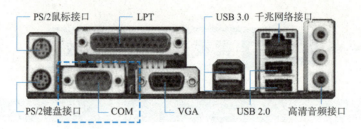

图 5-2　RS-232 标准的 COM 口

（2）电平标准

TTL 电平标准与 RS-232 电平标准有很大的区别，见表 5-1。

表 5-1　TTL 电平标准与 RS-232 电平标准

通 信 标 准	电平标准（发送端）
5 V TTL	逻辑 1：2.4 ~ 5 V；逻辑 0：0 ~ 0.5 V
RS-232	逻辑 1：−15 ~ −3 V；逻辑 0：3 ~ 15 V

常见的电子电路中常使用 TTL 的电平标准，理想状态下，使用 5 V 表示二进制逻辑 1，使用 0 V 表示逻辑 0；而为了增加串口通信的远距离传输及抗干扰能力，使用 −15 V 表示逻辑 1，+15 V 表示逻辑 0。使用 RS-232 与 TTL 电平校准表示同一个信号时的对比如图 5-3 所示。

通信速率

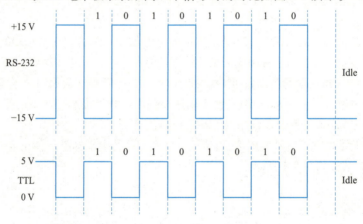

图 5-3　RS-232 与 TTL 电平标准对比

因为控制器一般使用 TTL 电平标准，所以经常会使用电平转换芯片对 TTL 及 RS-232 电平的信号进行互相转换。

RS-232 与 USB 都是串行通信，但无论是底层信号、电平定义、机械连接方式，还是数据格式、通信协议等，两者完全不同。现在的计算机基本上都没有了 DB9 接口，取而代之的是 USB 接口，为了使用 RS-232 串口通信，可以使用 USB 转串口通信。USB 转串口通信时，其连接方式如图 5-4 所示。当设备与计算机通信时，基本都使用 USB 转串口线接收信号，但是计算机的电平标准是 RS-232 标准，需要电平转换芯片把 RS-232 标准的电平转换成 TTL 电平，这就需要用到电平转换芯片，最常用的电平转换芯片一般有 CH340、PL2303、CP2102 和 FT232。注意，使用时计算机端需要安装电平转换芯片的驱动程序才能完成设备与计算机间的通信。

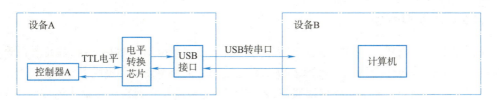

图 5-4　USB 转串口通信

2. 串口通信的协议层

串口通信的数据包由发送设备通过自身的 TXD 接口传输到接收设备的 RXD 接口。在串口通信的协议层中,规定了数据包的内容,它由起始位、主体数据、校验位以及停止位组成,通信双方的数据包格式要约定一致才能正常收发数据,其组成如图 5-5 所示。

图 5-5　串口数据包的基本组成

(1) 波特率

串口异步通信中由于没有时钟信号,所以两个通信设备之间需要约定好波特率,即每个码元的长度,以便对信号进行解码。图 5-5 中用虚线分开的每一格就是代表一个码元。常见的波特率有 4 800、9 600、115 200 等。

(2) 通信的起始和停止信号

串口通信的一个数据包从起始信号开始,直到停止信号结束。数据包的起始信号由一个逻辑 0 的数据位表示,而数据包的停止信号可由 0.5、1、1.5 或 2 个逻辑 1 的数据位表示,只要双方约定一致即可。

(3) 有效数据

在数据包的起始位之后,紧接着就是要传输的主体数据内容,也称为有效数据,有效数据的长度常被约定为 5、6、7 或 8 位长。

(4) 数据校验

在有效数据之后,有一个可选的数据校验位。由于数据通信相对更容易受到外部干扰导致传输数据出现偏差,可以在传输过程加上校验位来解决这个问题。

校验方法有奇校验(odd)、偶校验(even)、0 校验(space)、1 校验(mark)以及无校验(noparity)。

奇校验要求有效数据和校验位中"1"的个数为奇数,例如,一个 8 位长的有效数据为:01101001,此时总共有 4 个"1",为达到奇校验效果,校验位为"1",最后传输的数据将是 8 位的有效数据,加上 1 位的校验位,总共 9 位。

偶校验与奇校验要求刚好相反,要求帧数据和校验位中"1"的个数为偶数,例如数据帧:11001010,此时数据帧"1"的个数为 4 个,所以偶校验位为"0"。

0 校验是不管有效数据中的内容是什么,校验位总为"0",1 校验是校验位总为"1"。

在无校验的情况下,数据包中不包含校验位。

STM32的USART外设

二、USART 主要特性

通用同步异步收发器(USART)能够灵活地与外围设备进行全双工数据交换,满足外围设备对工业标准 NRZ 异步串行数据格式的要求。USART 通过小数波特率发生器提供了多种波特率。

它支持同步单向通信和半双工单线通信;还支持 LIN(局域互联网络)、智能卡协议与 IrDA(红外线数据协会)SIRENDEC 规范,以及调制解调器操作(CTS/RTS)。而且,它还支持多处理器通信。通过配置多个缓冲区使用 DMA(直接存储器访问)可实现高速数据通信。

① 支持全双工异步通信。
② 采用 NRZ 标准格式(标记/空格)。
③ 可配置为 16 倍过采样或 8 倍过采样,因而为速度容差与时钟容差的灵活配置提供了可能。
④ 采用小数波特率发生器系统。
⑤ 数据字长度可编程(8 位或 9 位)。
⑥ 停止位可配置,支持 1 或 2 个停止位。
⑦ 在 LIN 主模式下,具有同步停止符号发送功能。在 LIN 从模式下,具有停止符号检测功能。
⑧ 输出的发送器时钟可用于同步通信。
⑨ IrDASIR 编码解码器。
⑩ 具有智能卡仿真功能。
⑪ 支持单线半双工通信。
⑫ 使用 DMA(直接存储器访问)实现可配置的多缓冲区通信。
⑬ 具有 3 种传输检测标志,即接收缓冲区已满标志、发送缓冲区为空标志、传输结束标志。
⑭ 支持奇偶校验控制,如发送奇偶校验位、检查接收数据的奇偶性。
⑮ 具有 4 种错误检测标志,即溢出错误、噪声检测、帧错误和奇偶校验错误。
⑯ 具有 10 个有标志位的中断源,即 CTS 变化、LIN 停止符号检测、发送数据寄存器为空、发送完成、接收数据寄存器已满、接收到线路空闲、溢出错误、帧错误、噪声错误、奇偶校验错误。
⑰ 支持多处理器通信,如果地址不匹配,则进入静默模式。
⑱ 通过线路空闲检测或地址标记检测可以将 USART 从静默模式唤醒。
⑲ 支持两种接收器唤醒模式,即通过地址位(MSB,第 9 位)和线路空闲唤醒。

三、USART 功能

1. 功能引脚

接口通过 3 个引脚连接到其他设备,如图 5-6 所示。任何 USART 双向通信均至少需要两个引脚:接收数据输入引脚(RX)和发送数据输出引脚(TX)。

① RX:接收数据输入引脚,即串行数据输入引脚。过采样技术可区分有效输入数据和噪声,从而用于恢复数据。

② TX:发送数据输出引脚。如果关闭发送器,该输出引脚模式由其 I/O 端口配置决定。如果使能了发送器但没有待发送的数据,则 TX 引脚处于高电平。在单线和智能卡模式下,该 I/O 用于发送和接收数据(USART 电平下,在 SW_RX 上接收数据)。

在 USART 模式下,通过 TX 引脚和 RX 引脚能够以帧的形式发送和接收串行数据。发送或接收数据前保持线路空闲,发送或接收的数据顺序是起始位、有效数据(8 bit 或 9 bit,最低有效位在前)、停止位(用于指示帧传输已完成,0.5 bit、1 bit、1.5 bit 或 2 bit)。

在同步模式下进行串行通信时 SCLK 引脚用于输出发送器的时钟,以便按照 SPI 主模式进行同步通信(起始位和结束位无时钟脉冲,可通过软件向最后一个数据位发送时钟脉冲)。RX 引脚可同步接收并行数据,这一点可用于控制带移位寄存器的外设(如 LCD 驱动器)。时钟相位和时钟极性可通过软件来设置。在智能卡模式下,SCLK 可向智能卡提供时钟。

在硬件流控制模式下进行串行通信时,nCTS 引脚用于在当前传输结束时阻止数据发送(高电平时);nRTS 引脚用于指示 USART 已准备好接收数据(低电平时)。

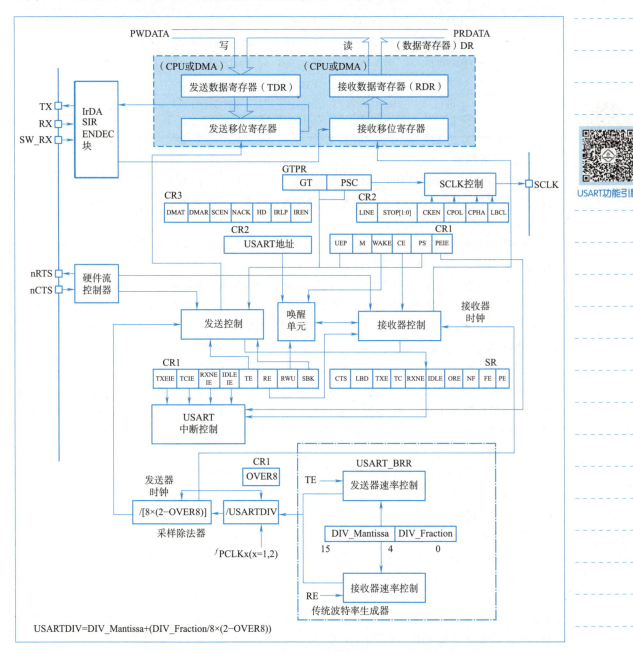

图 5-6 USART 框图

STM32F407ZGT6 有 4 个 USART 和 2 个 UART，其中 USART1 和 USART6 的时钟来源于 APB2 总线时钟，其最大频率为 84 MHz，其他 4 个时钟来源于 APB1 总线时钟，其最大频率为 42 MHz。

UART 只是异步传输功能，所以没有 SCLK、nCTS 和 nRTS 功能引脚。

从表 5-2 中可以看出，很多 USART 的功能引脚有多个引脚可选，非常方便硬件设计，只要在编程时将软件绑定引脚即可。

表 5-2 STM32F407ZGT6 芯片的 USART 引脚

—	APB2（最高 84 MHz）		APB1（最高 42 MHz）			
	USART1	USART6	USART2	USART3	UART4	UART5
TX	PA9/PB6	PC6/PG14	PA2/PD5	PB10/PD8/PC10	PA0/PC10	PC12
RX	PA10/PB7	PC7/PG9	PA3/PD6	PB11/PD9/PC11	PA1/PC11	PD2
SCLK	PA8	PG7/PC8	PA4/PD7	PB12/PD10/PC12	—	—
nCTS	PA11	PG13/PG15	PA0/PD3	PB13/PD11	—	—
nRTS	PA12	PG8/PG12	PA1/PD4	PB14/PD12	—	—

数据寄存器

2. 数据寄存器

USART 数据寄存器（USART_DR）只有低 9 位有效，并且第 9 位数据是否有效要取决于 USART 控制寄存器 1（USART_CR1）的 M 位设置，当 M 位为 0 时表示 8 位数据字长，当 M 位为 1 时表示 9 位数据字长，一般使用 8 位数据字长。

USART 的数据寄存器 USART_DR 包含了发送数据寄存器和接收数据寄存器，即一个专门用于发送的可写 TDR，一个专门用于接收的可读 RDR。

当进行发送操作时，往 USART_DR 写入数据会自动存储在 TDR 内；TDR 介于系统总线和移位寄存器之间。如果要发送 TEMP 这个数据，就可以进行操作：USART_DR = TEMP；这时把数据存到了 TDR 中，再发送到移位寄存器，然后把移位寄存器中的数据一位一位的发送出去，发送到 TX 的引脚，通过物理层的连接发送数据。

当进行读取操作时，USART_DR 读取数据会自动提取 RDR 数据。

如果要读取数据，其实就是通过 RX 这个引脚把读取到的数据送给接收移位寄存器，然后通过移位寄存器把数据存在 RDR 中，这时就可以把 USART_DR 中的数据赋值给自定义变量 TEMP，写成 TEMP = USART_DR。要注意，发送数据和接收数据在程序表达上有所不同。

3. 控制器

USART 有专门控制发送的发送器、控制接收的接收器、唤醒单元、中断控制等。使用 USART 之前需要向 USART_CR1 寄存器的 UE 位置 1 使能 USART。发送或者接收数据字长可选 8 位或 9 位，由 USART_CR1 的 M 位控制。

控制器

（1）发送器

当 USART_CR1 寄存器的发送使能位 TE 置 1 时，启动数据发送，发送移位寄存器的数据会在 TX 引脚输出，如果是同步模式 SCLK 也输出时钟信号。

一个字符帧发送需要三部分：起始位 + 数据帧 + 停止位。起始位是一个位周期的低电平，位周期就是每一位占用的时间；数据帧就是要发送的 8 位或 9 位数据，数据是从最低位开始传输的；停止位是一定时间周期的高电平。

停止位时间长短可以通过 USART 控制寄存器 2（USART_CR2）的 STOP[1:0] 位控制，可选 0.5 个、

1个、1.5个和2个停止位,默认使用1个停止位。2个停止位适用于正常USART模式、单线模式和调制解调器模式。0.5个和1.5个停止位用于智能卡模式。

当选择8位字长,使用1个停止位时,具体发送字符时序如图5-7所示。

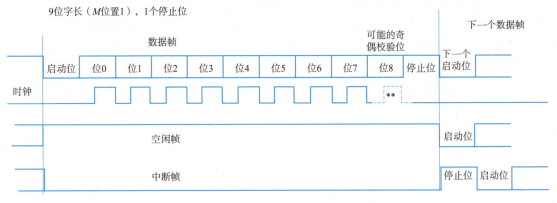

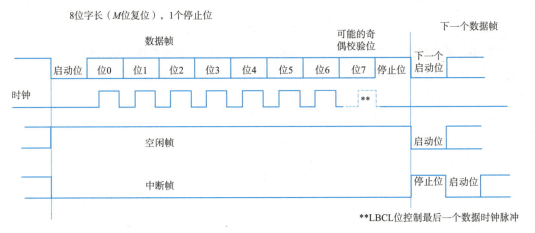

图5-7 字符发送时序图

当发送使能位TE置1之后,发送器开始会先发送一个空闲帧(一个数据帧长度的高电平),接下来就可以向USART_DR寄存器写入要发送的数据。在写入最后一个数据后,需要等待USART状态寄存器(USART_SR)的TC位为1,表示数据传输完成,如果USART_CR1寄存器的TCIE位置1,将产生中断。

(2)接收器

如果将USART_CR1寄存器的RE位置1,使能USART接收,使得接收器在RX线开始搜索起始位。在确定到起始位后就根据RX线电平状态把数据存放在接收移位寄存器内。接收完成后就把接收移位寄存器数据移到RDR内,并把USART_SR寄存器的RXNE位置1,同时如果USART_CR2寄存器的RXNEIE置1可以产生中断。

为得到一个信号真实情况,需要用一个比这个信号频率高的采样信号去检测,称为过采样,这个采样信号的频率大小决定最后得到源信号的准确度,一般频率越高得到的准确度越高,但得到频率越高采样信号也越困难,运算和功耗等也会增加,所以一般选择合适即可。

接收器可配置为不同的过采样倍数,以实现从噪声中提取有效的数据。USART_CR1寄存器的

OVER8 位用来选择不同的采样方法,如果 OVER8 位设置为 1 采用 8 倍过采样,即用 8 个采样信号采样一位数据;如果 OVER8 位设置为 0 采用 16 倍过采样,即用 16 个采样信号采样一位数据。

USART 的起始位检测需要用到特定序列。如果在 RX 线识别到该特定序列就认为是检测到了起始位。起始位检测对使用 16 倍或 8 倍过采样的序列都是一样的。该特定序列为 1110X0X0X0000,其中 X 表示电平任意,1 或 0 皆可。8 倍过采样速度更快,最高速度可达 $f_{PCLK}/8$,f_{PCLK} 为 USART 时钟,采样过程如图 5-8 所示。使用第 4、5、6 次脉冲的值决定该位的电平状态。

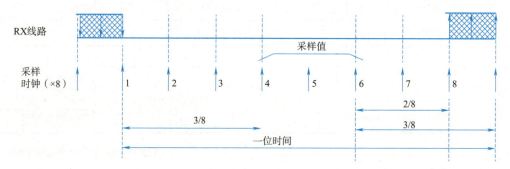

图 5-8　8 倍过采样过程

16 倍过采样速度虽然没有 8 倍过采样那么快,但得到的数据更加精准,其最高速度为 $f_{PCLK}/16$,采样过程如图 5-9 所示。使用第 8、9、10 次脉冲的值决定该位的电平状态。

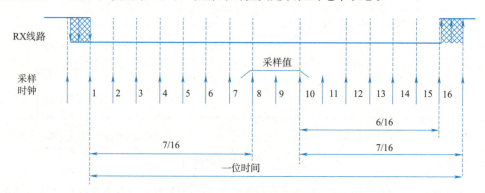

图 5-9　16 倍过采样过程

4. 小数波特率生成

波特率指数据信号对载波的调制速率,用单位时间内载波调制状态改变次数来表示,单位为波特。比特率指单位时间内传输的比特数,单位 bit/s。对于 USART 波特率与比特率相等,以后不区分这两个概念。波特率越大,传输速率越高。

USART 的发送器和接收器使用相同的波特率。计算公式如下:

$$波特率 = \frac{f_{PLCK}}{8 \times (2 - OVER8) \times USARTDIV}$$

其中,f_{PLCK} 为 USART 时钟,OVER8 为 USART_CR1 寄存器的 OVER8 位对应的值,USARTDIV 是一个存放在波特率寄存器(USART_BRR)的一个无符号定点数。其中,DIV_Mantissa[11:0]位定义 USARTDIV 的整数部分,DIV_Fraction[3:0]位定义 USARTDIV 的小数部分,DIV_Fraction[3]位只有在 OVER8 位为 0 时有效,否则必须清零。

例如，如果 OVER8＝0，DIV_Mantissa＝24 且 DIV_Fraction＝10，此时 USART_BRR 的值为 0x18A；那么 USARTDIV 的小数位为 10/16＝0.625；整数位为 24，最终 USARTDIV 的值为 24.625。

如果 OVER8＝0 并且知道 USARTDIV 值为 27.68，那么 DIV_Fraction＝16＊0.68＝10.88，最接近的正整数为 11，所以 DIV_Fraction[3:0]为 0xB；DIV_Mantissa＝整数(27.68)＝27，即 0x1B。

如果 OVER8＝1 情况类似，只是把计算用到的权值由 16 改为 8。

波特率的常用值有 2 400、9 600、19 200、115 200。下面以实例讲解如何设置寄存器值得到波特率的值。

由表 5-2 可知 USART1 和 USART6 使用 APB2 总线时钟，最高可达 84 MHz，其他 USART 的最高频率为 42 MHz。这里选取 USART1 作为实例讲解，即 f_{PLCK}＝84 MHz。

当使用 16 倍过采样时 OVER8＝0，得到 115 200 bit/s 的波特率，此时

$$115\ 200 = \frac{84\ 000\ 000}{8 \times 2 \times USARTDIV}$$

解得 USARTDIV＝45.57，可算得 DIV_Fraction＝0x9(0.57×2⁴＝9.12 取整，在 BRR 寄存器中，表示小数位的有 4 位)，DIV_Mantissa＝0x2D，即应该设置 USART_BRR 的值为 0x2D9。

在计算 DIV_Fraction 时经常出现小数情况，经过取舍得到整数，这样会导致最终输出的波特率较目标值略有偏差。下面从 USART_BRR 的值为 0x2D9 开始计算得出实际输出的波特率。

由 USART_BRR 的值为 0x2D9，可得 DIV_Fraction＝45，DIV_Mantissa＝9，USARTDIV＝45＋9/16＝45.5625，所以实际波特率为 115 226；这个值跟目标波特率相差很小，这么小的误差在正常通信的允许范围内。8 倍过采样时计算原理是一样的。

除了这些功能，STM32F4xx 系列控制器 USART 支持奇偶校验、中断控制等功能。

四、USART 的结构体

标准库函数对每个外设都建立了一个初始化结构体，如 USART_InitTypeDef；结构体成员用于设置外设工作参数，并由外设初始化配置函数，如 USART_Init()调用。这些设置参数将会设置外设相应的寄存器，达到配置外设工作环境的目的。

初始化结构体定义在 stm32f4xx_usart.h 文件中，初始化库函数定义在 stm32f4xx_usart.c 文件中，编程时可以结合这两个文件内的注释使用。

初始化结构体 EXTI_InitTypeDef 定义于文件 stm32f4xx_usart.h 中。代码如下：

```
typedef StrUCt
{
    uint32_tUSART_BaUdRate;              //波特率
    uint16_tUSART_WordLength;            //字长
    uint16_tUSART_StopBits;              //停止位
    uint16_tUSART_Parity;                //校验位
    uint16_tUSART_MOde;                  //USART 模式
    uint16_tUSART_HardwareFlowControI;   //硬件流控制
}USART_InitTypeDef;
```

USART结构体初始化

1. USART_BaudRate

串口的波特率，一般设置为 2 400、9 600、19 200 或 115 200。

如果设置波特率为 115 200，则可以直接赋值：

```
USART_InitStructure.USART_BaudRate = 115200;
```

2. USART_WordLength

数据帧字长,可选 8 位或 9 位,见表 5-3。

表 5-3　USART_WordLength 参数取值

USART_WordLength	描　　述
USART_WordLength_8b	8 位数据
USART_WordLength_9b	9 位数据

如果定义发送的字长为 8 位,则写法如下:

```
USART_WordLength = USART_WordLength_8b;
```

3. USART_StopBits

停止位设置,可选 0.5、1、1.5 或 2 个停止位,一般选择 1 个停止位,见表 5-4。

表 5-4　USART_StopBits 的参数取值

USART_StopBits	描　　述
USART_StopBits_1	在帧结尾传输 1 个停止位
USART_StopBits_0_5	在帧结尾传输 0.5 个停止位
USART_StopBits_2	在帧结尾传输 2 个停止位
USART_StopBits_1_5	在帧结尾传输 1.5 个停止位

如果选择 1 个停止位可以写成:

```
USATR_InisStrruct.USART_StopBits = USART_StopBits_1;
```

4. USART_Parity

奇偶校验控制选择,可选无校验 USART_Parity_No,偶校验 USART_Parity_Even 或奇校验 USART_Parity_Odd。

如果上面的字长 USART_WordLength 选择了 8 位,则可以设置为无校验,相应的值设置为 USART_Parity_No。

```
USART_InitStructure.USART_Parity = USART_Parity_No;
```

5. USART_Mode

USART 模式选择,有 USART_Mode_Rx(接收模式)和 USART_Mode_Tx(发送模式)。
设置这个参数时一般选择接收和发送都包括,写成:

```
USART_Mode = USART_Mode_Rx |USART_Mode_Tx;
```

6. USART_HardwareFlowControl

硬件流控制选择,只有在硬件流控制模式才有效,参数取值见表 5-5。

表 5-5　USART_HardwareFlowControl 的参数取值

USART_HardwareFlowControl	描　述
USART_HardwareFlowControl_None	硬件流控制失能
USART_HardwareFlowControl_RTS	发送请求 RTS 使能
USART_HardwareFlowControl_CTS	清除发送 CTS 使能
USART_HardwareFlowControl_RTS_CTS	RTS 和 CTS 使能

一般选择不使能硬件流,写成:

USART_HardwareFlowControl = USART_HardwareFlowControl_None;

五、USART 的库函数

1. 函数 voidUSART_Init(USART_TypeDef * USARTx,USART_InitTypeDef * USART_InitStruct)

函数功能:根据 USART_InitStruct 中指定的参数初始化外设 USARTx 寄存器。

参数 1:USARTx,其中 x 可以是 1、2 或者 3 等,用来选择 USART 外设。

参数 2:USART_InitStruct,指向结构 USART_InitTypeDef 的指针,包含外设 USART 的配置信息。

2. 函数 void USART_Cmd(USART_TypeDef * USARTx,FunctionalState NewState)

函数功能:使能或者失能 USART 外设。

参数 1:USARTx,其中 x 可以是 1、2 或者 3 等,用来选择 USART 外设。

参数 2:NewState,外设 USARTx 的新状态,可以取 ENABLE 或者 DISABLE。

例如,使能 USART1,则代码为 USART_Cmd(USART1,ENABLE)。失能 USART1,则代码为 USART_Cmd(USART1,DISABLE)。

3. 函数 void USART_ITConfig(USART_TypeDef * USARTx,uint16_t USART_IT,FunctionalState NewState)

函数功能:使能或者失能指定的 USART 中断。

参数 1:USARTx,其中 x 可以是 1、2 或者 3 等,用来选择 USART 外设。

参数 2:USART_IT,待使能或者失能的 USART 中断源。

参数 3:NewState,USARTx 中断的新状态。

输入参数 USART_IT 使能或者失能 USART 的中断。可以取表 5-6 中的一个或者多个取值的组合作为该参数的值。

表 5-6　USART_IT 的取值

USART_IT	描　述
USART_IT_PE	奇偶错误中断
USART_IT_TXE	发送中断
USART_IT_TC	传输完成中断
USART_IT_RXNE	接收中断
USART_IT_ORE_RX	如果设置了 RXNEIE 位,则生成中断
USART_IT_IDLE	空闲总线中断
USART_IT_LBD	LIN 中断检测中断

串口库函数

续上表

USART_IT	描 述
USART_IT_CTS	CTS 中断
USART_IT_ERR	错误中断
USART_IT_ORE_ER	打开 EIE 情况下的溢出中断标志位
USART_IT_NE	噪声错误中断
USART_IT_FE	帧错误中断

例如,使能 USART1 的发送中断,代码为:

```
USART_ITConfig(USART1,USART_IT_TXE,ENABLE);
```

如果要使能接收中断,可以写成:

```
USART_ITConfig(USART1,USART_IT_RXNE,ENABLE);
```

4. 函数 void USART_SendData(USART_TypeDef * USARTx,uint16_t Data)

函数功能:通过外设 USARTx 发送单个数据。

参数 1:USARTx,其中 x 可以是 1、2 或者 3 等,用来选择 USART 外设。

参数 2:Data,待发送的数据。

例如,通过 USART1 发送字符 0x26,可以写成:

```
USART_SendData(USART1,0x26);
```

5. 函数 uint16_t USART_ReceiveData(USART_TypeDef * USARTx)

函数功能:返回 USARTx 最近接收到的数据。

参数:USARTx,其中 x 可以是 1、2 或者 3 等,用来选择 USART 外设。

例如,通过 USART2 接收数据,并把数据存入 RxData 中,可以写成:

```
uint6_tRxData;
RxData = USART_ReceiveData(USART2);
```

6. 函数 FlagStatus USART_GetFlagStatus(USART_TypeDef * USARTx,uint16_t USART_FLAG)

函数功能:检查指定的 USART 标志位设置与否。

参数 1:USARTx,其中 x 可以是 1、2 或者 3 等,用来选择 USART 外设。

参数 2:USART_FLAG,待检查的 USART 标志位。

USART_FLAG 的取值见表 5-7。

表 5-7 USART_FLAG 的取值

USART_FLAG	描 述
USART_FLAG_CTS	CTS 标志位
USART_FLAG_LBD	LIN 中断检测标志位
USART_FLAG_TXE	发送数据寄存器空标志位
USART_FLAG_TC	发送完成标志位
USART_FLAG_RXNE	接收数据寄存器非空标志位

续上表

USART_FLAG	描 述
USART_FLAG_IDLE	空闲总线标志位
USART_FLAG_ORE	溢出错误标志位
USART_FLAG_NE	噪声错误标志位
USART_FLAG_FE	帧错误标志位
USART_FLAG_PE	奇偶错误标志位

例如,检查 USART1 的发送标志位,可以写为:

`Status = USART_GetFlagStatus(USART1,USART_FLAG_TXE);`

7. 函数 void USART_ClearFlag(USART_TypeDef * USARTx,uint16_t USART_FLAG)
函数功能:清除 USARTx 的待处理标志位。
参数1:USARTx,其中 x 可以是 1、2 或者 3 等,用来选择 USART 外设。
参数2:待清除的 USART 标志位。
例如,清除 USART1 的溢出错误标志位:

`USART_ClearFlag(USART1,USART_FLAG_ORG);`

8. 函数 ITStatus USART_GetITStatus(USART_TypeDef * USARTx,uint16_t USART_IT)
函数功能:检查指定的 USART 中断发生与否。
参数1:USARTx,其中 x 可以是 1、2 或者 3 等,用来选择 USART 外设。
参数2:USART_IT,待检查的 USART 中断源。
例如,检查 USART1 的发送中断标志位:

`Status = USART_GetITStatus(USART1,USART_IT_TXE);`

9. 函数 void USART_ClearITPendingBit(USART_TypeDef * USARTx,uint16_t USART_IT)
函数功能:清除 USARTx 的中断待处理位。
参数1:USARTx,其中 x 可以是 1、2 或者 3 等,用来选择 USART 外设。
参数2:待清除的 USART 中断源。
例如,清除 USART1 的发送数据中断标志位:

`USART_ClearITPendingBit(USART1,USART_IT_TXE);`

任务实施

配置 USART1 的相关参数

在结构体的参数写好以后就要完成 USART 初始化配置,即完成 USART_Init 这个函数。
例如,串口通信为 USART1 通信时,可以设置为:

```
USART_InitTypeDefUSART_InitStruct;                          //定义结构体
USART_InitStruct.USART_BaudRate = 115200;                    //波特率设置为115200
USART_InitStruct.USART_WordLength = USART_WordLength_8b;     //传输字长为8位
```

```
USART_InitStruct.USART_StopBits = USART_StopBits_1;              //停止位为1位
USART_InitStruct.USART_Parity = USART_Parity_No;                 //无校验
USART_InitStruct.USART_Mode = USART_Mode_Rx |USART_Mode_Tx;      //配置为读、写模式
USART_InitStruct.USART_HardwareFlowControl = USART_HardwareFlowControl_None;
                                                                 //不使能硬件流
USART_Init(USART1,&USART_InitStruct);                            //初始化结构体
```

任务二 通过 USART 收发数据

任务描述

本任务要求使用微控制器串口与 PC 进行通信,发送数据,接收数据,完成控制任务。
① 发送一个数据(字符)。
② 从中断接收数据,并把数据发送出去(中断接收到的数据,再发送出去)。
③ 通过判断,判断接收到的数据是否为 'a',如果是,则点亮一盏 LED 灯。(控制灯亮)

相关知识

一、通过 USART 进行数据发送与接收原理

　　USART 的数据寄存器 USART_DR 包含了发送数据寄存器和接收数据寄存器,即一个专门用于发送的可写 TDR,一个专门用于接收的可读 RDR。

　　当进行发送操作时,向 USART_DR 写入数据会自动存储在 TDR 内;TDR 介于系统总线和移位寄存器之间。如果要发送 TEMP 这个数据,就可以进行 USART_DR = TEMP 操作,其实就是把数据存到了 TDR 中,再发送到移位寄存器,然后把移位寄存器中的数据逐位地发送出去,发送到 TX 的引脚,通过物理层的连接发送数据。

　　当进行读取操作时,USART_DR 读取数据会自动提取 RDR 数据。

　　如果要读取数据,其实就是通过 RX 这个引脚把读取到的数据送给接收移位寄存器,然后通过移位寄存器把数据存在 RDR 中,这时就可以把 USART_DR 中的数据赋值给 TEMP,写成 TEMP = USART_DR。此时会发现发送数据和接收数据在程序表达上有所不同,需要注意。

二、编程要点

① 使能 RX 和 TX 引脚的 GPIO 时钟,初始化 GPIO,并将 GPIO 复用到 USART 上。
② 使能 USART 时钟,配置 USART 参数,初始化 USART,并使能 USART 接收中断(如果使用串口中断就配置中断控制器,使能 USART 接收中断,否则这条可以省略),使能 USART。
③ 配置中断控制器。
④ 在 USART 接收中断服务函数实现数据接收和发送。(如果使用串口中断就用这条,否则就不用)

任务实施

通过 USART1 发送、接收数据并控制 LED 灯

1. 硬件连接

使用 USB 转串口进行微控制器与 PC 的通信,通过 USART1 接收、发送数据。图 5-10 所示为使用的 USB 转串口的硬件。

图 5-10　USB 转串口硬件

USART 一般通过 3 个引脚与其他设备连接,包括 RX——接收数据串行输入、TX——发送数据输出、GND。

从表 5-8 可以选择 USART1 的 RX 为 PA10,TX 为 PA9。串口通信时 RX 要接 TX,TX 要接 RX,因此串口上的 RX 接 PA9,TX 接 PA10,这样硬件连接做好就可以进行软件编程。

表 5-8　STM32F407ZGT6 芯片的 USART 引脚

—	APB2（最高 84 MHz）		APB1（最高 42 MHz）			
	USART1	USART6	USART2	USART3	UART4	UART5
TX	PA9/PB6	PC6/PG14	PA2/PD5	PB10/PD8/PC10	PA0/PC10	PC12
RX	PA10/PB7	PC7/PG9	PA3/PD6	PB11/PD9/PC11	PA1/PC11	PD2
SCLK	PA8	PG7/PC8	PA4/PD7	PB12/PD10/PC12	—	—
nCTS	PA11	PG13/PG15	PA0/PD3	PB13/PD11	—	—
nRTS	PA12	PG8/PG12	PA1/PD4	PB14/PD12	—	—

USB 转串口的电平转换芯片是 CH340G,在图 5-10 所示的硬件中已经包含该芯片,无须再进行额外的电路焊接。在使用 USB 转串口时,需要安装 CH340G 的驱动程序。

2. 软件编程

① 使能 RX 和 TX 引脚的 GPIO 时钟,初始化 GPIO,并将 GPIO 复用到 USART 上。

使能 GPIO 时钟,这里使用的是 USART1 的 PA9 和 PA10,需要打开 GPIOA 的时钟:

```
RCC_APB2PeriphClockCmd(RCC_APB2Periph_USART1,ENABLE);
```

初始化 GPIO:

```
GPIO_InitTypeDefGPIO_InitStruct;                          //定义结构体
GPIO_InitStructure.GPIO_OType = GPIO_OType_PP;            //推挽
GPIO_InitStructure.GPIO_PuPd = GPIO_PuPd_UP;              //上拉
GPIO_InitStructure.GPIO_Speed = GPIO_Speed_50MHz;         //速度为 50 MHz
```

```
GPIO_InitStructure.GPIO_Mode=GPIO_Mode_AF;              //模式为复用
GPIO_InitStructure.GPIO_Pin=GPIO_Pin_10|GPIO_Pin_9;     //Pin口为A9和A10
GPIO_Init(GPIOA,&GPIO_InitStructure);                   //初始化
```

将 GPIO 复用到 USART1 上：

```
GPIO_PinAFConfig(GPIOA,GPIO_PinSource10,GPIO_AF_USART1);
GPIO_PinAFConfig(GPIOA,GPIO_PinSource9,GPIO_AF_USART1);
```

②使能 USART 时钟，配置 USART 参数，初始化 USART，并使能 USART 接收中断（如果使用串口中断就配置中断控制器，使能 USART 接收中断，否则这条可以省略），使能 USART。

- 使能 USART 时钟，USART1 和 USART6 挂载在 APB2 的时钟总线上，因此打开 USART1 时钟为：

```
RCC_APB2PeriphClockCmd(RCC_APB2Periph_USART1,ENABLE);
```

- 配置 USART 参数，初始化 USART：

```
USART_InitTypeDef USART_InitStruct;                                                //定义结构体
USART_InitStruct.USART_BaudRate=115200;                                            //波特率设置为115200
USART_InitStruct.USART_WordLength=USART_WordLength_8b;                             //传输字长为8位
USART_InitStruct.USART_StopBits=USART_StopBits_1;                                  //停止位为1位
USART_InitStruct.USART_Parity=USART_Parity_No;                                     //无校验
USART_InitStruct.USART_Mode=USART_Mode_Rx|USART_Mode_Tx;                           //配置为读、写模式
USART_InitStruct.USART_HardwareFlowControl=USART_HardwareFlowControl_None;
                                                                                   //不使能硬件流
USART_Init(USART1,&USART_InitStruct);                                              //初始化结构体
```

- 使能 USART 接收中断，使能 USART：

```
USART_ITConfig(USART1,USART_IT_RXNE,ENABLE);    //使能 USART 接收中断
USART_Cmd(USART1,ENABLE);                       //使能 USART
```

③配置中断控制器：

```
NVIC_InitTypeDef NVIC_InitStruct;                              //定义结构体
NVIC_PriorityGroupConfig(NVIC_PriorityGroup_0);                //选择优先级0组
NVIC_InitStruct.NVIC_IRQChannel=USART1_IRQn;                   //中断源为USART1的中断
NVIC_InitStruct.NVIC_IRQChannelPreemptionPriority=0;           //抢占优先级为0
NVIC_InitStruct.NVIC_IRQChannelSubPriority=3;                  //响应优先级为3
NVIC_InitStruct.NVIC_IRQChannelCmd=ENABLE;                     //使能中断源
NVIC_Init(&NVIC_InitStruct);                                   //初始化NVIC结构体
```

④在 USART 接收中断服务函数实现数据接收和发送（如果使用串口中断就用这条，否则不用）：

```
void USART1_IRQHandler(void)
{
    uint8_t temp;                                               //定义一个变量temp
    if(USART_GetITStatus(USART1,USART_IT_RXNE)!=RESET)          //如果检测到接收中断
    {
        temp=USART_ReceiveData(USART1);                         //从USART1接收数据
        usart_sendbyte(USART1,temp);                            //把接收到的数据发送出去
    }
}
```

```
        USART_ClearITPendingBit(USART1,USART_IT_RXNE);         //清除接收中断标志
    }
```

代码实例：

```c
/* * * * * * * * * * * * * * * * main.c:主函数* * * * * * * * * * * * * * * */
#include"stm32f4xx.h"
#include"led.h"
#include"delay.h"
#include"key.h"
#include"seg.h"
#include"basic_TIM.h"
#include"EXTI.h"
#include"calendar.h"
#include"usart.h"
char led=0x00;                              //点亮灯时使用led变量
int key0;                                   //在之前的按键工程中使用过,这里没有意义
int a=0;                                    //在之前的定时器工程中使用过,这里没有意义
int min=59,sec=57,hour=23,year=2020,month=2,day=28,monthday;
                                            //在之前的定时器工程中使用过,这里没有意义
uint8_t temp;                               //定义了一个变量temp,用于存储中断接收到的数据

int main(void)
{
    led_Init();                             //led的GPIO初始化
    USART1_Init();                          //USART1的初始化
    GPIO_Write(GPIOA,0xff);                 //给GPIOA赋值0xff,让LED灯灭
    usart_sendbyte(USART1,'a');             //通过USART1发送字符'a'
    usart_sendbyte(USART1,0x55);            //通过USART1发送数据0x55
    while(1){GPIO_Write(GPIOA,~led);        //给GPIOA赋值0xff,让LED灯灭,初状态
        if(temp=='a')                       //如果中断服务程序中接收到的数据为a
            led=0x01;                       //给led赋值0x01,点亮一盏灯
    }
}
/* * * * * * * * * * * * * * * * * * * * * * * * * * * * * * * * * * * * * */
/* * * * * * * * * * * * * USART.c:串口配置函数* * * * * * * * * * * * * * */
/* USART1的配置,分成了3个函数,一个是GPIO的配置,另一个是NVIC的配置,还有一个USART的
配置,最后使用一个USART1_Init结合到一起* /
void usart_GPIO_config(void)
{
    GPIO_InitTypeDef GPIO_InitStruct;                                       //定义结构体
    RCC_AHB1PeriphClockCmd(RCC_AHB1Periph_GPIOA,ENABLE);                    //打开时钟
    GPIO_InitStructure.GPIO_OType=GPIO_OType_PP;                            //推挽
    GPIO_InitStructure.GPIO_PuPd=GPIO_PuPd_UP;                              //上拉
    GPIO_InitStructure.GPIO_Speed=GPIO_Speed_50MHz;                         //速度为50 MHz
    GPIO_InitStructure.GPIO_Mode=GPIO_Mode_AF;                              //模式为复用
    GPIO_InitStructure.GPIO_Pin=GPIO_Pin_10|GPIO_Pin_9;                     //打开A9和A10
    GPIO_Init(GPIOA,&GPIO_InitStructure);                                   //初始化
    GPIO_PinAFConfig(GPIOA,GPIO_PinSource9,GPIO_AF_USART1);                 //复用PA9为USART1
```

串口收发数据主函数

```c
        GPIO_PinAFConfig(GPIOA,GPIO_PinSource10,GPIO_AF_USART1);//复用 PA10 为 USART1
}
//开启中断,配置 NVIC
void usart_NVIC_config(void)
{
    NVIC_InitTypeDef NVIC_InitStruct;                           //定义结构体
    NVIC_PriorityGroupConfig(NVIC_PriorityGroup_0);             //选择优先级 0 组
    NVIC_InitStruct.NVIC_IRQChannel = USART1_IRQn;              //中断源为 USART1 的中断
    NVIC_InitStruct.NVIC_IRQChannelPreemptionPriority = 0;      //抢占优先级为 0
    NVIC_InitStruct.NVIC_IRQChannelSubPriority = 3;             //响应优先级为 3
    NVIC_InitStruct.NVIC_IRQChannelCmd = ENABLE;                //使能中断源
    NVIC_Init(&NVIC_InitStruct);                                //初始化 NVIC 结构体
}
void usart_config(void)
{
    USART_InitTypeDef USART_InitStruct;                         //定义结构体
    USART_InitStruct.USART_BaudRate = 115200;                   //波特率设置为 115200
    USART_InitStruct.USART_WordLength = USART_WordLength_8b;    //传输字长为 8 位
    USART_InitStruct.USART_StopBits = USART_StopBits_1;         //停止位为 1 位
    USART_InitStruct.USART_Parity = USART_Parity_No;            //无校验
    USART_InitStruct.USART_Mode = USART_Mode_Rx |USART_Mode_Tx; //配置为读/写模式
    USART_InitStruct.USART_HardwareFlowControl = USART_HardwareFlowControl_None;
                                                                //不使能硬件流
    USART_Init(USART1,&USART_InitStruct);                       //初始化结构体
    USART_ITConfig(USART1,USART_IT_RXNE,ENABLE);                //使能 USART 接收中断
    USART_Cmd(USART1,ENABLE);                                   //使能 USART
}
void USART1_Init(void)                                          //USART 配置函数
{   usart_GPIO_config();
    usart_NVIC_config();
    usart_config();
}


void usart_sendbyte(USART_TypeDef* USARTx,uint8_tData)           //发送一个字节
{
    USART_SendData(USARTx,Data);        //使用发送 16 位数据的函数,发送 8 位数据
    while(USART_GetFlagStatus(USARTx,USART_FLAG_TXE) == RESET);
                                //如果发送寄存器为空就退出
}
/* * * * * * * * * * * * * * * * * * * * * * * * * * * * * * * * * * * * * */
/* * * * * * * * * * * * USART.h 库函数 * * * * * * * * * * * * * * * * * */
#ifndef __USART_H
#define __USART_H
#include"stm32f4xx.h"
void usart_GPIO_config(void);                                    //USART 的 GPIO 配置函数
void usart_NVIC_config(void);                                    //中断控制 NVIC 配置函数
void usart_config(void);                                         //USART 配置函数
```

```
void USART1_Init(void);                              //前3个函数合在一起的USART1初始化函数
void usart_sendbyte(USART_TypeDef* USARTx,uint8_tData);
                                                     //发送一个字节函数
#endif
/* * * * * * * * * * * * * * * * * * * * * * * * * * * * * * * * * * * * * * */
/* * * * * * 中断服务程序stm32f4xx_it.c中完成了串口的接收数据,发送数据 * * * * * * */
voidUSART1_IRQHandler(void)
{
    uint8_ttemp;                                     //定义一个变量temp
    if(USART_GetITStatus(USART1,USART_IT_RXNE)!=RESET)  //如果检测到接收中断
    {
        temp=USART_ReceiveData(USART1);              //从USART1接收数据
        usart_sendbyte(USART1,temp);                 //把接收到的数据发送出去
    }
    USART_ClearITPendingBit(USART1,USART_IT_RXNE);
                                                     //清除接收中断标志
}
/* * * * * * * * * * * * * * * * * * * * * * * * * * * * * * * * * * * * * * */
```

下载验证,编译没有错误,没有警告,成功,然后下载到目标板。

微控制器与PC通信需要串口助手,如图5-11所示。在串口助手的左侧可以选择端口,即USB转串口与PC连接后的端口号,下面还能调整波特率、校验位、数据位及停止位。在程序中设置的波特率是115 200,没有校验位,数据位是8位,停止位为1位,因此这些设置都要相同。左侧的下面还有一些设置,可以试试。右侧的上半部分表示的是微控制器发给PC的内容,而下面则是PC要发给微控制器的内容,由用户自行输入。

图5-11 串口助手

①第一个任务是发送一个数据(字符),这里发送了2个数据字符'a'和0x55,而0x55对应的字

符为'U'。结果如图 5-12 所示。

```
usart_sendbyte(USART1,'a');
usart_sendbyte(USART1,0x55);
```

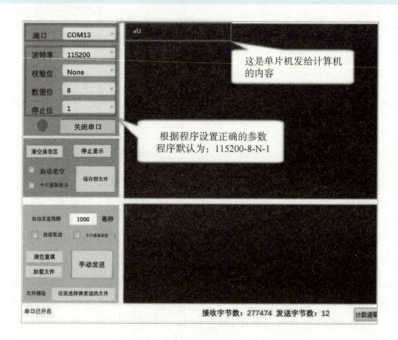

图 5-12　发送数据

②从中断接收数据,并把数据发送出去(中断接收到的数据,再发送出去)。这里使用串口助手的下面发送数据,模仿 PC 发送数据给微控制器,这里发送 1,会发现微控制器接收到 1,结果如图 5-13 所示。

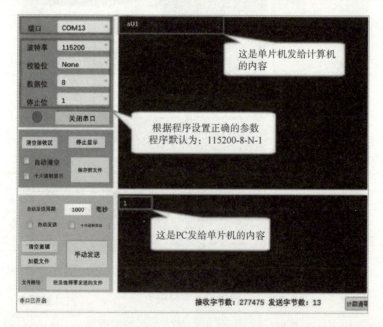

图 5-13　接收到的数据再发送

③通过判断,判断接收到的数据是否为'a',如果是,则点亮一盏 LED 灯。(控制灯亮)通过 PC 发送'a',从串口助手发现微控制器接收到了,然后目标板的 LED 灯亮了,如图 5-14、图 5-15 所示。

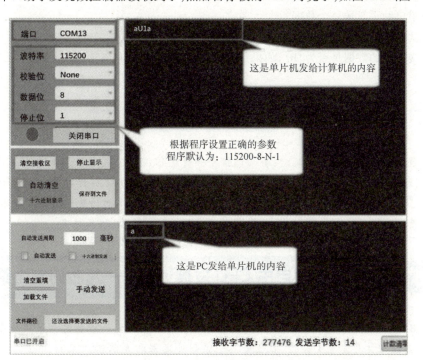

图 5-14　串口助手发送'a'

图 5-15　控制 LED 灯亮

任务拓展：
请使用串口发送数据，完成3个任务：
① 通过串口助手发送一个数据。
② 能够从中断接收数据，并把这个数据发送出去。
③ 判断接收到的数据是否为'b'，如果是可以点亮一盏LED灯。

项目总结

本项目通过了解通信的基本概念：串行通信与并行通信、全双工、半双工和单工通信、同步通信与异步通信、通信的速率，以及串口通信协议（物理层标准和协议层标准），熟悉了微控制器的USART外设、串口的硬件连接、编程要点，掌握了USART的结构体初始化和库函数的使用方法，对串口的工作原理有了很清晰的认识，最后完成了通过USART收发数据的任务。

扩展阅读 中国自主CPU发展道路——龙芯研制之路

2002年8月10日诞生的"龙芯一号"是我国首枚拥有自主知识产权的通用高性能微处理芯片。龙芯从2001年以来共开发了1号、2号、3号三个系列处理器和龙芯桥片系列，在政企、安全、金融、能源等应用场景得到了广泛应用。龙芯1号系列为32位低功耗、低成本处理器，主要面向低端嵌入式和专用应用领域；龙芯2号系列为64位低功耗单核或双核系列处理器，主要面向工控和终端等领域；龙芯3号系列为64位多核系列处理器，主要面向桌面和服务器等领域。

2015年3月31日，中国发射首枚使用"龙芯"北斗卫星。

2019年12月24日，龙芯3A4000/3B4000在北京发布，使用与上一代产品相同的28 nm工艺，通过设计优化，实现了性能的成倍提升。龙芯坚持自主研发，芯片中的所有功能模块，包括CPU核心等在内的所有源代码均实现自主设计，所有定制模块也均为自主研发。2020年3月3日，360公司与龙芯中科技术有限公司联合宣布，双方将加深多维度合作，在芯片应用和网络安全开发等领域进行研发创新，并展开多方面技术与市场合作。

2021年4月龙芯自主指令系统架构（Loongson architecture，以下简称龙芯架构或LoongArch）的基础架构通过国内第三方知名知识产权评估机构的评估。12月17日，龙芯中科技术股份有限公司（简称"龙芯中科"）首发上会。

2023年11月28日，新一代国产CPU——龙芯3A6000在北京发布，同时推出的还有打印机主控芯片龙芯2P0500。

"龙芯"的问世不仅在于中国自主研发出了自己的CPU产品，其更深层次的意义在于中国科技人员凭借着自身的技术研发实力，可以自己研发生产出被国外垄断的产品。

项目六
使用SPI总线驱动TFT屏显示

项目描述

在微控制器开发过程中需要拓展系统功能,如 AD 转换、IO 扩展、数据存储等。要完成这些功能,只需要将特定芯片通过总线形式与微控制器连接。SPI(Serial Peripheral Interface,串行外设接口)就是一种当前比较流行的总线形式,它是一种高速的,全双工、同步的通信总线。SPI 的接口比较简单,数据的读/写只需要四根线就可以完成,如图 6-1 所示。

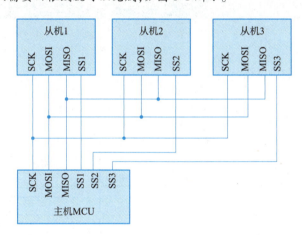

图 6-1 SPI 通信设备之间的常用连接方式

本项目要了解 SPI 协议以及通过 SPI 如何进行通信,熟悉 STM32 的 SPI 外设,掌握了 SPI 结构体的初始化和库函数,总结 SPI 的编程要点。最后能够通过 STM32 完成驱动 1.44 英寸 TFT 屏显示任务。

项目内容

- 任务一 设置 SPI 的相关参数。
- 任务二 STM32 驱动 TFT-LCD 屏显示。

学习目标

- 理解 SPI 协议。
- 熟悉微控制器的 SPI 外设。

- 掌握 SPI 结构体的设置,并能够熟练使用库函数。
- 能够驱动 1.44 英寸 TFT 屏显示数据。

任务一 设置 SPI 的相关参数

任务描述

要通过 SPI 总线驱动 TFT-LCD 屏,需要了解 SPI 的协议规定了哪些内容。STM32F4xx 系列的 SPI 接口提供两项主要功能,支持 SPI 协议或 I2S 音频协议。默认情况下,选择的是 SPI 功能。可通过软件将接口从 SPI 切换到 I2S。与其他外设一样,STM32 标准库提供了 SPI 初始化结构体及初始化函数来配置 SPI 外设。初始化结构体及函数定义在库文件 stm32f4xx_spi.h 及 stm32f4xx_spi.c 中。本任务将让读者理解 SPI 协议的物理层和协议层,为驱动外设做准备,还要通过 SPI 的框图让读者熟悉 STM32 的 SPI 外设的特性,通过学习结构体和库函数,能够设置 SPI 的相关参数。

相关知识

一、SPI 协议

SPI 协议分为物理层和协议层。

1. SPI 的物理层协议

SPI 的物理层协议如图 6-2 所示。

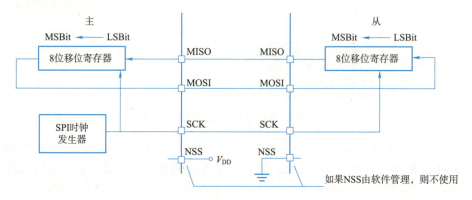

图 6-2 SPI 的物理层协议

SPI 通信使用 3 条总线及片选线,3 条总线分别为 SCK、MOSI、MISO。片选为 SS(slave select):从设备选择信号线,常称为片选信号线,也称为 NSS、CS,以下用 NSS 表示。

①当有多个 SPI 从设备与 SPI 主机相连时,设备的其他信号线 SCK、MOSI 及 MISO 同时并联到相同的 SPI 总线上,即无论有多少个从设备,都共同只使用这 3 条总线;而每个从设备都有独立的 NSS 信号线,此信号线独占主机的一个引脚,即有多少个从设备,就有多少条片选信号线。I^2C 协议中通过设备地址来寻址、选中总线上的某个设备并与其进行通信;而 SPI 协议中没有设备地址,它使用 NSS 信号线来寻址,当主机要选择从设备时,把该从设备的 NSS 信号线设置为低电平,该从设备

即被选中,即片选有效,接着主机开始与被选中的从设备进行 SPI 通信。所以,SPI 通信以 NSS 线置低电平为开始信号,以 NSS 线被拉高作为结束信号。

②SCK(serial clock):时钟信号线,用于通信数据同步。它由通信主机产生,决定了通信的速率,不同的设备支持的最高时钟频率不一样,如 STM32 的 SPI 时钟频率最高为 $f_{PCLK}/2$,两个设备之间通信时,通信速率受限于低速设备。

③MOSI(master output,slave input):主设备输出/从设备输入引脚。主机的数据从这条信号线输出,从机由这条信号线读入主机发送的数据,即这条线上数据的方向为主机到从机。

④MISO(master input,slave output):主设备输入/从设备输出引脚。主机从这条信号线读入数据,从机的数据由这条信号线输出到主机,即在这条线上数据的方向为从机到主机。

2. SPI 的协议层

SPI 的协议层如图 6-3 所示。

SPI 协议定义了通信的起始和停止信号、数据有效性、时钟同步等环节。

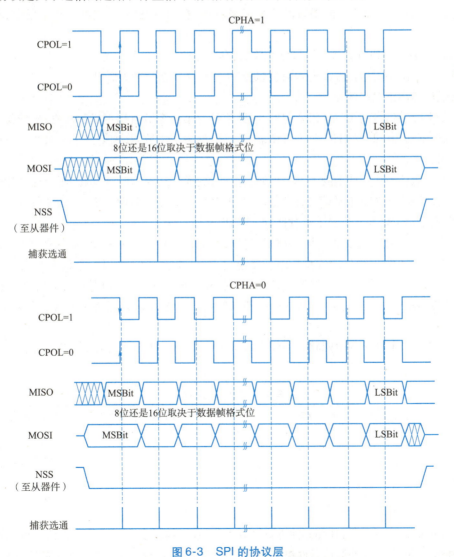

图 6-3　SPI 的协议层

SPI通信约定好了双方都使用SPI,除了速率,还要有一些SPI通信上的约定,如相位(CPHA)和极性(CPOL)。

时钟永远有两种极性,从0变1和从1变0的时钟,在任何一个相位里,时钟是用上升沿触发还是下降沿触发,在通信时是可以选的,根据外设和主机可以编程选择工作在任何一种模式,这里先忽略极性,先来看相位。

第一种相位模式CPHA=0:每一次的通信都由NSS,也就是CS信号的下降沿来发起,即主机首先把片选信号由高拉到低,就表示一次通信开始。这时,从机和主机各自把自己要给对方的数据在MOSI和MISO引脚上准备好,当时钟发生跳变时,时钟的第一个沿上升或下降(根据极性)就会通知主机和从机,各自观察各自的输入引脚,采集第一个位的值。这里有半个周期的相位差,前半个周期数据准备好了,再去采集中间位置去看这个数据。到了时钟信号的第二个沿,主机和从机驱动各自的输出引脚,把上面的数据换成第二个位,到第三个沿时,再采集第二个位的值。

总结一下就是通信由片选信号的下降沿发起,时钟信号的奇数沿总是用来通知主机和从机,去采集数据信号的值,时钟信号的偶数沿总是用来驱动主机和从机去改变数据线上的值,切换到下一位。

第二种相位模式CPHA=1:通过这种模式会发现通信的发起不是由片选信号的下降沿发起的,当片选信号为下降沿时通信并没有响应,但是整个通信必须在片选为低电平时进行。

那么通信是由谁发起的呢?

通信是由时钟信号的第一个沿发起的,时钟信号的第一个沿通知主机和从机,把数据更新到数据线上,各自驱动MOSI和MISO两个引脚,在第二个沿去采集数据,到第三个沿来驱动它改变数据线上的数据。

这个数据通信模式不同于刚才的数据通信模式,变成了通信由时钟发起,而与这个片选信号的下降沿无关,只要CS为低电平即可,而时钟信号的奇数沿总是去驱动主机、从机准备数据和改变数据,偶数沿则驱动主机和从机去采集数据,如此周而复始。

偶数沿驱动和奇数沿驱动这样两种模式,以及LSB和MSB谁先发、谁后发都是可以设置的。在第二种模式下不会因为片选的跳变而开始通信,在极端状态下,可以一直设置CS为低电平,发送完一个字节,接着再发送一个字节。这在第二种相位模式下可以,但是在第一种相位模式下不可行。可以发现SPI的通信是很灵活的,但是在编程时一定要设置好各个方面,否则SPI的通信很难完成。

由于CPOL及CPHA的不同状态,SPI分成了4种模式,主机与从机需要工作在相同的模式下才可以正常通信,见表6-1。

表6-1 SPI的4种模式

SPI 模式	CPOL	CPHA	空闲时 SCK 时钟	采样时刻
0	0	0	低电平	奇数边沿
1	0	1	低电平	偶数边沿
2	1	0	高电平	奇数边沿
3	1	1	高电平	偶数边沿

SPI 4种通信模式

串行外设接口(SPI)可与外部器件进行半双工/全双工的同步串行通信。该接口可配置为主模式,在这种情况下,它可为外部从器件提供通信时钟(SCK)。该接口还能够在多主模式配置下工作。

它可用于多种用途,包括基于双线的单工同步传输,其中一条可作为双向数据线,或使用 CRC 校验实现可靠通信。

I2S 也是同步串行通信接口。它可满足 4 种不同音频标准的要求,包括 I2SPhilips 标准、MSB 和 LSB 对齐标准,以及 PCM 标准。它可在全双工模式(使用 4 引脚)或半双工模式(使用 3 个引脚)下作为从器件或主器件工作。当 I2S 配置为通信主模式时,该接口可以向外部从器件提供主时钟。

二、SPI 特性

SPI 具有以下特性:
① 基于三条线的全双工同步传输。
② 基于双线的单工同步传输,其中一条可作为双向数据线。
③ 8 位或 16 位传输帧格式选择。
④ 主模式或从模式操作。
⑤ 多主模式功能。
⑥ 8 个主模式波特率预分频器(最大值为 $f_{PCLK}/2$)。
⑦ 从模式频率(最大值为 $f_{PCLK}/2$)。
⑧ 对于主模式和从模式都可实现更快的通信。
⑨ 对于主模式和从模式都可通过硬件或软件进行 NSS 管理:动态切换主/从操作。
⑩ 可编程的时钟极性和相位。
⑪ 可编程的数据顺序,最先移位 MSB 或 LSB。
⑫ 可触发中断的专用发送和接收标志。
⑬ 总线忙状态标志。
⑭ PI TI 模式。
⑮ 用于确保可靠通信的硬件 CRC 功能:
● 在发送模式下可将 CRC 值作为最后一个字节发送。
● 根据收到的最后一个字节自动进行 CRC 错误校验。
⑯ 可触发中断的主模式故障、上溢和 CRC 错误标志。
⑰ 具有 DMA 功能的 1 字节发送和接收缓冲器:发送和接收请求。

三、SPI 框图

SPI 框图如图 6-4 所示。SPI 通过 4 个引脚与外部器件连接。
① MISO:主输入/从输出数据。此引脚可用于在从模式下发送数据和在主模式下接收数据。
② MOSI:主输出/从输入数据。此引脚可用于在主模式下发送数据和在从模式下接收数据。
③ SCK:用于 SPI 主器件的串行时钟输出以及 SPI 从器件的串行时钟输入。
④ NSS:从器件选择。此引脚用作"片选",可让 SPI 主器件与从器件进行单独通信,从而避免数据线上的竞争。从器件的 NSS 输入可由主器件上的标准 I/O 端口驱动。NSS 引脚在使能(SSOE 位)时还可用作输出,并可在 SPI 处于主模式配置时驱动为低电平。通过这种方式,只要器件配置成 NSS 硬件管理模式,所有连接到该主器件 NSS 引脚的其他器件 NSS 引脚都将呈现低电平,从而作为从器件。当配置为主模式,且 NSS 配置为输入(MSTR = 1 且 SSOE = 0)时,如果 NSS 拉至低电平,SPI 将进入主模式故障状态:MSTR 位自动清零,并且器件配置为从模式。

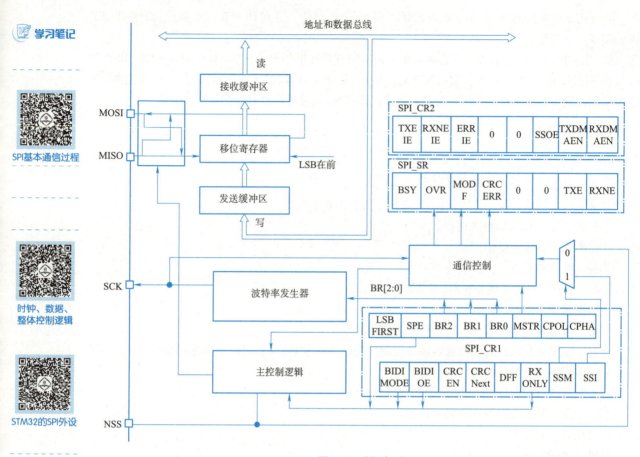

图 6-4　SPI 框图

STM32F4xx 芯片有多个 SPI 外设，SPI 通信信号引出到不同的 GPIO 引脚，使用时必须配置到这些指定的引脚，见表 6-2。

表 6-2　SPI 对应引脚

引脚	SPI					
	SPI1	SPI2	SPI3	SPI4	SPI5	SPI6
MOSI	PA7/PB5	PB15/PC3/PI3	PB5/PC12/PD6	PE6/PE14	PF9/PF11	PG14
MISO	PA6/PB4	PB14/PC2/PI2	PB4/PC11	PE5/PE13	PF8/PH7	PG12
SCK	PA5/PB3	PB10/PB13/PD3	PB3/PC10	PE2/PE12	PF7/PH6	PG13
NSS	PA4/PA15	PB9/PB12/PI0	PA4/PA15	PE4/PE11	PF6/PH5	PG8

SPI1、SPI4、SPI5、SPI6 是 APB2 上的设备，最高通信速率达 42 Mbit/s，SPI2、SPI3 是 APB1 上的设备，最高通信速率为 21 Mbit/s。

SCK 线的时钟信号，由波特率发生器根据"控制寄存器 CR1"中的 BR[0:2] 位控制，该位是对 f_{PCLK} 时钟的分频因子，对 f_{PCLK} 的分频结果就是 SCK 引脚的输出时钟频率，计算方法见表 6-3。

表 6-3　f_{PCLK} 的分频

BR[0:2]	分频结果（SCK 频率）	BR[0:2]	分频结果（SCK 频率）
000	$f_{PCLK}/2$	100	$f_{PCLK}/32$
001	$f_{PCLK}/4$	101	$f_{PCLK}/64$
010	$f_{PCLK}/8$	110	$f_{PCLK}/128$
011	$f_{PCLK}/16$	111	$f_{PCLK}/256$

SPI 的 MOSI 及 MISO 都连接到数据移位寄存器上，数据移位寄存器的内容来源于接收缓冲区及发送缓冲区以及 MISO、MOSI 线。当向外发送数据时，数据移位寄存器以"发送缓冲区"为数据源，把数据逐位地通过数据线发送出去；当从外部接收数据时，数据移位寄存器把数据线采样到的数据逐位地存储到"接收缓冲区"中。通过写 SPI 的"数据寄存器 DR"把数据填充到发送缓冲区中，通过"数据寄存器 DR"，可以获取接收缓冲区中的内容。其中，数据帧长度可以通过"控制寄存器 CR1"的"DFF 位"配置成 8 位及 16 位模式；配置"LSBFIRST 位"可选择 MSB 先行还是 LSB 先行。

整体控制逻辑负责协调整个 SPI 外设，控制逻辑的工作模式根据配置的"控制寄存器（CR1/CR2）"的参数而改变，基本的控制参数包括前面提到的 SPI 模式、波特率、LSB 先行、主从模式、单双向模式等。在外设工作时，控制逻辑会根据外设的工作状态修改"状态寄存器（SR）"，只要读取状态寄存器相关的寄存器位，就可以了解 SPI 的工作状态。除此之外，控制逻辑还根据要求，负责控制产生 SPI 中断信号、DMA 请求及控制 NSS 信号线。

实际应用中，一般不使用 STM32 SPI 外设的标准 NSS 信号线，而是更简单地使用普通的 GPIO，软件控制它的电平输出，从而产生通信起始和停止信号。

四、SPI 的结构体

初始化结构体 SPI_InitTypeDef 定义于文件 stm32f4xx_spi.h 中。代码如下：

SPI的结构体

```
typedef struct
{
    uint16_t SPI_Direction;              //设置 SPI 的单双向模式
    uint16_t SPI_Mode;                   //设置 SPI 的主/从机端模式
    uint16_t SPI_DataSize;               //设置 SPI 的数据帧长度，可选 8/16 位
    uint16_t SPI_CPOL;                   //设置时钟极性 CPOL，可选高/低电平
    uint16_t SPI_CPHA;                   //设置时钟相位，可选奇/偶数边沿采样
    uint16_t SPI_NSS;                    //设置 NSS 引脚由 SPI 硬件控制还是软件控制
    uint16_t SPI_BaudRatePrescaler;      //设置时钟分频因子，$f_{PCLK}$/分频数 = $f_{SCK}$
    uint16_t SPI_FirstBit;               //设置 MSB/LSB 先行
    uint16_t SPI_CRCPolynomial;          //设置 CRC 校验的表达式
}SPI_InitTypeDef;
```

1. SPI_Direction

设置 SPI 为单向或双向的数据模式，可以选择双线全双工 SPI_Direction_2Lines_FullDuplex，双线只接收 SPI_Direction_2Lines_RxOnly，单线只接收 SPI_Direction_1Line_Rx，单线只发送模式 SPI_Direction_1Line_Tx，见表 6-4。

表 6-4　SPI_Direction 的取值

SPI_Direction	描述
SPI_Direction_2 Lines_FullDuplex	SPI 设置为双线双向全双工
SPI_Direction_2 Lines_RxOnly	SPI 设置为双线单向接收
SPI_Direction_1 Line_Rx	SPI 设置为单线只接收
SPI_Direction_1 Line_Tx	SPI 设置为单线只发送

2. SPI_Mode

设置 SPI 工作模式,主机模式 SPI_Mode_Master,从机模式 SPI_Mode_Slave,两个模式的最大区别为 SPI 的 SCK 信号线的时序,SCK 的时序是由通信中的主机产生的,若被配置为从机模式,STM32 的 SPI 外设将接收外来的 SCK 信号,这里选择主机模式,见表 6-5。

表 6-5　SPI_Mode 的取值

SPI_Mode	描述
SPI_Mode_Master	设置为主 SPI
SPI_Mode_Slave	设置为从 SPI

3. SPI_DataSize

选择 SPI 通信的数据帧大小,可以选择 8 位 SPI_DataSize_8b、16 位 SPI_DataSize_16b,见表 6-6。

表 6-6　SPI_DataSize 的取值

SPI_DataSize	描述
SPI_DataSize_16b	SPI 发送接收 16 位帧结构
SPI_DataSize_8b	SPI 发送接收 8 位帧结构

4. SPI_CPOL

配置 SPI 的时钟极性 CPOL,包括高电平 SPI_CPOL_High 和低电平 SPI_CPOL_Low,见表 6-7。

表 6-7　SPI_CPOL 的取值

SPI_CPOL	描述
SPI_CPOL_High	时钟悬空高
SPI_CPOL_Low	时钟悬空低

5. SPI_CPHA

配置时钟相位 CPHA,包括 SPI_CPHA_1Edge(在 SCK 的奇数边沿采集数据)、SPI_CPHA_2Edge(在 SCK 的偶数边沿采集数据),见表 6-8。

表 6-8　SPI_CPHA 的取值

SPI_CPHA	描述
SPI_CPHA_2Edge	数据捕获于第二个时钟沿
SPI_CPHA_1Edge	数据捕获于第一个时钟沿

6. SPI_NSS

配置 NSS 引脚的使用模式。硬件模式(SPI_NSS_Hard),这时 SPI 片选信号由 SPI 硬件自动产生;软件模式(SPI_NSS_Soft),外部引脚控制,实际中软件模式应用比较多,见表6-9。

表6-9 SPI_NSS 的取值

SPI_NSS	描述
SPI_NSS_Hard	NSS 由外部引脚管理
SPI_NSS_Soft	内部 NSS 信号有 SSI 位控制

7. SPI_BaudRatePrescaler

设置波特率分频因子,分频后的时钟即为 SPI 的 SCK 信号线的时钟频率。可设置为 f_{PCLK} 的 2、4、6、8、16、32、64、128、256 分频,见表6-10。

表6-10 SPI_BaudRatePrescaler 的取值

SPI_BaudRatePrescaler	描述
SPI_BaudRatePrescaler2	波特率预分频值为 2
SPI_BaudRatePrescaler4	波特率预分频值为 4
SPI_BaudRatePrescaler8	波特率预分频值为 8
SPI_BaudRatePrescaler16	波特率预分频值为 16
SPI_BaudRatePrescaler32	波特率预分频值为 32
SPI_BaudRatePrescaler64	波特率预分频值为 64
SPI_BaudRatePrescaler128	波特率预分频值为 128
SPI_BaudRatePrescaler256	波特率预分频值为 256

预分配值设为 32 分频的写法如下:

```
SPI_InitStruct.SPI_BaudRatePrescaler = SPI_BaudRatePrescaler_32;
```

8. SPI_FirstBit

设置数据传输从 MSB 开始还是 LSB 开始。MSB 先行:SPI_FirstBit_MSB;LSB 先行:SPI_FirstBit_LSB,见表6-11。

表6-11 SPI_FirstBit 的取值

SPI_FirstBit	描述
SPI_FisrtBit_MSB	数据传输从 MSB 位开始
SPI_FisrtBit_LSB	数据传输从 LSB 位开始

若选择的是高位先行,代码为:

```
SPI_InitStruct.SPI_FirstBit = SPI_FirstBit_MSB;
```

9. SPI_CRCPolynomial

这是 SPI 的 CRC 校验中的多项式,若使用 CRC 校验,就使用这个成员的参数(多项式)来计算 CRC 的值。

配置完这些结构体成员后,要调用 SPI_Init() 函数把这些参数写入寄存器中,实现 SPI 的初始化。

五、SPI 的库函数

1. 函数 VoidSPI_Init(SPI_TypeDef * SPIx,SPI_InitTypeDef * SPI_InitStruct)

函数功能：根据 SPI_InitStruct 中指定的参数初始化外设 SPIx 寄存器。

参数 1：SPIx，其中 x 可以是 1 或者 2 等，用来选择 SPI 外设。

参数 2：SPI_InitStruct，指向结构 SPI_InitTypeDef 的指针，包含外设 SPI 的配置信息。

2. 函数 void SPI_Cmd(SPI_TypeDef * SPIx, FunctionalState NewState)

函数功能：使能或失能指定的 SPI 外设。

参数 1：SPIx，其中 x 可以是 1 或者 2 等，用来选择 SPI 外设。

参数 2：NewState，外设 SPIx 的新状态，可以取 ENABLE 或者 DISABLE。

例如，使能 SPI1 外设：

```
SPI_Cmd(SPI1,ENABLE);
```

3. 函数 void SPI_I2S_ITConfig(SPI_TypeDef * SPIx, uint8_t SPI_I2S_IT, FunctionalState NewState)

函数功能：使能或失能指定的 SPI/I2S 中断。

参数 1：SPIx，其中 x 可以是 1 或者 2 等，用来选择 SPI 外设。

参数 2：SPI_I2S_IT 为待使能或者失能的 SPI_I2S 中断源。

参数 3：NewState，SPIx 中断的新状态，可以取 ENABLE 或者 DISABLE。

SPI_I2S_IT 常用的取值为 SPI_I2S_IT_TXE（发送缓存空）、SPI_I2S_IT_RXNE（接收缓存非空）、SPI_I2S_IT_ERR（错误）。

4. 函数 void SPI_I2S_SendData(SPI_TypeDef * SPIx, uint16_t Data)

函数功能：通过外设 SPIx 发送一个数据。

参数 1：SPIx，其中 x 可以是 1 或者 2 等，用来选择 SPI 外设。

参数 2：Data，待发送的数据。

例如，SPI_I2S_SendData(SPI1,0x55)；的意思就是通过 SPI1 发送了一个 0x55 的数据。

5. 函数 uint16_t SPI_I2S_ReceiveData(SPI_TypeDef * SPIx)

函数功能：返回通过外设 SPIx 最新接收的数据。

参数：SPIx，其中 x 可以是 1 或者 2 等，用来选择 SPI 外设。

例如，temp = SPI_I2S_ReceiveData(SPI1)；的意思就是把从 SPI1 接收的数据存入 temp 中。

6. 函数 FlagStatus SPI_I2S_GetFlagStatus(SPI_TypeDef * SPIx, uint16_t SPI_I2S_FLAG)

函数功能：检查指定的 SPI 标志位设置与否。

参数 1：SPIx，其中 x 可以是 1 或者 2 等，用来选择 SPI 外设。

参数 2：SPI_FLAG，待检查的 SPI 标志位，可取的值有 SPI_I2S_FLAG_TXE（发送缓存空标志位）、SPI_I2S_FLAG_RXNE（接收缓存非空标志位）。

例如，while(SPI_I2S_GetFlagStatus(SPI1,SPI_I2S_FLAG_TXE) = = RESET)；等待发送缓存为空；while(SPI_I2S_GetFlagStatus(SPI1,SPI_I2S_FLAG_RXNE) = = RESET)；等待接收缓存非空。

7. 函数 void SPI_I2S_ClearFlag(SPI_TypeDef * SPIx, uint16_t SPI_I2S_FLAG)

函数功能：清除 SPIx 的待处理标志位。

参数 1：SPIx，其中 x 可以是 1 或者 2 等，用来选择 SPI 外设。

参数 2:SPI_FLAG,待清除的 SPI 标志位。

8. 函数 ITStatus SPI_I2S_GetITStatus(SPI_TypeDef * SPIx, uint8_t SPI_I2S_IT)

函数功能:检查指定的 SPI 中断发生与否。

参数 1:SPIx,其中 x 可以是 1 或者 2 等,用来选择 SPI 外设。

参数 2:SPI_IT,待检查的 SPI 中断源。

任务实施

设置 SPI 的参数,初始化 SPI1

相关代码如下:

```
SPI_InitTypeDef SPI_InitStructure;                                  //定义结构体
SPI_InitStructure.SPI_Direction = SPI_Direction_2Lines_FullDuplex;
                                                                    //两线全双工
SPI_InitStructure.SPI_Mode = SPI_Mode_Master;                       //主模式
SPI_InitStructure.SPI_DatSize = SPI_DatSize_8b;                     //8 位数据
SPI_InitStructure.SPI_CPOL = SPI_CPOL_Low;                          //极性为 0,开始为低电平
SPI_InitStructure.SPI_CPHA = SPI_CPHA_1Edge;                        //CPHA 选择第一个沿
SPI_InitStructure.SPI_NSS = SPI_NSS_Soft;                           //NSS 的模式为软件模式
SPI_InitStructure.SPI_BaudRatePrescaler = SPI_BaudRatePrescaler_128;
                                                                    //128 分频
SPI_InitStructure.SPI_FirstBit = SPI_FirstBit_MSB;                  //高位先行
SPI_InitStructure.SPI_CRCPolynomial = 7;                            //校验位为 7
SPI_Init(SPI1,&SPI_InitStructure);                                  //初始化结构体
```

任务二 STM32 驱动 TFT-LCD 屏显示

任务描述

在前面的项目中,已经使用 GPIO 点亮了 LED 灯和数码管,但是数码管的动态显示不是很稳定,而且不能显示字符或汉字。本任务使用 STM32 驱动 1.44 英寸 TFT-LCD 屏显示电子时钟。

相关知识

一、TFT-LCD 屏

TFT-LCD(thin film transistor-liquid crystal display,薄膜晶体管液晶显示器)屏的每一个像素上都设置有一个薄膜晶体管(TFT),每个像素都可以通过点脉冲直接控制,因而每个节点都相对独立,并可以连续控制,不仅提高了显示屏的反应速度,同时可以精确控制显示色阶,所以 TFT 液晶的色彩更真。TFT-LCD 屏的特点是亮度好、对比度高、层次感强、颜色鲜艳。

TFT-LCD 模块采用 128×128 像素的分辨率,内置 ST7735S 控制器,可选配触摸屏,高画质,宽视角,支持 8080 8 bit 并行接口与 3 线、4 线串行接口,262K 真彩色,FPC 连接(可选配连接器),输入/

输出电压 1.65~3.7 V,支持横屏或竖屏显示。其实物图如图 6-5 所示。

图 6-5　TFT 屏实物图

串行接口为 3 线/9 位或 4 线/8 位双向接口,用于微控制器驱动 LCD。3 线串行接口使用 CSX(芯片启用)、SCL(串行时钟)和 SDA(串行数据输入/输出),4 线串行接口使用 CSX(芯片启用)、D/CX(数据/命令标志)、SCL(串行时钟)和 SDA(串行数据输入/输出)。串行时钟(SCL)接口仅用于使用 MCU,因此在不需要通信时可以停止。这里采用四线串行接口。表 6-12 所示为 TFT 屏的引脚功能。

表 6-12　TFT 屏的引脚功能

引脚顺序	引脚定义	功能说明
1	VCC	电源正
2	GND	电源地
3	GND	电源地
4	NC	空
5	NC	空
6	LED	背光
7	CLK	SPI 时钟输入
8	SDI(SDA)	SPI 数据输入
9	RS(D/CX)	数据/命令选择
10	RST	屏的复位
11	CS(CSX)	SPI 片选输入

二、串行接口传输写模式和读模式

1. 写模式

接口的写模式是微控制器将命令和数据写入 LCD 驱动器。图 6-6 所示为串行接口传输时序中的写模式。

在 4 线串行接口中,数据包仅包含传输字节,控制位 D/CX 由 D/CX 引脚传输。如果 D/CX 为"低",则传输字节为命令字节;如果 D/CX 为"高",则传输字节为数据。

任何指令都可以任何顺序发送给从机。当首先发送 MSB 时,串行接口在 CSX 为高时初始化。在这种状态下,SCL 时钟脉冲或 SDA 数据没有影响。当 CSX 的下降沿启用时,串行接口开始传输数据。

项目六 使用SPI总线驱动TFT屏显示

在 CSX 下降沿到来时,SCL 可以是高或低,但是会在 SCL 的上升沿对 SDA 进行采样。当 SCL 的第八个上升沿时对 D/CX 采样。如果 CSX 在命令/数据字节的最后一位之后保持低电平,则串行接口期望 D7 作为 SCL 的下一个上升沿。

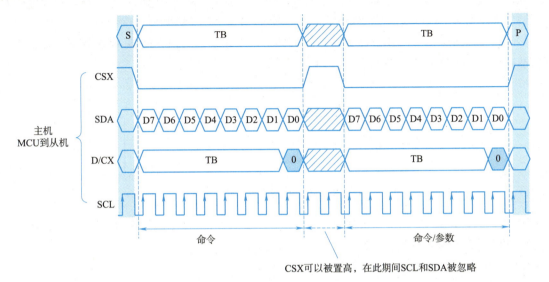

图 6-6　串行接口传输时序中的写模式

2. 读模式

接口的读模式是微控制器从驱动器读取寄存器的值。图 6-7 所示为四线串行读取(8 位)协议。为了实现读取功能,微控制器首先必须发送命令(读取 ID 或寄存器命令),然后在相反方向发送下一字节。之后,在发送新命令之前,要求 CSX 变高,如图 6-7 所示。驱动器在 SCL 上升沿采样 SDA(输入数据),但在 SCL 下降沿移位 SDA(输出数据)。因此,微控制器支持在 SCL 的上升沿读取。发送读取状态命令后,必须在最后一位的 SCL 下降沿之前将 SDA 线设置为三态。

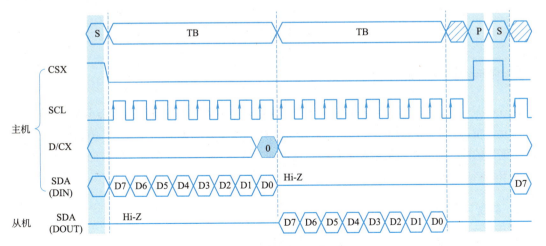

图 6-7　四线串行读取(8 位)协议

135

三、数据传输模式

有 3 种颜色模式用于将数据传输到 RAM，包括每像素 12 位颜色、每像素 16 位颜色和每像素 18 位颜色，描述了每个接口的数据格式。数据可以通过两种方法下载到帧存储器。

方法一：如图 6-8 所示，图像数据在连续的帧写入中被发送到帧存储器，每次帧存储器被填充时，帧存储器指针被重置到起始点并写入下一帧。

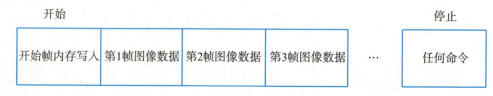

图 6-8　数据传输方法一

方法二：如图 6-9 所示，图像数据被发送，并且在每个帧存储器下载结束时，发送命令以停止帧存储器写入。然后发送开始存储器写入命令，并下载新帧。

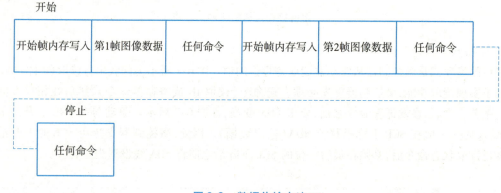

图 6-9　数据传输方法二

四、显示数据 RAM

配置（GM[1:0] = "00"），显示模块具有集成的 132×162×18 位图形型静态 RAM。384912 位存储器允许在芯片上存储分辨率为 18 bpp（262K 颜色）的 132×RGB（分辨率）×162 图像。当同时对帧存储器的同一位置进行面板读取和接口读取或写入时，显示器上不会出现可见的异常效果。显示数据 RAM 结构如图 6-10 所示。

五、典型电路接法

图 6-11 所示为微控制器与 TFT 屏的典型电路接法。

项目六 使用SPI总线驱动TFT屏显示

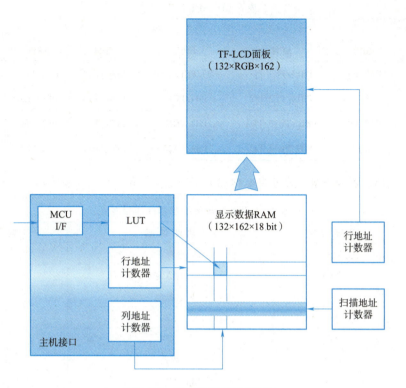

图 6-10 显示数据 RAM 结构

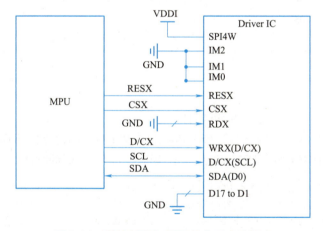

图 6-11 微控制器与 TFT 的典型电路接法

任务实施

SPI 总线驱动 TFT-LCD 屏显示电子钟

1. 硬件电路连接

STM32F407 的 SPI 对应引脚见表 6-13。这里选取 SPI1 的 PB3、PB4、PB5 和 PA15。

表 6-13　SPI 对应引脚

引脚	SPI					
	SPI1	SPI2	SPI3	SPI4	SPI5	SPI6
MOSI	PA7/PB5	PB15/PC3/PI3	PB5/PC12/PD6	PE6/PE14	PF9/PF11	PG14
MISO	PA6/PB4	PB14/PC2/PI2	PB4/PC11	PE5/PE13	PF8/PH7	PG12
SCK	PA5/PB3	PB10/PB13/PD3	PB3/PC10	PE2/PE12	PF7/PH6	PG13
NSS	PA4/PA15	PB9/PB12/PI0	PA4/PA15	PE4/PE11	PF6/PH5	PG8

TFT 屏与微控制器的连接方式见表 6-14。

表 6-14　TFT 屏与微控制器的连接方式

引脚顺序	引脚定义	功能说明	连接
1	VCC	电源正	3.3 V
2	GND	电源地	GND
3	GND	电源地	—
4	NC	空	—
5	NC	空	—
6	LED	背光	3.3 V
7	CLK	SPI 时钟输入	PB3
8	SDI	SPI 数据输入	PB5
9	RS	数据/命令选择	PA2
10	RST	屏的复位	PA3
11	CS	SPI 片选输入	PA15

2. 软件编程

SPI 的编程要点：

(1) 使能 SPI 引脚的 GPIO 时钟和 SPI 时钟

选择的 SPI 是 SPI1，4 个引脚分别是 PB3、PB4、PB5 和 PA15，因此要打开 GPIOA、GPIOB 的时钟和 SPI1 的时钟，而 SPI1 挂载在 APB2 时钟总线上，因此要打开 APB2 的时钟。

```
RCC_AHBPeriphClockCmd(RCC_AHBPeriph_GPIOA,ENABLE);        //GPIOA 时钟
RCC_AHBPeriphClockCmd(RCC_AHBPeriph_GPIOB,ENABLE);        //GPIOB 时钟
RCC_APB2PeriphClockCmd(RCC_APB2Periph_SPI1,ENABLE);       //使能 SPI 时钟
```

(2) 初始化 GPIO，并将 GPIO 复用到 SPI 上

GPIO 包括 SPI 复用端口和 CS 端口，其中 CS 端口不选择 NSS 的硬件配置，因此其配置与 LED 的 GPIO 配置相同；SPI 复用端口的配置类似于 USART 的复用端口配置。

① CS 端口 PA15 的配置：

```
GPIO_InitTypeDef GPIO_InitStructure;                      //定义结构体
GPIO_InitStructure.GPIO_Pin = GPIO_Pin_15;                //选择 GPIO_Pin_15
GPIO_InitStructure.GPIO_Speed = GPIO_Speed_2MHz;          //速度为 2 MHz
```

```c
GPIO_InitStructure.GPIO_Mode=GPIO_Mode_OUT;          //输出模式
GPIO_InitStructure.GPIO_OType=GPIO_OType_PP;         //推挽
GPIO_InitStructure.GPIO_PuPd=GPIO_PuPd_NOPULL;       //浮空模式
GPIO_Init(GPIOA,&GPIO_InitStructure);                //初始化结构体
```

②SPI 端口 PB3、PB4、PB5 的配置：

```c
GPIO_InitTypeDef GPIO_InitStructure;                 //定义结构体
GPIO_PinAFConfig(GPIOB,GPIO_PinSource3,GPIO_AF_SPI1);//将 PB3 复用为 SPI1
GPIO_PinAFConfig(GPIOB,GPIO_PinSource4,GPIO_AF_SPI1);//将 PB4 复用为 SPI1
GPIO_PinAFConfig(GPIOB,GPIO_PinSource5,GPIO_AF_SPI1);//将 PB5 复用为 SPI1
GPIO_InitStructure.GPIO_Pin=GPIO_Pin_3|GPIO_Pin_4|GPIO_Pin_5;
                                                     //选择 GPIO_Pin_3、4、5
GPIO_InitStructure.GPIO_Speed=GPIO_Speed_2MHz;       //速度为 2 MHz
GPIO_InitStructure.GPIO_Mode=GPIO_Mode_AF;           //复用模式
GPIO_InitStructure.GPIO_OType=GPIO_OType_PP;         //推挽
GPIO_InitStructure.GPIO_PuPd=GPIO_PuPd_DOWN;         //下拉模式
GPIO_Init(GPIOB,&GPIO_InitStructure);                //初始化结构体
```

③RS 和 RST 的配置：

```c
GPIO_InitTypeDef GPIO_InitStruct;
RCC_AHB1PeriphClockCmd(RCC_AHB1Periph_GPIOA,ENABLE);
GPIO_InitStruct.GPIO_Pin=GPIO_Pin_3|GPIO_Pin_2|GPIO_Pin_1;
GPIO_InitStruct.GPIO_Mode=GPIO_Mode_OUT;
GPIO_InitStruct.GPIO_Speed=GPIO_Speed_50MHz;
GPIO_InitStruct.GPIO_OType=GPIO_OType_PP;
GPIO_InitStruct.GPIO_PuPd=GPIO_PuPd_NOPULL;
GPIO_Init(GPIOA,&GPIO_InitStruct);
```

(3) 配置 SPI 外设的模式、地址、速率等参数

这个配置一定要结合外设的通信方式来设置，下面看一下 ST7735 的具体设置。

从图 6-6 和图 6-7 可以看出，ST7735 工作时 CS 需要全程低电平，SCL 的初始状态为低电平，所以 CPOL=0；而送入显示数据时 SCL 需要工作于上升沿，所以 CPHA 为 0，即使 SPI 工作于模式 0。

使用 ST7735 时，只需要先初始化 SPI 总线，将 CS 引脚置高电平，然后利用读/写 SPI 总线的方法送出 ST7735 命令即可。

```c
SPI_InitTypeDef SPI_InitStruct;                      //定义 SPI 的结构体
SPI_InitStruct.SPI_Direction=SPI_Direction_2Lines_FullDuplex;//配置两线全双工
SPI_InitStruct.SPI_Mode=SPI_Mode_Master;             //主从方式选择
SPI_InitStruct.SPI_DataSize=SPI_DataSize_8b;         //传输数据宽度
SPI_InitStruct.SPI_CPOL=SPI_CPOL_Low;                //CPOL 的极性为低电平
SPI_InitStruct.SPI_CPHA=SPI_CPHA_1Edge;              //CPHA 的第一个沿
SPI_InitStruct.SPI_NSS=SPI_NSS_Soft;                 //NSS 使用软件模式
SPI_InitStruct.SPI_BaudRatePrescaler=SPI_BaudRatePrescaler_128;
//分频为 128，原来的 APB2 时钟频率为 84 MHz，分频以后<10MHz，满足器件要求
SPI_InitStruct.SPI_FirstBit=SPI_FirstBit_MSB;        //高位先行
SPI_InitStruct.SPI_CRCPolynomial=7;                  //校验位为 7
SPI_Init(SPI1,&SPI_InitStruct);                      //初始化结构体
```

(4) 使能 SPI 外设

代码如下:

```
SPI_Cmd(SPI1,ENABLE);
```

(5) 编写 SPI 外设的读/写操作函数

初始化 SPI 接口后,就可以收发数据,从图 6-6 得知,只要主器件向从器件发送(写入)数据,同时会收到从器件的数据,所以关键在于 SPI 的发送(写)数据函数 SPI_I2S_SendData(SPI1,data)。

此函数将 uint8 类型的 data 参数送入 SPI 总线,为保证发送成功,需要检测 SPI 口的发送状态。完整的发送数据代码如下:

```
while(SPI_I2S_GetFlagStatus(SPI1,SPI_I2S_FLAG_TXE) = = RESET);
SPI_I2S_SendData(SPI1,data);
while(SPI_I2S_GetFlagStatus(SPI1,SPI_I2S_FLAG_RXNE) = = RESET);
temp = SPI_I2S_ReceiveData(SPI1);
```

即等待直至 SPI 口空闲发送数据。若接收端口空闲,则接收 SPI 端口的新数据。

考虑到器件收发时 CS 要工作于低电平状态,以上代码要配合 CS 的置位,方法是,收发前,CS 拉低,为确保状态,CS 拉低后可以延迟一个时间 t,t 的值可以参考器件参考手册,完成收发后,将 CS 拉高,方便下一次操作。这里还要通过 RS 选择发送命令还是数据,如下面 LCD_RS_SET 就是 RS 置高时发送指令。

```
uint16_t temp;
LCD_CS_CLR; LCD_RS_SET; delay(1);
while(SPI_I2S_GetFlagStatus(SPI1,SPI_I2S_FLAG_TXE) = = RESET);
SPI_I2S_SendData(SPI1,data);
while(SPI_I2S_GetFlagStatus(SPI1,SPI_I2S_FLAG_RXNE) = = RESET);
temp = SPI_I2S_ReceiveData(SPI1);
LCD_CS_SET; delay_us(160);
```

(6) 编写程序,完成驱动 SPI 外设

具体代码如下:

```
void LCD_Init(void)
{   spi_Init();                                 //SPI 初始化
    LCD_CS_SET;                                 //CS 置高
    LCD_GPIOInit();                             //LCDGPIO 初始化
    LCD_RESET();                                //LCD 复位
/* * * * * * * * * * * * * * * * ST7735S 初始化 * * * * * * * * * * * * * * * * */
    LCD_WR_REG(0x11);
    delay_ms(120);
    //ST7735RFrameRate
    LCD_WR_REG(0xB1);        LCD_WR_DATA(0x01);      LCD_WR_DATA(0x2C);
    LCD_WR_DATA(0x2D);       LCD_WR_REG(0xB2);       LCD_WR_DATA(0x01);
    LCD_WR_DATA(0x2C);       LCD_WR_DATA(0x2D);      LCD_WR_REG(0xB3);
    LCD_WR_DATA(0x01);       LCD_WR_DATA(0x2C);      LCD_WR_DATA(0x2D);
    LCD_WR_DATA(0x01);       LCD_WR_DATA(0x2C);      LCD_WR_DATA(0x2D);
    LCD_WR_REG(0xB4);        LCD_WR_DATA(0x07);
    //ST7735RPowerSequence
```

```
    LCD_WR_REG(0xC0);       LCD_WR_DATA(0xA2);      LCD_WR_DATA(0x02);
    LCD_WR_DATA(0x84);      LCD_WR_REG(0xC1);       LCD_WR_DATA(0xC5);
    LCD_WR_REG(0xC2);       LCD_WR_DATA(0x0A);      LCD_WR_DATA(0x00);
    LCD_WR_REG(0xC3);       LCD_WR_DATA(0x8A);      LCD_WR_DATA(0x2A);
    LCD_WR_REG(0xC4);       LCD_WR_DATA(0x8A);      LCD_WR_DATA(0xEE);
    LCD_WR_REG(0xC5);       LCD_WR_DATA(0x0E);      LCD_WR_REG(0x36);
    LCD_WR_DATA(0xC8);
    //ST7735RGammaSequence
    LCD_WR_REG(0xe0);       LCD_WR_DATA(0x0f);      LCD_WR_DATA(0x1a);
    LCD_WR_DATA(0x0f);      LCD_WR_DATA(0x18);      LCD_WR_DATA(0x2f);
    LCD_WR_DATA(0x28);      LCD_WR_DATA(0x20);      LCD_WR_DATA(0x22);
    LCD_WR_DATA(0x1f);      LCD_WR_DATA(0x1b);      LCD_WR_DATA(0x23);
    LCD_WR_DATA(0x37);      LCD_WR_DATA(0x00);      LCD_WR_DATA(0x07);
    LCD_WR_DATA(0x02);      LCD_WR_DATA(0x10);      LCD_WR_REG(0xe1);
    LCD_WR_DATA(0x0f);      LCD_WR_DATA(0x1b);      LCD_WR_DATA(0x0f);
    LCD_WR_DATA(0x17);      LCD_WR_DATA(0x33);      LCD_WR_DATA(0x2c);
    LCD_WR_DATA(0x29);      LCD_WR_DATA(0x2e);      LCD_WR_DATA(0x30);
    LCD_WR_DATA(0x30);      LCD_WR_DATA(0x39);      LCD_WR_DATA(0x3f);
    LCD_WR_DATA(0x00);      LCD_WR_DATA(0x07);      LCD_WR_DATA(0x03);
    LCD_WR_DATA(0x10);      LCD_WR_REG(0x2a);       LCD_WR_DATA(0x00);
    LCD_WR_DATA(0x00);      LCD_WR_DATA(0x00);      LCD_WR_DATA(0x7f);
    LCD_WR_REG(0x2b);       LCD_WR_DATA(0x00);      LCD_WR_DATA(0x00);
    LCD_WR_DATA(0x00);      LCD_WR_DATA(0x9f);      LCD_WR_REG(0xF0);
    LCD_WR_DATA(0x01);      LCD_WR_REG(0xF6);       LCD_WR_DATA(0x00);
    LCD_WR_REG(0x3A);       LCD_WR_DATA(0x05);      LCD_WR_REG(0x29);
    LCD_direction(USE_HORIZONTAL);           //设置LCD方向
    LCD_Clear(WHITE);                        //清全屏白色
}
```

代码示例：

```
/* main.c,主函数*/
#include "stm32f4xx.h"
#include "led.h"
#include "delay.h"
#include "key.h"
#include "seg.h"
#include "basic_TIM.h"
#include "EXTI.h"
#include "canlendar.h"
#include "usart.h"
#include "systick.h"
#include "lcd.h"
/********************************************/
//======液晶屏数据线接线======//
//      SDA 接 PB5        //液晶屏SPI总线数据写信号
//======液晶屏控制线接线========//
//      LED 接 3.3V       //液晶屏背光控制信号,如果不需要控制,接5V或3.3V
//      SCK 接 PB3        //液晶屏SPI总线时钟信号
```

> **学习笔记**
>
> SysTick——系统定时器（精准延时函数的由来）
>
> SysTick 编程实验（精准延时函数的由来）

```c
//          RS 接 PA2           //液晶屏数据/命令控制信号
//          RESET 接 PA3        //液晶屏复位控制信号
//          CS 接 PA15          //液晶屏片选控制信号
 * * * * * * * * * * * * * * * * * * * * * * * * * * * * * */char dis0[25];
//液晶显示暂存数组
char dis1[128];      //液晶显示暂存数组
#define F_SIZE 16
#define MyLCD_Show(m,n,p) LCD_ShowString(LCD_GetPos_X(F_SIZE,m),LCD_GetPos_Y(F_SIZE,n),p,F_SIZE,0)
char led = 0x01;
int key0;
int a = 0;
int min = 59,sec = 57,hour = 23,year = 2022,month = 9,day = 18,monthday;
int main( void)
{
TIM6_Init();                                    //定时器初始化
EXTI0_Init();                                   //外部中断 0 初始化
EXTI1_Init();                                   //外部中断 1 初始化
EXTI2_Init();                                   //外部中断 2 初始化
EXTI3_Init();                                   //外部中断 3 初始化
EXTI4_Init();                                   //外部中断 4 初始化
LCD_Init();                                     //液晶屏初始化
LCD_Clear( BLACK);                              //清全屏
BACK_COLOR = BLACK;                             //背景色为黑色
POINT_COLOR = LIGHTGRAY;                        //画笔颜色为亮灰
monthday = Monthday( year,month);
MyLCD_Show(0,1,"LCD init..  ");                 //显示
MyLCD_Show(0,3,"Please Waitting");              //显示
delay_ms(100);
LCD_Clear( BLACK);                              //清除液晶屏幕
POINT_COLOR = WHITE;                            //设置液晶前景色(画笔颜色)
BACK_COLOR = BLUE;                              //设置液晶背景色(画布颜色)
LCD_Fill(0,0,lcddev.width,20,BLUE);             //设置填充色
MyLCD_Show(4,0,"电子时钟");                      //显示汉字"电子时钟"
BACK_COLOR = BLACK;                             //设置液晶背景色(画布颜色)
POINT_COLOR = LIGHTGRAY;
MyLCD_Show(8,2,"年");                            //显示汉字"年"
while(1){
    POINT_COLOR = LIGHTGRAY;
    sprintf((char* )dis0,"% d",year);           //打印年,把 year 存储到 dis0 数组中
    MyLCD_Show(4,2,dis0);                       //在第四列,第 2 行显示 year
    sprintf((char* )dis0,"% 02d-% 02d",month,day);
                                                //打印月,日,把 month,day 存储到 dis0 数组中
    MyLCD_Show(4,4,dis0);                       //在第四列,第 4 行显示月,日
    sprintf((char* )dis0,"% 02d:% 02d:% 02d",hour,min,sec);
                                                //打印时分秒,把 hour,min,sec 存储到 dis0 数组中
    MyLCD_Show(4,6,dis0);                       //在第四列,第 6 行显示时分秒
}
```

```c
}
/* * * * * my_lcd_spi.c 文件 * * * * * * * /
#include "my_lcd_spi.h"
#include "spi.h"
_lcd_dev lcddev;                                        //管理LCD重要参数,默认为竖屏
Color16 FRONT_COLOR,BACK_COLOR;                         //画笔颜色,背景颜色
u16 DeviceCode;
void  SPIv_WriteData(u8 Data)
{
    u8 i=0;
    for(i=8;i>0;i--)
    {
        if(Data&0x80)
        {
            LCD_MOSI = 1;                               //输出数据
        }
        else
        {
            LCD_MOSI = 0;
        }
        LCD_CLK = 0;
        LCD_CLK = 1;
        Data < <=1;
    }
}
void LCD_WR_REG(u8 data)                                //向LCD屏幕写入8位命令
{
    LCD_CS1 = 0;
    LCD_DC = 0;
    SPIv_WriteData(data);
    LCD_CS1 = 1;
}
void LCD_WR_DATA(u8 data)                               //将8位数据写入LCD屏幕
{
    LCD_CS1 = 0;
    LCD_DC = 1;
    SPIv_WriteData(data);
    LCD_CS1 = 1;
}
void LCD_WriteReg(u8 LCD_Reg, u16 LCD_RegValue)         //将数据写入寄存器
{
    LCD_WR_REG(LCD_Reg);
    LCD_WR_DATA(LCD_RegValue);
}
void LCD_WriteRAM_Prepare(void)                         //写入GRAM
{
    LCD_WR_REG(lcddev.wramcmd);
}
void LCD_WriteData_16Bit(u16 Data)                      //将16位命令写入LCD屏幕
```

```c
{
    LCD_CS1 = 0;
    LCD_DC = 1;
    SPIv_WriteData(Data>>8);
    SPIv_WriteData(Data);
    LCD_CS1 = 1;
}
void LCD_DrawPoint(u16 x,u16 y)                //在指定位置写入像素数据
{
    LCD_SetCursor(x,y);                        //设置光标位置
    LCD_WriteData_16Bit(FRONT_COLOR);
}
void LCD_Clear(Color16 color)                  //全屏填充液晶屏
{
    u16 i,m;
    LCD_SetWindows(0,0,lcddev.width-1,lcddev.height-1);
    for(i=0;i<lcddev.height;i++)
    {
        for(m=0;m<lcddev.width;m++)
        {
            LCD_WriteData_16Bit(color);
        }
    }
}
void LCD_GPIOInit(void)                        //初始化液晶屏 GPIO
{
    u8 i;
    for(i=0;i<sizeof(Pins_LCD_ILI9341)/sizeof(MyPinDef);i++)
    {
        #if !defined (USE_HAL_DRIVER)
            GPIO_Pin_Init(Pins_LCD_ILI9341[i],GPIO_Mode_Out_PP);
        #else
            GPIO_Pin_Init(Pins_LCD_ILI9341[i],GPIO_MODE_OUTPUT_PP,GPIO_PULLUP);
        #endif
    }
}
void LCD_GPIOInit(void)                        //初始化 LCD 的 GPIO
{
    GPIO_InitTypeDef GPIO_InitStruct;
    RCC_AHB1PeriphClockCmd(RCC_AHB1Periph_GPIOA, ENABLE);
    GPIO_InitStruct.GPIO_Pin = GPIO_Pin_3 |GPIO_Pin_2 |GPIO_Pin_1;
    GPIO_InitStruct.GPIO_Mode = GPIO_Mode_OUT;
    GPIO_InitStruct.GPIO_Speed = GPIO_Speed_50MHz;
    GPIO_InitStruct.GPIO_OType = GPIO_OType_PP;
    GPIO_InitStruct.GPIO_PuPd = GPIO_PuPd_NOPULL;
    GPIO_Init(GPIOA, &GPIO_InitStruct);
}
void LCD_RESET(void)                           //重置液晶屏
```

```c
{
    LCD_RST_CLR;
    delay_ms(100);
    LCD_RST_SET;
    delay_ms(50);
}
void LCD_SetCursor(u16 Xpos, u16 Ypos)                    //设置坐标值
{
    LCD_SetWindows(Xpos,Ypos,Xpos,Ypos);
}
void LCD_SetWindows(u16 xStar, u16 yStar,u16 xEnd,u16 yEnd) //设置 LCD 显示窗口
{
    // xStar: LCD 显示窗口的 bebinning x 坐标
    //yStar: 液晶显示窗口的 y 坐标
    //xEnd: LCD 显示窗口的结束 x 坐标
    //yEnd: LCD 显示窗口的结束 y 坐标
    LCD_WR_REG( lcddev.setxcmd);
    LCD_WR_DATA(xStar >>8);
    LCD_WR_DATA(xStar + lcddev.xoffset);
    //** All notes can be deleted and modified**//
    LCD_WR_REG( lcddev.setycmd);
    LCD_WR_DATA(yStar >>8);
    LCD_WR_DATA(yStar + lcddev.yoffset);
    LCD_WR_DATA(yEnd >>8);
    LCD_WR_DATA(yEnd + lcddev.yoffset);
    LCD_WriteRAM_Prepare();                               //开始写入 GRAM
}
void LCD_direction(u8 direction)                          //设置液晶屏的显示方向
{   //0-0 degree,1-90 degree,2-180 degree,3-270 degree
    lcddev.setxcmd=0x2A;
    lcddev.setycmd=0x2B;
    lcddev.wramcmd=0x2C;
    switch(direction){
        case 0:
            lcddev.width=LCD_W;
            lcddev.height=LCD_H;
            #ifdef LCD_1_4 //采用 1.44 英寸屏
            lcddev.xoffset=2;
                lcddev.yoffset=3;
            #endif
                    LCD_WriteReg(0x36,(1<<3)|(1<<6)|(1<<7));
            //BGR==1,MY==0,MX==0,MV==0
            break;
        case 1:
            lcddev.width=LCD_H;
            lcddev.height=LCD_W;
            #ifdef LCD_1_4 //采用 1.44 英寸屏
            lcddev.xoffset=3;
            lcddev.yoffset=2;
```

```
            LCD_WriteReg(0x36,(1<<3)|(1<<7)|(1<<5));
            //BGR==1,MY==1,MX==0,MV==1
            #endif
            LCD_WriteReg(0x36,(1<<3)|(0<<7)|(1<<5));
            //BGR==1,MY==1,MX==0,MV==1
            break;
        case 2:
            lcddev.width = LCD_W;
            lcddev.height = LCD_H;
            #ifdef LCD_1_4                  //采用1.44英寸屏
            lcddev.xoffset=2;
            lcddev.yoffset=1;
            #endif
            LCD_WriteReg(0x36,(1<<3)|(0<<6)|(0<<7));
            //BGR==1,MY==0,MX==0,MV==0
            break;
        case 3:
            lcddev.width = LCD_H;
            lcddev.height = LCD_W;
            #ifdef LCD_1_4                  //采用1.44英寸屏
            lcddev.xoffset=1;
            lcddev.yoffset=2;
            #endif
            LCD_WriteReg(0x36,(1<<3)|(0<<7)|(1<<6)|(1<<5));
            //BGR==1,MY==1,MX==0,MV==1
            break;
        default:break;
    }
}

void LCD_Init(void)                    //初始化液晶屏
{
    LCD_GPIOInit();
    spi_Init();
    LCD_DCET();                         //LCD复位
    #ifdef LCD_1_4                      //采用1.44英寸屏
    //* * * * * * * * * * * * ST7735S初始化* * * * * * * * * * //
    LCD_WR_REG(0x11);                   //Sleep exit
    delay_ms(120);
    //ST7735R Frame Rate
    LCD_WR_REG(0xB1);
    LCD_WR_DATA(0x01);
    LCD_WR_DATA(0x2C);
    LCD_WR_DATA(0x2D);
    LCD_WR_REG(0xB2);
    LCD_WR_DATA(0x01);
    LCD_WR_DATA(0x2C);
    LCD_WR_DATA(0x2D);
    LCD_WR_REG(0xB3);
```

```
LCD_WR_DATA(0x01);
LCD_WR_DATA(0x2C);
LCD_WR_DATA(0x2D);
LCD_WR_DATA(0x01);
LCD_WR_DATA(0x2C);
LCD_WR_DATA(0x2D);
LCD_WR_REG(0xB4);                   //Column inversion
LCD_WR_DATA(0x07);
//ST7735R Power Sequence
LCD_WR_REG(0xC0);
LCD_WR_DATA(0xA2);
LCD_WR_DATA(0x02);
LCD_WR_DATA(0x84);
LCD_WR_REG(0xC1);
LCD_WR_DATA(0xC5);
LCD_WR_REG(0xC2);
LCD_WR_DATA(0x0A);
LCD_WR_DATA(0x00);
LCD_WR_REG(0xC3);
LCD_WR_DATA(0x8A);
LCD_WR_DATA(0x2A);
LCD_WR_REG(0xC4);
LCD_WR_DATA(0x8A);
LCD_WR_DATA(0xEE);
LCD_WR_REG(0xC5);                   //VCOM
LCD_WR_DATA(0x0E);
LCD_WR_REG(0x36);                   //MX, MY, RGB mode
LCD_WR_DATA(0xC8);
//ST7735R Gamma Sequence
LCD_WR_REG(0xe0);
LCD_WR_DATA(0x0f);
LCD_WR_DATA(0x1a);
LCD_WR_DATA(0x0f);
LCD_WR_DATA(0x18);
LCD_WR_DATA(0x2f);
LCD_WR_DATA(0x28);
LCD_WR_DATA(0x20);
LCD_WR_DATA(0x22);
LCD_WR_DATA(0x1f);
LCD_WR_DATA(0x1b);
LCD_WR_DATA(0x23);
LCD_WR_DATA(0x37);
LCD_WR_DATA(0x00);
LCD_WR_DATA(0x07);
LCD_WR_DATA(0x02);
LCD_WR_DATA(0x10);
LCD_WR_REG(0xe1);
LCD_WR_DATA(0x0f);
LCD_WR_DATA(0x1b);
```

```c
        LCD_WR_DATA(0x0f);
        LCD_WR_DATA(0x17);
        LCD_WR_DATA(0x33);
        LCD_WR_DATA(0x2c);
        LCD_WR_DATA(0x29);
        //* * All notes can be deleted and modified* * //
        LCD_WR_DATA(0x00);
        LCD_WR_DATA(0x00);
        LCD_WR_DATA(0x00);
        LCD_WR_DATA(0x7f);
        LCD_WR_REG(0x2b);
        LCD_WR_DATA(0x00);
        LCD_WR_DATA(0x00);
        LCD_WR_DATA(0x00);
        LCD_WR_DATA(0x9f);
        LCD_WR_REG(0xF0);                          //Enable test command
        LCD_WR_DATA(0x01);
        LCD_WR_REG(0xF6);                          //Disable ram power save mode
        LCD_WR_DATA(0x00);
        LCD_WR_REG(0x3A);                          //65k mode
        LCD_WR_DATA(0x05);
        #endif
        LCD_WR_REG(0x29);                          //display on
        LCD_direction(USE_HORIZONTAL);             //设置 LCD 显示方向
        LCD_LED = 1;                               //点亮背光
        //LCD_Clear(WHITE);                        //清全屏白色
}
/* my_lcd_spi.h */
//TFTLCD 部分外要调用的函数
extern Color16 FRONT_COLOR;                        //默认红色
extern Color16 BACK_COLOR;                         //背景颜色. 默认为白色
extern _lcd_dev lcddev;                            //管理 LCD 重要参数
void LCD_Init(void);
void LCD_DisplayOn(void);
void LCD_DisplayOff(void);
void LCD_Clear(Color16 color);
void LCD_SetCursor(u16 Xpos, u16 Ypos);
void LCD_DrawPoint(u16 x,u16 y);                   //画点
void LCD_SetWindows(u16 xStar, u16 yStar,u16 xEnd,u16 yEnd);
void LCD_direction(u8 direction );
void SPIv_WriteData(u8 Data);
void LCD_WriteData_16Bit(u16 Data);
#endif
```

下载验证,编译没有错误,没有警告,成功,然后下载到目标板。下载后的显示结果如图 6-12 所示。

任务拓展:请使用 PA4、PA5、PA6、PA7 作为 SPI 的 CS、SCK、MISO、MOSI 完成 TFT 屏的驱动,在 LCD 屏上显示数字 12345678。

图 6-12　TFT-LCD 显示时钟

项目总结

通过了解 SPI 协议以及通过 SPI 如何进行通信,学习了 STM32 的 SPI 外设,包括 SPI 的框图及其通信引脚,掌握了 SPI 结构体的初始化和库函数,并总结了 SPI 的编程要点。最后通过 STM32 完成了驱动 TFT 屏显示字符的任务。

扩展阅读　　工匠精神

工匠精神是我国优秀传统文化的重要内容和宝贵财富。《考工记解》中"周人尚文采,古虽有车,至周而愈精,故一器而工聚焉"反映的正是我国古代的能工巧匠们不断追求技艺精进的精神品格。

国之重器,始于匠心,惟匠心以致远。随着中国制造业的全面崛起,肇端于手工业实践的工匠活动,在现代社会文明进程中彰显出跨越时空的深厚意蕴,在长期实践中培育形成了精益求精的工匠精神。奋斗新征程,全社会应大力弘扬工匠精神,与"劳动光荣、创造伟大"的时代乐章同频共振,奏响"匠心逐梦、技能报国"时代强音。

梁攀是重庆铁路运输技师学院的一名教师。2019 年 8 月,在俄罗斯喀山举行的 45 届世界技能大赛上,22 岁的梁攀凭借着精湛的技术和出色的发挥,身披五星红旗站在第 45 届世界技能大赛冠军领奖台上,捧回中国电子技术项目首枚金牌,实现了中国队在该项目上奖牌零的突破。

梁攀的成功归功于精益求精的匠心精神,无数次的反复验证,将细节做到极致。

曾经的梁攀是一个中考失利、前途渺茫的少年。落榜后,他开始闯荡社会,端过盘子、发过传单,也曾在建筑工地搬砖、搅拌水泥。

艰辛的生活让他意识到，改变命运需要技能傍身。吃尽了生活的苦，重回校园的梁攀倍加珍惜学习机会。天道酬勤，命运从来都不辜负任何人的努力，梁攀最终以第一名的成绩获得了有着"世界技能奥林匹克"之称的世赛"入场券"。

从门外汉，到行家里手；从中考失利，到世界冠军。梁攀从逆境中挣扎启程，在顺境中保持清醒，用矢志不渝的奋斗书写崭新人生，梦想从没有起跑线，只有愿不愿意起跑的决心。

技能改变人生、技能改变命运、技能改变生活。在中国特色社会主义进入新时代的伟大征程中，我们需要继续发扬工匠精神，用奋斗定义人生价值，在奔跑中抵达新的远方。

什么是工匠精神？有人会说：对于个人，工匠精神是干一行、爱一行、专一行、精一行，务实肯干、坚持不懈、精雕细琢的敬业精神；对于企业，是守专长、制精品、创技术、建标准，持之以恒、精益求精、开拓创新的企业文化；对于社会，是讲合作、守契约、重诚信，分工合作、协作共赢、完美向上的社会风气。工匠精神就是精益求精，追求卓越。

项目七 利用定时器输出PWM波形

项目描述

本项目将介绍PWM(pulse width modulation,脉冲宽度调制)的原理,熟悉STM32定时器的结构,理解STM32的定时器生成PWM的原理,学会使用定时器的结构体及库函数,利用定时器生成PWM波形。

项目内容

- 任务一 配置定时器生成PWM的参数。
- 任务二 通过定时器生成PWM波形。

学习目标

- 熟悉PWM的功能。
- 理解定时器生成PWM的原理。
- 掌握STM32定时器的结构。
- 学会使用定时器的结构体和库函数。
- 能够使用定时器生成PWM波形。

什么是PWM

任务一 配置定时器生成PWM的参数

任务描述

PWM模块在很多嵌入式系统中都有。通过本任务能够理解STM32F407的定时器如何生成PWM。要利用定时器生成PWM,就需要熟悉通用定时器的结构。在学习基本定时器时已经学习了相关的结构体与库函数,如TIM_TimeBaseInitTypeDef结构体、TIM_TimeBaseInit库函数等,这些结构体和库函数同样对通用定时器适用。这里还要学习一些基本定时器中没有涉及的结构体及库函数。

相关知识

一、PWM简介

我们经常使用的数字信号在0和1之间跳变,会形成方波,当对这些方波进行调制时,就可以产生一些周期信号。方波时间间隔的不同会形成不同的频率,方波可以调整的参数包括频率,以及在一个时钟周期里高电平和低电平的时间长短。如图 7-1 所示,频率可以通过周期来调整,而高电平和低电平可以通过 TON(高电平持续时间)和 TOFF(低电平持续时间)来调整。这就是决定 PWM 的两个重要参数——频率和占空比。

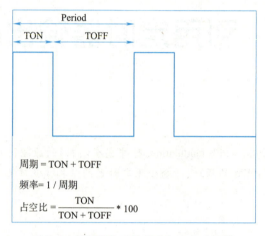

图 7-1　PWM 波形的频率与占空比调整

占空比就是高电平时间与周期时间的比值,即高电平的方波占整个波形的比例,而脉冲宽度就是高电平的方波持续的时间。

图 7-2 所示为相同频率,占空比分别为 10%、30%、50%、90% 的方波。从图中可以看出 PWM 不仅可以改变频率,还可以改变占空比。

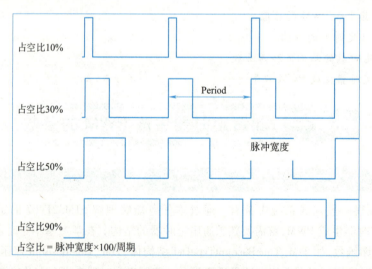

图 7-2　相同频率不同占空比的 PWM 波形

二、PWM 的应用

PWM 的应用非常广泛。调整一个周期内高电平时间的长短,就会使整个信号的平均电压值发生连续的调整和变化,这时的 PWM 可以通过时间的特性,也就是周期频率和占空比实现时序上的控制，也可以通过幅度上的调整来实现模拟电压的控制。图 7-3 所示为通过一个滤波电路加一个电压跟随器实现数模转换，得到想要的电压值。

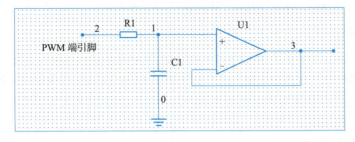

图 7-3　使用 PWM 进行数模转换

还有一类很重要的应用，在做智能车的过程中，会使用直流伺服电动机控制智能车，可以通过一对反向的 PWM 信号来控制电动机的正转和反转，如图 7-4 所示。

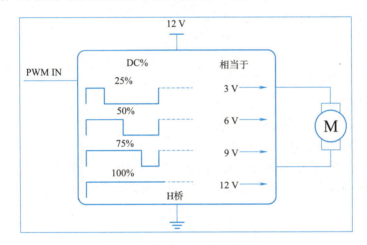

图 7-4　使用 PWM 控制电动机

还可以通过如图 7-5 所示的一个简单的晶体管驱动电路，来驱动扬声器发声，产生不同频率的声音得到电子音乐，也可以如图 7-6 所示通过一个电阻及一个晶体管的驱动门来控制一盏灯，让灯的亮度可以连续可调。

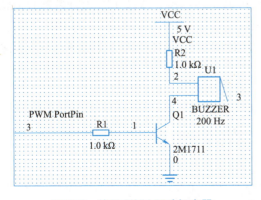

图 7-5　使用 PWM 驱动扬声器

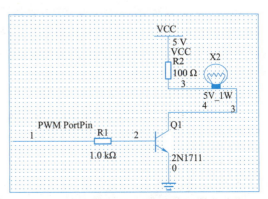

图 7-6　使用 PWM 调节灯的亮度

三、通用定时器的特性

通用定时器包括 TIM2～TIM5、TIM9～TIM14。

1. 通用定时器（TIM2～TIM5）

通用定时器包含一个 16 位或 32 位自动重载计数器，该计数器由可编程预分频器驱动。

它们可用于多种用途，包括测量输入信号的脉冲宽度（输入捕获）或生成输出波形（输出比较和 PWM）。使用定时器预分频器和 RCC 时钟控制器预分频器，可将脉冲宽度和波形周期从几微秒调制到几毫秒。这些定时器彼此完全独立，不共享任何资源。

TIM2～TIM5 的主要特性：

① 16 位（TIM3 和 TIM4）或 32 位（TIM2 和 TIM5）递增、递减和递增/递减自动重载计数器。

② 16 位可编程预分频器，用于对计数器时钟频率进行分频（即运行时修改），分频系数介于 1～65 536 之间。

定时器的结构

③ 多达 4 个独立通道，可用于：
- 输入捕获。
- 输出比较。
- PWM 生成（边沿和中心对齐模式）。
- 单脉冲模式输出。

④ 使用外部信号控制定时器且可实现多个定时器互连的同步电路。

⑤ 发生如下事件时生成中断/DMA 请求：
- 更新：计数器上溢/下溢、计数器初始化（通过软件或内部/外部触发）。
- 触发事件（计数器启动、停止、初始化或通过内部/外部触发计数）。
- 输入捕获。
- 输出比较。

⑥ 支持定位用增量（正交）编码器和霍尔传感器电路。

⑦ 外部时钟触发输入或逐周期电流管理。

通用定时器 TIM2～TIM5 的功能如图 7-7 所示。

2. TIM9～TIM14 主要特性

16 位自动重载递增计数器（属于中等容量器件），16 位可编程预分频器，用于对计数器时钟频率进行分频（即运行时修改），分频系数介于 1～65 536 之间，多达 2 个独立通道，可用于输入捕获、输出比较、PWM 生成（边沿对齐模式）、单脉冲模式输出，能够使用外部信号控制定时器且可实现多个定时器互连的同步电路。

发生如下事件时生成中断：

① 更新：计数器上溢、计数器初始化（通过软件或内部触发）。

② 触发事件（计数器启动、停止、初始化或者由内部触发计数）。

③ 输入捕获。

④ 输出比较。

图 7-8 所示为通用定时器的框图。

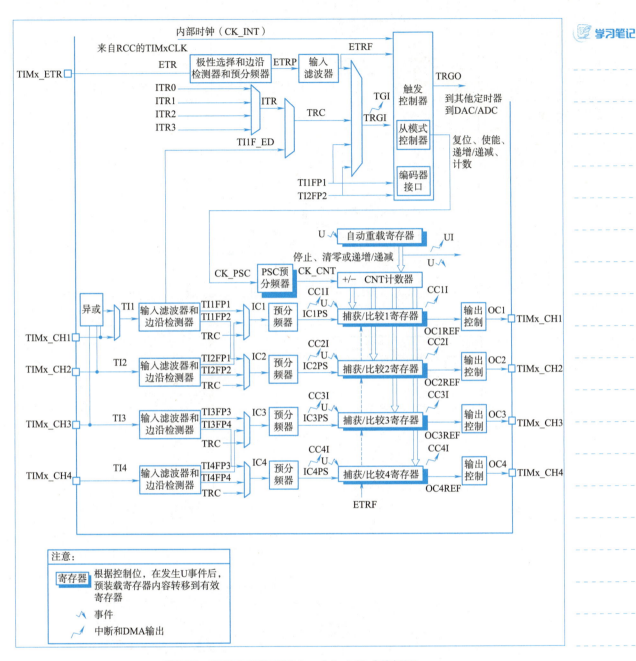

图 7-7 通用定时器 TIMx（x=2、3、4、5）功能框图

四、通用定时器的功能

1. 时基单元

可编程定时器的主要模块由一个 16 位/32 位计数器及其相关的自动重装寄存器组成。此计数器可采用递增方式计数。计数器的时钟可通过预分频器进行分频。

计数器、自动重载寄存器和预分频器寄存器可通过软件进行读/写。即使在计数器运行时也可执行读/写操作。

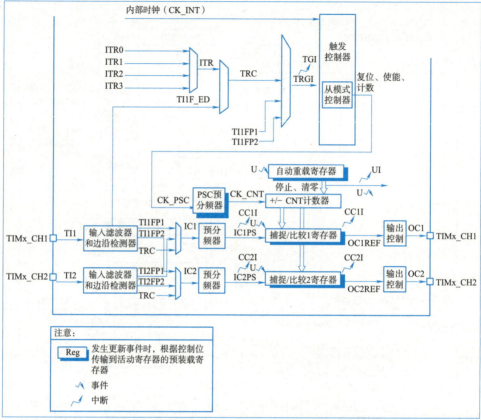

(a) 通用定时器TIMx (x = 9、12)框图

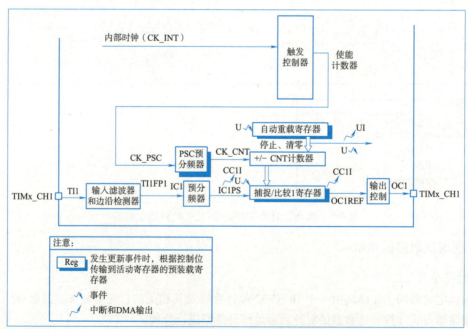

(b) 通用定时器TIMx (x = 10、11、13、14)框图

图 7-8 通用定时器的框图

项目七 利用定时器输出PWM波形

时基单元包括：
① 计数器寄存器（TIMx_CNT）。
② 预分频器寄存器（TIMx_PSC）。
③ 自动重载寄存器（TIMx_ARR）。

自动重载寄存器是预装载的。对自动重载寄存器执行写入或读取操作时会访问预装载寄存器。预装载寄存器的内容既可以直接传送到影子寄存器，也可以在每次发生更新事件（UEV）时传送到影子寄存器，这取决于TIMx_CR1寄存器中的自动重载预装载使能位（ARPE）。当计数器达到上溢值（或者在递减计数时达到下溢值）并且TIMx_CR1寄存器中的UDIS位为0时，将发送更新事件。该更新事件也可由软件产生。

计数器由预分频器输出CK_CNT提供时钟，仅当TIMx_CR1寄存器中的计数器启动位（CEN）置1时，才会启动计数器。注意，真正的计数器使能信号CNT_EN在CEN置1的一个时钟周期后被置1。

预分频器可对计数器时钟频率进行分频，分频系数介于1~65 536之间。该预分频器基于16位/32位寄存器（TIMx_PSC寄存器）所控制的16位计数器。由于该控制寄存器具有缓冲功能，因此预分频器可实现实时更改。而新的预分频比将在下一更新事件发生时被采用。

2. 计数器模式

（1）递增计数模式

在递增计数模式下，计数器从0计数到自动重载值（TIMx_ARR寄存器的内容），然后重新从0开始计数并生成计数器上溢事件。

每次发生计数器上溢时会生成更新事件，或将TIMx_EGR寄存器中的UG位置1（通过软件或使用从模式控制器）也可以生成更新事件。

通过软件将TIMx_CR1寄存器中的UDIS位置1可禁止UEV事件。这可避免向预装载寄存器写入新值时更新影子寄存器。在UDIS位写入0之前不会产生任何更新事件。不过，计数器和预分频器计数器都会重新从0开始计数（而预分频比保持不变）。此外，如果TIMx_CR1寄存器中的URS位（更新请求选择）已置1，则将UG位置1会生成更新事件UEV，但不会将UIF标志置1（因此，不会发送任何中断或DMA请求）。这样一来，如果在发生捕获事件时将计数器清零，将不会同时产生更新中断和捕获中断。

发生更新事件时，将更新所有寄存器且将更新标志（TIMx_SR寄存器中的UIF位）置1（取决于URS位）：
① 预分频器的缓冲区中将重新装载预装载值（TIMx_PSC寄存器的内容）。
② 自动重载影子寄存器将以预装载值进行更新。

（2）递减计数模式

在递减计数模式下，计数器从自动重载值（TIMx_ARR寄存器的内容）开始递减计数到0，然后重新从自动重载值开始计数并生成计数器下溢事件。

每次发生计数器下溢时会生成更新事件，或将TIMx_EGR寄存器中的UG位置1（通过软件或使用从模式控制器）也可以生成更新事件。

通过软件将TIMx_CR1寄存器中的UDIS位置1可禁止UEV更新事件。这可避免向预装载寄存器写入新值时更新影子寄存器。在UDIS位写入0之前不会产生任何更新事件。不过，计数器会重新从当前自动重载值开始计数，而预分频器计数器则重新从0开始计数（但预分频比保持不变）。

定时器生成PWM原理

此外，如果 TIMx_CR1 寄存器中的 URS 位(更新请求选择)已置 1，则将 UG 位置 1 会生成更新事件 UEV，但不会将 UIF 标志置 1(因此，不会发送任何中断或 DMA 请求)。这样一来，如果在发生捕获事件时将计数器清零，将不会同时产生更新中断和捕获中断。

发生更新事件时，将更新所有寄存器且将更新标志(TIMx_SR 寄存器中的 UIF 位)置 1(取决于 URS 位)：

①预分频器的缓冲区中将重新装载预装载值(TIMx_PSC 寄存器的内容)。

②自动重载影子寄存器将以预装载值(TIMx_ARR 寄存器的内容)进行更新。注意，自动重载寄存器会在计数器重载之前得到更新，因此，下一个计数周期就是所希望的新的周期长度。

(3)中心对齐模式(递增/递减计数)

在中心对齐模式下，计数器从 0 开始计数到自动重载值(TIMx_ARR 寄存器的内容)减 1，生成计数器上溢事件；然后从自动重载值开始向下计数到 1 并生成计数器下溢事件，之后从 0 开始重新计数。

当 TIMx_CR1 寄存器中的 CMS 位不为 00 时，中心对齐模式有效。将通道配置为输出模式时，其输出比较中断标志将在以下模式下置 1，即计数器递减计数(中心对齐模式 1,CMS = "01")、计数器递增计数(中心对齐模式 2,CMS = "10")，以及计数器递增/递减计数(中心对齐模式 3,CMS = "11")。

此模式下无法写入方向位(TIMx_CR1 寄存器中的 DIR 位)，而是由硬件更新并指示当前计数器方向。

每次发生计数器上溢和下溢时都会生成更新事件，或将 TIMx_EGR 寄存器中的 UG 位置 1(通过软件或使用从模式控制器)也可以生成更新事件。这种情况下，计数器及预分频器计数器将重新从 0 开始计数。

通过软件将 TIMx_CR1 寄存器中的 UDIS 位置 1 可禁止 UEV 更新事件。这可避免向预装载寄存器写入新值时更新影子寄存器。在 UDIS 位写入 0 之前不会产生任何更新事件，不过，计数器仍会根据当前自动重载值进行递增和递减计数。

此外，如果 TIMx_CR1 寄存器中的 URS 位(更新请求选择)已置 1，则将 UG 位置 1 会生成更新事件 UEV，但不会将 UIF 标志置 1(因此，不会发送任何中断或 DMA 请求)。这样一来，如果在发生捕获事件时将计数器清零，将不会同时产生更新中断和捕获中断。

发生更新事件时，将更新所有寄存器且将更新标志(TIMx_SR 寄存器中的 UIF 位)置 1(取决于 URS 位)：

①预分频器的缓冲区中将重新装载预装载值(TIMx_PSC 寄存器的内容)。

②自动重载影子寄存器将以预装载值(TIMx_ARR 寄存器的内容)进行更新。注意，如果更新操作是由计数器上溢触发的，则自动重载寄存器在重载计数器之前更新，因此，下一个计数周期就是我们所希望的新的周期长度(计数器被重载新的值)。

3. 选择时钟

TIM2～TIM5 的计数器时钟可由下列时钟源提供：

①内部时钟(CK_INT)。

②外部时钟模式 1：外部输入引脚(TIx)。

③外部时钟模式 2：外部触发输入(ETR)，仅适用于 TIM2、TIM3 和 TIM4。

④内部触发输入(ITRx)：使用一个定时器作为另一个定时器的预分频器，例如可以将定时器配置为定时器 2 的预分频器。

TIM9~TIM14 的计数器时钟可由下列时钟源提供：

①内部时钟（CK_INT）。

②外部时钟模式 1（针对 TIM9 和 TIM12）：外部输入引脚（TIx）。

③内部触发输入（ITRx）（针对 TIM9 和 TIM12）：连接来自其他计数器的触发输出。

4. 捕获/比较通道

每个捕获/比较通道均围绕一个捕获/比较寄存器（包括一个影子寄存器）、一个捕获输入级（数字滤波、多路复用和预分频器）和一个输出级（比较器和输出控制）构建而成。

图 7-9 概括介绍了一个捕获/比较通道。输入级对相应的 TIx 输入进行采样，生成一个滤波后的信号 TIxF。然后，带有极性选择功能的边沿检测器生成一个信号（TIxFPx），该信号可用作从模式控制器的触发输入，也可用作捕获命令。该信号先进行预分频（ICxPS），而后再进入捕获寄存器。

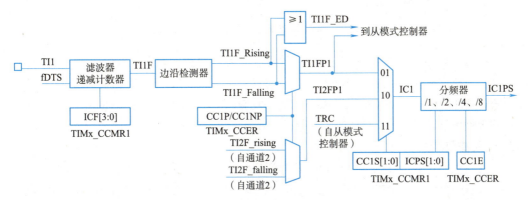

图 7-9 捕获/比较通道（通道 1 输入阶段）

输出级生成一个中间波形作为基准：OCxRef（高电平有效）。链的末端决定最终输出信号的极性，如图 7-10、图 7-11 所示。

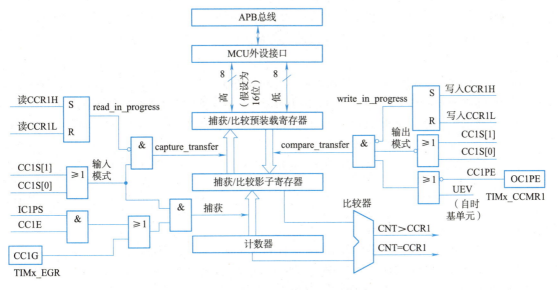

图 7-10 捕获/比较通道 1 主电路

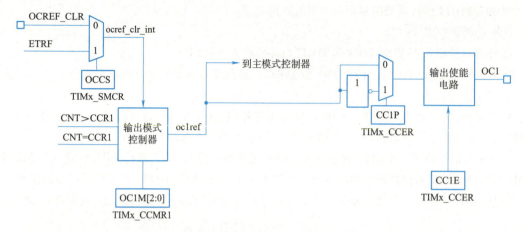

图 7-11 捕获/比较通道的输出阶段（通道 1）

捕获/比较模块由一个预装载寄存器和一个影子寄存器组成。始终可通过读/写操作访问预装载寄存器。在捕获模式下,捕获实际发生在影子寄存器中,然后将影子寄存器的内容复制到预装载寄存器中。在比较模式下,预装载寄存器的内容将复制到影子寄存器中,然后将影子寄存器的内容与计数器进行比较。

5. 输入捕获模式

在输入捕获模式下,当相应的 ICx 信号检测到跳变沿后,将使用捕获/比较寄存器(TIMx_CCRx)来锁存计数器的值。发生捕获事件时,会将相应的 CCxIF 标志(TIMx_SR 寄存器)置 1,并可发送中断或 DMA 请求(如果已使能)。如果发生捕获事件时 CCxIF 标志已处于高位,则会将重复捕获标志 CCxOF(TIMx_SR 寄存器)置 1。可通过软件向 CCxIF 写入 0 来给 CCxIF 清零,或读取存储在 TIMx_CCRx 寄存器中的已捕获数据。向 CCxOF 写入 0 后会将其清零。

在 TI1 输入出现上升沿时将计数器的值捕获到 TIMx_CCR1 中。具体操作步骤如下:

①选择有效输入:TIMx_CCR1 必须连接到 TI1 输入,因此向 TIMx_CCMR1 寄存器中的 CC1S 位写入 01。只要 CC1S 不等于 00,就会将通道配置为输入模式,并且 TIMx_CCR1 寄存器将处于只读状态。

②根据连接到定时器的信号,对所需的输入滤波时间进行编程。假设信号变化时,输入信号最多在 5 个内部时钟周期内发生抖动。因此,必须将滤波时间设置为大于 5 个内部时钟周期。在检测到 8 个具有新电平的连续采样(以 fDTS 频率采样)后,可以确认 TI1 上的跳变沿,然后向 TIMx_CCMR1 寄存器中的 IC1F 位写入 0011。

③通过向 TIMx_CCER 寄存器中的 CC1P 位和 CC1NP 位写入 0,选择 TI1 通道的有效转换边沿(本例中为上升沿)。

④对输入预分频器进行编程。在本例中,希望每次有效转换时都执行捕获操作,因此需要禁止预分频器(向 TIMx_CCMR1 寄存器中的 IC1PS 位写入 00)。

⑤通过将 TIMx_CCER 寄存器中的 CC1E 位置 1,允许将计数器的值捕获到捕获寄存器中。

⑥如果需要,可通过将 TIMx_DIER 寄存器中的 CC1IE 位置 1 来使能相关中断请求或者通过将该寄存器中的 CC1DE 位置 1 来使能 DMA 请求。

发生输入捕获时:

①发生有效跳变沿时,TIMx_CCR1 寄存器会获取计数器的值。

②将 CC1IF 标志置 1(中断标志)。如果至少发生了两次连续捕获,但 CC1IF 标志未被清零,这样 CC1OF 捕获溢出标志会被置 1。

③根据 CC1IE 位生成中断。

④根据 CC1DE 位生成 DMA 请求。

要处理重复捕获,建议在读出捕获溢出标志之前读取数据。这样可避免丢失在读取捕获溢出标志之后与读取数据之前可能出现的重复捕获信息。

注意:通过软件将 TIMx_EGR 寄存器中的相应 CCxG 位置 1 可生成 IC 中断和/或 DMA 请求。

6. PWM 输入模式(见图 7-12)

此模式是输入捕获模式的一个特例。其实现步骤与输入捕获模式基本相同,仅存在以下不同之处:

①两个 ICx 信号被映射至同一个 TIx 输入。

②这两个 ICx 信号在边沿处有效,但极性相反。

③选择两个 TIxFP 信号之一作为触发输入,并将从模式控制器配置为复位模式。

例如,可通过以下步骤对应用于 TI1 的 PWM 的周期(位于 TIMx_CCR1 寄存器中)和占空比(位于 TIMx_CCR2 寄存器中)进行测量(取决于 CK_INT 频率和预分频器的值)。

④选择 TIMx_CCR1 的有效输入:向 TIMx_CCMR1 寄存器中的 CC1S 位写入 01(选择 TI1)。

⑤选择 TI1FP1 的有效极性(用于 TIMx_CCR1 中的捕获和计数器清零):向 CC1P 位和 CC1NP 位写入"0"(上升沿有效)。

⑥选择 TIMx_CCR2 的有效输入:向 TIMx_CCMR1 寄存器中的 CC2S 写入 10(选择 TI1)。

⑦选择 TI1FP2 的有效极性(用于 TIMx_CCR2 中的捕获):向 CC2P 位和 CC2NP 位写入"1"(下降沿有效)。

⑧选择有效触发输入:向 TIMx_SMCR 寄存器中的 TS 位写入 101(选择 TI1FP1)。

⑨将从模式控制器配置为复位模式:向 TIMx_SMCR 寄存器中的 SMS 位写入 100。

⑩使能捕获:向 TIMx_CCER 寄存器中的 CC1E 位和 CC2E 位写入"1"。

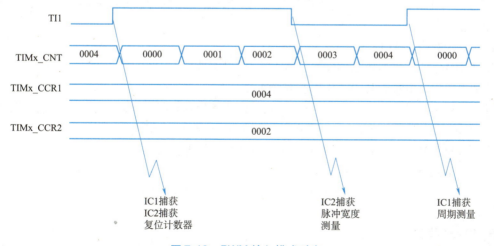

图 7-12　PWM 输入模式时序

7. 强制输出模式

在输出模式（TIMx_CCMRx 寄存器中的 CCxS 位 = 00）下，可直接由软件将每个输出比较信号（OCxREF 和 OCx）强制设置为有效电平或无效电平，而无须考虑输出比较寄存器和计数器之间的任何比较结果。

要将输出比较信号（OCXREF/OCx）强制设置为有效电平，只需向相应 TIMx_CCMRx 寄存器中的 OCxM 位写入 101。OCxREF 进而强制设置为高电平（OCxREF 始终为高电平有效），同时 OCx 获取 CCxP 极性位的相反值。

例如，CCxP = 0（OCx 高电平有效） = > OCx 强制设置为高电平。

通过向 TIMx_CCMRx 寄存器中的 OCxM 位写入 100，可将 OCxREF 信号强制设置为低电平。

无论如何，TIMx_CCRx 影子寄存器与计数器之间的比较仍会执行，而且允许将标志置 1，因此可发送相应的中断和 DMA 请求。

8. 输出比较模式

此功能用于控制输出波形，或指示已经过某一时间段。

当捕获/比较寄存器与计数器之间相匹配时，输出比较功能：

①将为相应的输出引脚分配一个可编程值，该值由输出比较模式（TIMx_CCMRx 寄存器中的 OCxM 位）和输出极性（TIMx_CCER 寄存器中的 CCxP 位）定义。匹配时，输出引脚既可保持其电平（OCXM = 000），也可设置为有效电平（OCXM = 001）、无效电平（OCXM = 010）或进行翻转（OCxM = 011）。

②将中断状态寄存器中的标志置 1（TIMx_SR 寄存器中的 CCxIF 位）。

③如果相应中断使能位（TIMx_DIER 寄存器中的 CCXIE 位）置 1，将生成中断。

④如果相应 DMA 使能位（TIMx_DIER 寄存器的 CCxDE 位，TIMx_CR2 寄存器的 CCDS 位，用来选择 DMA 请求）置 1，将发送 DMA 请求。

使用 TIMx_CCMRx 寄存器中的 OCxPE 位，可将 TIMx_CCRx 寄存器配置为带或不带预装载寄存器。

在输出比较模式下，更新事件 UEV 对 OCxREF 和 OCx 输出毫无影响。同步的精度可以达到计数器的一个计数周期。输出比较模式也可用于输出单脉冲（在单脉冲模式下）。具体步骤如下：

①选择计数器时钟（内部、外部、预分频器）。

②在 TIMx_ARR 和 TIMx_CCRx 寄存器中写入所需数据。

③如果要生成中断请求，将 CCxIE 位位置 1。

④选择输出模式。例如，当 CNT 与 CCRx 匹配、未使用预装载 CCRx 并且 OCx 使能且为高电平有效时，必须写入 OCxM = 011、OCxPE = 0、CCxP = 0 和 CCxE = 1 来翻转 OCx 输出引脚。

⑤通过将 TIMx_CR1 寄存器中的 CEN 位置 1 来使能计数器。

可随时通过软件更新 TIMx_CCRx 寄存器以控制输出波形，前提是未使能预装载寄存器（OCxPE = 0，否则仅当发生下一个更新事件 UEV 时，才会更新 TIMx_CCRx 影子寄存器），如图 7-13 所示。

9. PWM 模式

PWM 模式可以生成一个信号，该信号频率由 TIMx_ARR 寄存器值决定，其占空比则由 TIMx_CCRx 寄存器值决定。

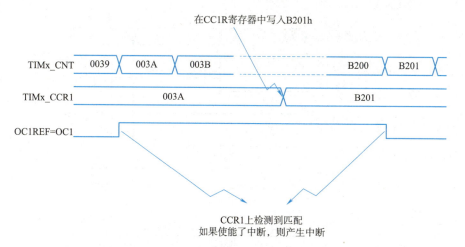

图 7-13 输出比较模式,翻转 OC1

通过向 TIMx_CCMRx 寄存器中的 OCxM 位写入 110(PWM 模式 1)或 111(PWM 模式 2),可以独立选择各通道(每个 OCx 输出对应一个 PWM)的 PWM 模式。必须通过将 TIMx_CCMRx 寄存器中的 OCxPE 位置 1 使能相应预装载寄存器,最后通过将 TIMx_CR1 寄存器中的 ARPE 位置 1 使能自动重载预装载寄存器。

由于只有在发生更新事件时预装载寄存器才会传送到影子寄存器,因此启动计数器之前,必须通过将 TIMx_EGR 寄存器中的 UG 位置 1 来初始化所有寄存器。

OCx 极性可使用 TIMx_CCER 寄存器的 CCxP 位来编程。既可以设为高电平有效,也可以设为低电平有效。OCx 输出通过将 TIMx_CCER 寄存器中的 CCxE 位置 1 来使能。

在 PWM 模式(1 或 2)下,TIMx_CNT 始终与 TIMx_CCRx 进行比较,以确定是 TIMx_CCRx <= TIMx_CNT 还是 TIMx_CNT <= TIMx_CCRx(取决于计数器计数方向)。但是,为了与 ETRF 相符(在下一个 PWM 周期之前,ETR 信号上的一个外部事件能够清除 OCxREF),OCxREF 信号仅在以下情况下变为有效状态:

①比较结果发生改变。

②输出比较模式(TIMx_CCMRx 寄存器中的 OCxM 位)从"冻结"配置(不进行比较,OCxM = "000")切换为任一 PWM 模式(OCxM = "110"或"111")。

定时器运行期间,可以通过软件强制 PWM 输出。

根据 TIMx_CR1 寄存器中的 CMS 位状态,定时器能够产生边沿对齐模式或中心对齐模式的 PWM 信号。

(1)PWM 边沿对齐模式

①递增计数配置:当 TIMx_CR1 寄存器中的 DIR 位为低电平时执行递增计数。

以下以 PWM 模式 1 为例,只要 TIMx_CNT < TIMx_CCRx,PWM 参考信号 OCxREF 便为高电平,否则为低电平。如果 TIMx_CCRx 中的比较值大于自动重载值(TIMx_ARR 中),则 OCxREF 保持为 1。如果比较值为 0,则 OCxREF 保持为 0。图 7-14 所示为边沿对齐模式的 PWM 波形(TIMx_ARR = 8)。

②递减计数配置:当 TIMx_CR1 寄存器中的 DIR 位为高电平时执行递减计数。在 PWM 模式 1 下,只要 TIMx_CNT > TIMx_CCRx,参考信号 OCxREF 便为低电平,否则为高电平。如果 TIMx_CCRx 中的比较值大于 TIMx_ARR 中的自动重载值,则 OCxREF 保持为 1。此模式下不可能产生 0% 的 PWM 波形。

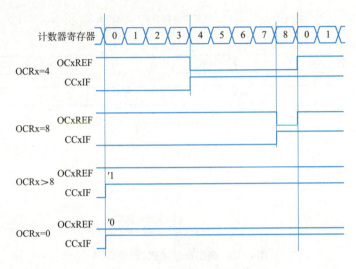

图 7-14　边沿对齐模式的 PWM 波形（ARR = 8）

(2) PWM 中心对齐模式

当 TIMx_CR1 寄存器中的 CMS 位不为 00 时（其余所有配置对 OCxREF/OCx 信号具有相同的作用），中心对齐模式生效。根据 CMS 位的配置，可以在计数器递增计数、递减计数或同时递增和递减计数时将比较标志置 1。TIMx_CR1 寄存器中的方向位（DIR）由硬件更新，不得通过软件更改。

图 7-15 所示为中心对齐模式的 PWM 波形。在此例中：

①TIMx_ARR = 8。

②PWM 模式为 PWM 模式 1。

③在根据 TIMx_CR1 寄存器中 CMS = 01 而选择的中心对齐模式 1 下，当计数器递减计数时，比较标志置 1。

中心对齐模式使用建议：

①启动中心对齐模式时将使用当前的递增/递减计数配置。这意味着计数器将根据写入 TIMx_CR1 寄存器中 DIR 位的值进行递增或递减计数。此外，不得同时通过软件修改 DIR 和 CMS 位。

②不建议在运行中心对齐模式时对计数器执行写操作，否则将发生意想不到的结果。尤其是：如果写入计数器中的值大于自动重载值（TIMx_CNT > TIMx_ARR），计数方向不会更新。例如，如果计数器之前递增计数，则继续递增计数。如果向计数器写入 0 或 TIMx_ARR 的值，计数方向会更新，但不生成更新事件 UEV。

③使用中心对齐模式最保险的方法：在启动计数器前通过软件生成更新（将 TIMx_EGR 寄存器中的 UG 位置 1），并且不要在计数器运行过程中对其执行写操作。

如何计算 PWM 的频率与占空比呢？定时器生成 PWM 的原理如图 7-16 所示。定时的本质就是对固定的时间间隔数数，要产生 PWM 信号的原理跟这个定时器非常类似。在一个固定频率下进行累加的计数，需要通过一个计数寄存器 CNT 来存当前的计数值，在一个时钟频率下，让它不断地累加或累减，就要有个寄存器来控制这个计数器计到多少时归零，这就构成了这个信号的周期，这个寄存器就是重装载寄存器 ARR。PWM 与定时器不同的地方在于，要在定时器的基础上还要再多一个寄存器，即这里的比较寄存器 CCR，当计数值计到这个寄存器设置值时，引脚上的输出信号发生一次翻转。例如，当计时开始时，引脚上的信号由原来的 0 变为 1，而计到比较寄存器值时，发生翻转，引脚上的信号由 1 变 0。计到周期计数值时，一个周期完成，计数器的值归 0，周而复始，就得到了固定频率、固定占空比的脉冲宽度调制信号，这就是定时器生成 PWM 的基本原理。

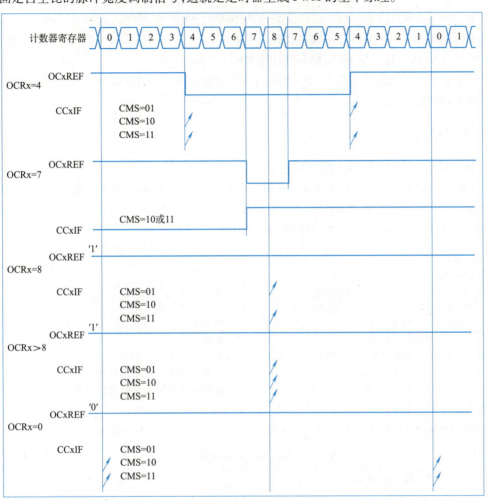

图 7-15　中心对齐模式 PWM 波形（ARR＝8）

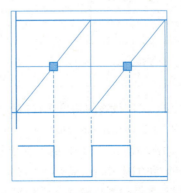

图 7-16　定时器生成 PWM 的原理

下面讲解定时器生成 PWM 的频率与占空比的计算方法。

假定选用 TIM3，从图 3-7 所示的时钟树挂载在 APB1 时钟总线上。TIM3 的时钟频率计算出来是 84 MHz。

如果 prescaler 设置为 84 分频，也就是 84 MHz 要进行 84 分频，得到 1 MHz，然后给 ARR 这个重装载寄存器设置为 1 000，也就是计数器按照 1 MHz 共计 1 000 个数，那么生成的 PWM 的频率就是 1 MHz/1000 = 1 kHz。这就是 PWM 频率的计算方法。

若设置 CCR 这个比较寄存器的值为 500，占空比就是 CCR/ARR，也就是 50%，可以改变 CCR 的值来调整 PWM 的占空比。

五、定时器的结构体

1. 输出比较结构体：TIM_OCInitTypeDef

用于输出比较模式，与 TIM_OcxInit( ) 函数配合使用完成指定定时器输出通道初始化配置。通用定时器有 4 个定时器通道，使用时都必须单独设置。

定时器比较输出初始化结构体 TIM_OCInitTypeDef：

```
typedef struct{
    uint16_t TIM_OCMode;           //比较输出模式
    uint16_t TIM_OutputState;      //比较输出使能
    uint16_t TIM_OutputNState;     //比较互补输出使能
    uint32_t TIM_Pulse;            //脉冲宽度
    uint16_t TIM_OCPolarity;       //输出极性
    uint16_t TIM_OCNPolarity;      //互补输出极性
    uint16_t TIM_OCIdleState;      //空闲状态下比较输出状态
    uint16_t TIM_OCNIdleState;     //空闲状态下比较互补输出状态
}TIM_OCInitTypeDef;
```

①TIM_OCMode：比较输出模式选择，总共有 8 种，常用的是 PWM1/PWM2，见表 7-1。

表 7-1 TIM_OCMode 的取值与描述

TIM_OCMode	描述
TIM_OCMode_Timing	TIM 输出比较时间模式
TIM_OCMode_Active	TIM 输出比较主动模式
TIM_OCMode_Inactive	TIM 输出比较非主动模式
TIM_OCMode_Toggle	TIM 输出比较触发模式
TIM_OCMode_PWM1	TIM 脉冲宽度调制模式 1
TIM_OCMode_PWM2	TIM 脉冲宽度调制模式 2

②TIM_OutputState：比较输出使能，决定最终的输出比较信号 OCx 是否通过外部引脚输出。可取的值为 TIM_OutputState_Enable 和 TIM_OutputState_Disable。

③TIM_OutputNState：比较互补输出使能，决定 OCx 的互补信号 OCxN 是否通过外部引脚输出。可取的值为 TIM_OutputNState_Enable 和 TIM_OutputNState_Disable。

④TIM_Pulse：比较输出脉冲宽度，实际设置比较寄存器 CCR 的值，决定脉冲宽度。可设置范围为 0 ~ 65 535。

⑤TIM_OCPolarity：比较输出极性，可选 OCx 为高电平有效或低电平有效，它决定着定时器通道

有效电平。可取的值为 TIM_OCPolarity_High 和 TIM_OCPolarity_Low。

⑥TIM_OCNPolarity：比较互补输出极性，可选 OCxN 为高电平有效或低电平有效。可取的值为 TIM_OCNPolarity_High 和 TIM_OCNPolarity_Low。

⑦TIM_OCIdleState：空闲状态时通道输出电平设置，可选输出 1 或输出 0，即在空闲状态(BDTR_MOE 位为 0)时，经过死区时间后定时器通道输出高电平或低电平。可取的值为 TIM_OCIdleState_Set 和 TIM_OCIdleState_Reset。

⑧TIM_OCNIdleState：空闲状态时互补通道输出电平设置，可选输出 1 或输出 0，即在空闲状态(BDTR_MOE 位为 0)时，经过死区时间后定时器互补通道输出高电平或低电平，设置值必须与 TIM_OCIdleState 相反。可取的值为 TIM_OCNIdleState_Set 和 TIM_OCNIdleState_Reset。

六、定时器的库函数

1. 初始化输出通道

```
void TIM_OC1Init(TIM_TypeDef* TIMx, TIM_OCInitTypeDef* TIM_OCInitStruct);
void TIM_OC2Init(TIM_TypeDef* TIMx, TIM_OCInitTypeDef* TIM_OCInitStruct);
void TIM_OC3Init(TIM_TypeDef* TIMx, TIM_OCInitTypeDef* TIM_OCInitStruct);
void TIM_OC4Init(TIM_TypeDef* TIMx, TIM_OCInitTypeDef* TIM_OCInitStruct).
```

这 4 个函数的功能相同，区别在于输出通道不同。

功能：根据 TIM_OCInitStruct 中指定的参数初始化外设 TIMx。

参数 1：TIMx，其中 x 可以是 2、3 或者 4 等，用来选择 TIM 外设。

参数 2：指向结构 TIM_OCInitTypeDef 的指针，包含了 TIMx 时间基数单位的配置信息。

在设置好结构体的成员后，可以通过上面的函数初始化输出通道 1～4。例如，通过下面的代码可以完成输出通道 4 的初始化。

例如，TIM_OC4Init(TIM3,&TIM_OCInitStruct)；就表明使能通道 4。

2. 使能重载寄存器

```
void TIM_OC1PreloadConfig(TIM_TypeDef* TIMx, uint16_t TIM_OCPreload);
void TIM_OC2PreloadConfig(TIM_TypeDef* TIMx, uint16_t TIM_OCPreload);
void TIM_OC3PreloadConfig(TIM_TypeDef* TIMx, uint16_t TIM_OCPreload);
void TIM_OC4PreloadConfig(TIM_TypeDef* TIMx, uint16_t TIM_OCPreload);
```

这 4 个函数功能也是相同的，区别在于输出通道不同。

功能：使能通道 1、2、3、4 重载寄存器。

参数 1：TIMx，其中 x 可以是 2、3 或者 4 等，用来选择 TIM 外设。

参数 2：使能或使能重载寄存器。取值可以是 TIM_OCPreload_Enable 和 TIM_OCPreload_Disable。

当配置好通道以后可以适用下面的语句重载寄存器。例如：

```
TIM_OC1PreloadConfig(TIM3,TIM_OCPreload_Enable)   //使能通道 1 重载
```

3. 设置占空比

```
void TIM_SetCompare1(TIM_TypeDef* TIMx, uint32_t Compare1);
void TIM_SetCompare2(TIM_TypeDef* TIMx, uint32_t Compare2);
void TIM_SetCompare3(TIM_TypeDef* TIMx, uint32_t Compare3);
void TIM_SetCompare4(TIM_TypeDef* TIMx, uint32_t Compare4);
```

这 4 个函数功能也是相同的,区别在于输出通道不同。

功能:设置通道 1、2、3、4 的比较器的值。

参数 1:TIMx,其中 x 可以是 2、3 或者 4 等,用来选择 TIM 外设。

参数 2:Compare1、Compare2、Compare3、Compare4 是 4 个比较器的值。可以通过 Compare1/ARR 计算占空比。

例如,通过下面的代码可以配置输出通道 1 的比较寄存器。

```
Compare1 = 2000;
TIM_SetCompare1(TIM3,Compare1);
```

任务实施

配置 PWM 参数

要求使用定时器输出占空比为 20% 的 PWM 信号。

```
TIM_OCInitTypeDef TIM_OCInitStruct;                              //定义结构体
TIM_OCInitStruct.TIM_OCMode = TIM_OCMode_PWM1;                   //配置为 PWM 模式 1
TIM_OCInitStruct.TIM_OutputState = TIM_OutputState_Enable;
                                                                 //比较输出使能
TIM_OCInitStruct.TIM_Pulse = 400 - 1;                            //配置占空比 400/2000 = 20%
                                                                 //(2000 在时基结构体中的 ARR 赋值)
TIM_OCInitStruct.TIM_OCPolarity = TIM_OCPolarity_High;
                                                                 //当定时器计数值小于
                                                                 //CCR1_Val 时为高电平
```

 通过定时器生成 PWM 波形

任务描述

本任务要求:

①使用定时器 TIM3 的 4 个通道输出 PWM 信号。

②4 个通道的 PWM 信号频率都是 500 Hz。

③占空比分别为 20%、40%、60%、80%,使用示波器显示出来。

④第一个通道的占空比可以循环变化,当接 LED 灯时能够从灯的亮灭观察占空比的变化。

⑤在 TFT-LCD 上显示接线方式。

定时器输出PWM
的编程要点

相关知识

一、定时器生成 PWM 的编程要点

①开启 GPIO 时钟、定时器时钟。

②PWM 输出端口配置,复用引脚功能映射。

③定时器配置。

④输出通道配置,PWM 使能。

下面先从 PWM 输出端口配置开始,针对高级定时器和通用定时器,选择使用不同定时器的不同通道进行配置。这里以 TIM3 为例完成定时器生成 PWM 的实验。表 7-2 所示为高级定时器和通用定时器的通道引脚分布。

表 7-2　高级定时器和通用定时器的通道引脚分布

—	高级定时器		通用定时器										
	TIM1	TIM8	TIM2	TIM5	TIM3	TIM4	TIM9	TIM10	TIM11	TIM12	TIM13	TIM14
CH1	PA8 /PE9	PC6	PA0 /PA5	PA0	PA6/PC6 /PB4	PD12 /PB6	PE5 /PA2	PF6 /PB8	PF7 /PB9	PB14	PF8 /PA6	PF9 /PA7
CH1N	PA7 /PE8 /PB13	PA5 /PA7	—	—	—	—	—	—	—	—	—	—
CH2	PE11 /PA9	PC7	PA1 /PB3	PA1	PA7 /PC7 /PB5	PD13 /PB7	PE6 /PA3	—	—	PB15	—	—
CH2N	PB0 /PE10 /PB14	PB0 /PB14	—	—	—	—	—	—	—	—	—	—
CH3	PE13 /PA10	PC8	PA2 /PB10	PA2	PB0 /PC8	PD14 /PB8	—	—	—	—	—	—
CH3N	PB1 /PE12 /PB15	PB1 /PB15	—	—	—	—	—	—	—	—	—	—
CH4	PE14 /PA11	PC9	PA3 /PB11	PA3	PB1 /PC9	PD15 /PB9	—	—	—	—	—	—
ETR	PE7 /PA12	PA0 /PI3	PA0 /PA5 /PA15	—	PD2	PE0	—	—	—	—	—	—
BKIN	PA6 /PE15 /PB12	PA6 /PI4	—	—	—	—	—	—	—	—	—	—

二、定时器通道和输出端口的参数配置

下面使用 TIM3 的 4 个通道,分别为 PA6、PA7、PB0、PB1,因此输出端口的配置需要配置 GPIOA 和 GPIOB。

1. 打开 GPIOA 和 GPIOB 的时钟

```
RCC_AHB1PeriphClockCmd(RCC_AHB1Periph_GPIOA, ENABLE);
RCC_AHB1PeriphClockCmd(RCC_AHB1Periph_GPIOB, ENABLE);
```

2. 配置 PA6、PA7

代码如下：

```
GPIO_InitStruct.GPIO_Pin = GPIO_Pin_6 |GPIO_Pin_7;        //pin 口选择 PA6 和 PA7
GPIO_InitStruct.GPIO_Mode = GPIO_Mode_AF;                 //复用模式
GPIO_InitStruct.GPIO_Speed = GPIO_Speed_100MHz;           //输出最大速度
GPIO_InitStruct.GPIO_OType = GPIO_OType_PP;               //推挽输出
GPIO_InitStruct.GPIO_PuPd = GPIO_PuPd_NOPULL;             //浮空模式
GPIO_Init(GPIOA, &GPIO_InitStruct);                       //初始化函数
```

3. 配置 PB0、PB1

PWM的端口配置

```
GPIO_InitStruct.GPIO_Pin = GPIO_Pin_0 |GPIO_Pin_1;        //选择端口
GPIO_InitStruct.GPIO_Mode = GPIO_Mode_AF;                 //复用模式
GPIO_InitStruct.GPIO_Speed = GPIO_Speed_100MHz;           //输出最大速度
GPIO_InitStruct.GPIO_OType = GPIO_OType_PP;               //推挽输出
GPIO_InitStruct.GPIO_PuPd = GPIO_PuPd_NOPULL;             //浮空模式
GPIO_Init(GPIOB, &GPIO_InitStruct);                       //初始化函数
```

在配置 PA6、PA7、PB0、PB1 的过程中，发现 GPIO 的模式配置成了复用模式。当配置复用模式后，GPIO 一定要做一个复用引脚的功能映射，使用库函数：

```
void GPIO_PinAFConfig(GPIO_TypeDef* GPIOx, uint16_t GPIO_PinSource, uint8_t GPIO_AF);
```

这里面有 3 个参数，GPIOx 可以选择 GPIO 端口，GPIO_PinSource 选择 pin 口，而 GPIO_AF 的取值有多个，包括 GPIO_AF_RTC_50 Hz，GPIO_AF_TIM14……GPIO_AF_TIM3、GPIO_AF_TIM4 等。

这里使用的是 TIM3 的 GPIO 通道，因此要把 GPIO 的复用模式配置成 GPIO_AF_TIM3，可按下面的方式进行复用模式的重映射。

```
GPIO_PinAFConfig(GPIOA,GPIO_PinSource6,GPIO_AF_TIM3);
GPIO_PinAFConfig(GPIOA,GPIO_PinSource7,GPIO_AF_TIM3);
GPIO_PinAFConfig(GPIOB,GPIO_PinSource0,GPIO_AF_TIM3);
GPIO_PinAFConfig(GPIOB,GPIO_PinSource1,GPIO_AF_TIM3);
```

4. 配置定时器

定时器的配置

TIM3 挂载在 APB1 时钟总线上，因此要打开 APB1 的时钟：

```
RCC_APB1PeriphClockCmd(RCC_APB1Periph_TIM3,ENABLE);
```

在设置时基结构体之前，要了解一下这次的实验任务，产生一个 PWM 波形。假设要产生频率为 500 Hz、占空比为 50% 的 PWM 波形，可以设置如下：

通用控制定时器时钟源 TIM3CLK = 42 MHz×2 = 84 MHz，设置 TIM_Prescaler = 84-1（84 分频），则计数器的计数频率为 TIM3CLK/（TIM_Prescaler + 1）= 1 MHz，而 PWM 信号的频率就是 1MHz/（TIM_Period + 1）= 500 Hz，计算得出 TIM_Period = 2000-1，也就是定时器从 0 计数到 1999，为 PWM 方波的一个周期。

在时基结构体中还有一个参数 TIM_CounterMode，它的取值可以是 5 种（见表 7-3），前 2 个就是边沿对齐模式下的向上计数或向下计数，后 3 个是中心对齐模式下的 3 个取值。这里假定选用的是边沿对齐模式，因此可以取值为向上计数模式。

表 7-3　TIM_CounterMode 的取值

TIM_CounterMode	描　述
TIM_CounterMode_Up	TIM 向上计数模式
TIM_CounterMode_Down	TIM 向下计数模式
TIM_CounterMode_CenterAligned1	TIM 中心对齐模式 1 计数模式
TIM_CounterMode_CenterAligned2	TIM 中心对齐模式 2 计数模式
TIM_CounterMode_CenterAligned3	TIM 中心对齐模式 3 计数模式

TIM_ClockDivision 是指设置时钟分割,它的取值有 3 个,这里直接取第一个,不设置分割。而 TIM_RepetitionCounter 重复计数,在高级定时器里才有,通用定时器可以不设置。

定时器设置如下:

```
TIM_TimeBaseInitTypeDef TIM_TimeBaseInitStruct;          //定义时基结构体
RCC_APB1PeriphClockCmd(RCC_APB1Periph_TIM3, ENABLE);     //打开定时器的时钟
TIM_TimeBaseInitStruct.TIM_Prescaler = 84 - 1;           //分频系数为 84
TIM_TimeBaseInitStruct.TIM_CounterMode = TIM_CounterMode_Up;
                                                         //向上计数
TIM_TimeBaseInitStruct.TIM_Period = 2000 - 1;            //重装载 ARR 的值为 2000
TIM_TimeBaseInitStruct.TIM_ClockDivision = TIM_CKD_DIV1; //不设置分割
TIM_TimeBaseInit( TIM3, &TIM_TimeBaseInitStruct);        //初始化 TIM3 的时基结构体
```

输出通道结构体

5. 配置输出通道

先定义结构体:TIM_OCInitTypeDefTIM_OCInitStruct;

PWM1 模式下,在递增计数模式下,只要 TIMx_CNT < TIMx_CCR1,通道 1 便为有效状态,否则为无效状态。在递减计数模式下,只要 TIMx_CNT > TIMx_CCR1,通道 1 便为无效状态(OC1REF = 0),则为有效状态(OC1REF = 1)。PWM2 模式下,在递增计数模式下,只要 TIMx_CNT < TIMx_CCR1,通道 1 便为无效状态,否则为有效状态。在递减计数模式下,只要 TIMx_CNT > TIMx_CCR1,通道 1 便为有效状态,否则为无效状态。

输出通道的配置

选择 PWM1 模式:TIM_OCInitStruct. TIM_OCMode = TIM_OCMode_PWM1。

使能输出通道:TIM_OCInitStruct. TIM_OutputState = TIM_OutputState_Enable。

输出的通道比较寄存器的值设为 400,由于 ARR 为 2000,则可以求出占空比为 20%。

TIM_OCInitStruct. TIM_Pulse = 400-1;　　//20% 的占空比

输出的极性为高电平:TIM_OCInitStruct. TIM_OCPolarity = TIM_OCPolarity_High;

空闲时置高:TIM_OCInitStruct. TIM_OCIdleState = TIM_OCNIdleState_Set;

初始化输出通道 1:TIM_OC1Init(TIM3 ,&TIM_OCInitStruct);

如果这样写,说明前面的参数都初始化到通道 1 的参数中。如果还想设置别的通道,把修改不一样的参数即可。代码如下:

```
TIM_OCInitStruct.TIM_Pulse = 800 - 1;        //40% 的占空比
TIM_OC2Init(TIM3,&TIM_OCInitStruct);
TIM_OCInitStruct.TIM_Pulse = 1200 - 1;       //60% 的占空比
TIM_OC3Init(TIM3,&TIM_OCInitStruct);
TIM_OCInitStruct.TIM_Pulse = 1600 - 1;       //80% 的占空比
TIM_OC4Init(TIM3,&TIM_OCInitStruct);
```

然后再使能通道重载,4 个通道都要完成:

```
TIM_OC1PreloadConfig(TIM3,TIM_OCPreload_Enable);
TIM_OC2PreloadConfig(TIM3,TIM_OCPreload_Enable);
TIM_OC3PreloadConfig(TIM3,TIM_OCPreload_Enable);
TIM_OC4PreloadConfig(TIM3,TIM_OCPreload_Enable);
```

最后使能定时器:TIM_Cmd(TIM3,ENABLE);

任务实施

通过定时器生成 PWM

定时器输出PWM
编程实验

代码实例:

```
/* * * * * * * * * * * * * * * main.c:主函数* * * * * * * * * * * * * * * * * * * */
#include "stm32f4xx.h"
#include "led.h"
#include "delay.h"
#include "key.h"
#include "seg.h"
#include "basic_TIM.h"
#include "canlendar.h"
#include "pwm.h"
char led = 0x00;
int key0;
int a = 0;
int min = 59, sec = 57, hour = 23, year = 2020, month = 2, day = 28, monthday;
int Compare1 = 1000 - 1;
int main(void)
{
    TIM3_PWM_config();              //在 pwm.c 中,函数包括 GPIO、定时器、输出通道的设置
    LCD_Init();                     //液晶屏初始化
    LCD_Clear(BLACK);               //清全屏
    BACK_COLOR = BLACK;             //背景色为黑色
    POINT_COLOR = LIGHTGRAY;        //画笔颜色为亮灰
    MyLCD_Show(0,1,"LCDinit..");    //显示 LCDinit..
    MyLCD_Show(0,3,"PleaseWaitting");//显示 PleaseWaitting
    delay_ms(100);                  //延时
    LCD_Clear(BLACK);               //清除液晶屏幕
    POINT_COLOR = WHITE;            //设置液晶前景色(画笔颜色)
    BACK_COLOR = BLUE;              //设置液晶背景色(画布颜色)
    LCD_Fill(0,0,lcddev.width,20,BLUE);//设置填充色
    MyLCD_Show(2,0,"PWM 编程实验");  //显示"PWM 编程实验"
    BACK_COLOR = BLACK;             //背景色为黑色
    POINT_COLOR = LIGHTGRAY;        //画笔颜色为亮灰
    MyLCD_Show(2,2,"PA6 - - >D1");  //显示"PA6 - - >D1"
    MyLCD_Show(2,3,"PA7 - - >D2");  //显示"PA7 - - >D2"
    MyLCD_Show(2,4,"PB0 - - >D3");  //显示"PB0 - - >D3"
```

```c
        MyLCD_Show(2,5,"PB1 - - >D4");              //显示"PB1 - - >D4"
        MyLCD_Show(2,6,"观察灯的亮度");              //显示"PWM 编程实验"
        while(1){
            TIM_SetCompare1( TIM3,Compare1);        //占空比时50%
            delay(5000);
            Compare1 - =200;                         //TIM3 通道1 的比较器的值每次递减200
            if(Compare1 = =0 -1)                     //当比较器的值减到0 之后,再从2000 -1 开始
                Compare1 =2000 -1;
        }
}
/* * * * * * * * * * * * * * * * * * * * * * * * * * * * * * * * * * * * */
/* * * * * * * * * * * pwm. c: GPIO、定时器、输出通道的配置在其中* * * * * * * * * * * */
//定时器的输出通道端口配置,使用 TIM3 : PA6、PA7、PB0、PB1
void TIM3_GPIO_config(void)
{
    GPIO_InitTypeDef GPIO_InitStruct;
    RCC_AHB1PeriphClockCmd( RCC_AHB1Periph_GPIOA, ENABLE);
    GPIO_InitStruct. GPIO_Pin =GPIO_Pin_6 |GPIO_Pin_7;
    GPIO_InitStruct. GPIO_Mode =GPIO_Mode_AF;
    GPIO_InitStruct. GPIO_Speed =GPIO_Speed_100MHz;
    GPIO_InitStruct. GPIO_OType =GPIO_OType_PP;
    GPIO_InitStruct. GPIO_PuPd =GPIO_PuPd_NOPULL;
    GPIO_Init( GPIOA, &GPIO_InitStruct);
    RCC_AHB1PeriphClockCmd( RCC_AHB1Periph_GPIOB, ENABLE);
    GPIO_InitStruct. GPIO_Pin =GPIO_Pin_0 |GPIO_Pin_1;
    GPIO_InitStruct. GPIO_Mode =GPIO_Mode_AF;
    GPIO_InitStruct. GPIO_Speed =GPIO_Speed_100MHz;
    GPIO_InitStruct. GPIO_OType =GPIO_OType_PP;
    GPIO_InitStruct. GPIO_PuPd =GPIO_PuPd_NOPULL;
    GPIO_Init( GPIOB, &GPIO_InitStruct);
    GPIO_PinAFConfig( GPIOA,GPIO_PinSource6,GPIO_AF_TIM3);
    GPIO_PinAFConfig( GPIOA,GPIO_PinSource7,GPIO_AF_TIM3);
    GPIO_PinAFConfig( GPIOB,GPIO_PinSource0,GPIO_AF_TIM3);
    GPIO_PinAFConfig( GPIOB,GPIO_PinSource1,GPIO_AF_TIM3);
}
//定时器的配置函数,频率: 500 Hz、84 MHz/84 =1000000 Hz、1000000/2000 =500 Hz
//4 个通道的 PWM 信号频率都是500 Hz
void TIM3_config(void)
{
    TIM_TimeBaseInitTypeDef TIM_TimeBaseInitStruct;
    RCC_APB1PeriphClockCmd( RCC_APB1Periph_TIM3, ENABLE);
    TIM_TimeBaseInitStruct. TIM_Prescaler =84 -1;
    TIM_TimeBaseInitStruct. TIM_CounterMode =TIM_CounterMode_Up;
    TIM_TimeBaseInitStruct. TIM_Period =2000 -1;
    TIM_TimeBaseInitStruct. TIM_ClockDivision =TIM_CKD_DIV1;
    TIM_TimeBaseInit( TIM3, &TIM_TimeBaseInitStruct);
}
//输出通道的配置
void TIM3_OUT_config(void)
```

```c
{
    TIM_OCInitTypeDef TIM_OCInitStruct;
    TIM_OCInitStruct.TIM_OCMode = TIM_OCMode_PWM1;
    TIM_OCInitStruct.TIM_OutputState = TIM_OutputState_Enable;
    TIM_OCInitStruct.TIM_Pulse = 400 - 1;                    //20% 的占空比
    TIM_OCInitStruct.TIM_OCPolarity = TIM_OCPolarity_High;
    TIM_OCInitStruct.TIM_OCIdleState = TIM_OCNIdleState_Set;
    TIM_OC1Init(TIM3,&TIM_OCInitStruct);
    TIM_OCInitStruct.TIM_Pulse = 800 - 1;                    //40% 的占空比
    TIM_OC2Init(TIM3,&TIM_OCInitStruct);
    TIM_OCInitStruct.TIM_Pulse = 1200 - 1;                   //60% 的占空比
    TIM_OC3Init(TIM3,&TIM_OCInitStruct);
    TIM_OCInitStruct.TIM_Pulse = 1600 - 1;                   //80% 的占空比
    TIM_OC4Init(TIM3,&TIM_OCInitStruct);
    TIM_OC1PreloadConfig(TIM3,TIM_OCPreload_Enable);
    TIM_OC2PreloadConfig(TIM3,TIM_OCPreload_Enable);
    TIM_OC3PreloadConfig(TIM3,TIM_OCPreload_Enable);
    TIM_OC4PreloadConfig(TIM3,TIM_OCPreload_Enable);
    TIM_Cmd(TIM3,ENABLE);
}
//PWM 的初始化函数
void TIM3_PWM_config(void)
{
    TIM3_GPIO_config();
    TIM3_config();
    TIM3_OUT_config();
}
/************************************************/
/****** pwm.h:对应于 pwm.c 的库函数,目的在于把 pwm.c 中的源函数进行声明 *****/
#ifndef __PWM_H
#define __PWM_H
void TIM3_GPIO_config(void);
void TIM3_config(void);
void TIM3_OUT_config(void);
void TIM3_PWM_config(void);
#endif
/************************************************/
```

下载验证,编译没有错误,没有警告,成功,然后下载到目标板。

在这里进行硬件连接:GPIOA6、GPIOA7、GPIOB0、GPIOB1 分别接目标板的 LED 灯。显示结果如图 7-17 所示。

观察结果:4 盏灯不同程度的亮了。如果把任意一个通道和 PA6 的端口(TIM3 的第一个通道)接到示波器上可以看出波形变化。上面粗线是 60% 占空比的通道输出波形,而下面细线是 PA6 端口输出的通道。图 7-18 和图 7-19 对比可以看出 PA6 的通道在变化。

任务拓展:使用定时器 TIM3 的 4 个通道输出 PWM 信号。4 个通道的 PWM 信号频率都是 500 Hz,占空比分别为 20%、40%、60%、80%,使用示波器显示出来。其中第一个通道的占空比可以循环变化,当接 LED 灯时能够从灯的亮灭观察出占空比的变化。

项目七 利用定时器输出PWM波形

图7-17 PWM编程实验TFT屏显示

图7-18 定时器生成PWM的波形图(一)

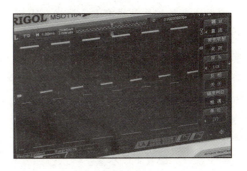

图7-19 定时器生成PWM的波形图(二)

项目总结

本项目从PWM概念、PWM的应用、定时器生成PWM的原理、STM32定时器的结构这几方面全面了解了PWM,以及定时器如何生成PWM。通过总结定时器生成PWM的编程要点,进行PWM输出端口配置、定时器配置、输出通道配置,最后能够完成输出PWM信号。

项目可以进行拓展,通过上面的方法,定时器生成的PWM能够产生音调,最后完成弹奏一首乐曲。

项目拓展(PWM弹奏一首曲子)

扩展阅读　精益求精

劳动者的素质对一个国家、一个民族发展至关重要。不论是传统制造业还是新兴产业,工业经济还是数字经济,工匠始终是产业发展的重要力量,工匠精神始终是创新创业的重要精神源泉。

时代发展,需要大国工匠;迈向新征程,需要大力弘扬工匠精神。

"执着专注、精益求精、一丝不苟、追求卓越。"工匠精神、劳模精神、劳动精神是以爱国主义为核心的民族精神和以改革创新为核心的时代精神的生动体现,是鼓舞全党全国各族人民风雨无阻、勇敢前进的强大精神动力。

项目八 使用I²C获取BH1750光强

项目描述

常用的串行扩展总线有I²C总线、SPI总线、ONE-WIRE总线。随着技术的进步,在传统的串行和并行的基础上,国际上的一些大牌工控企业,提出了现场总线协议。而关于这些现场总线,有些在物理层,用的也是传统的串行和并行总线,区别在于传输层与网络层。因此,只要掌握传统常用的扩展总线,就能自如地对现有的新技术进行操控。本项目通过STM32F407的I²C总线驱动光强传感器BH1750获取光强。

项目内容

- 任务一 配置I²C参数。
- 任务二 使用I²C驱动BH1750获取光强。

学习目标

- 能够理解I²C协议。
- 熟悉STM32的I²C外设,针对项目选择合适的I²C外设。
- 学会使用STM32的I²C的结构体和库函数,为驱动BH1750做好准备。
- 能够使用I²C获取BH1750光强。

任务一 配置I²C参数

任务描述

I²C总线(inter integrated circuit),是PHILIPS公司推出的一种高性能串行总线,它具备多主机系统需要的总线裁决和高低速器件的同步功能。由于它引脚少,硬件实现简单,可扩展性强,不需要USART、CAN等通信协议的外部收发设备,现在广泛地使用在系统内多个集成电路(IC)间的通信。

通过本任务的学习,能够理解I²C协议的物理层和协议层,能够为控制I²C外设做好准备。

I²C总线接口用作微控制器和I²C串行总线之间的接口。它提供多主模式功能,可以控制所有I²C总线特定的序列、协议、仲裁和时序。它支持标准和快速模式,与SMBus 2.0兼容。

I²C总线接口可用于多种用途,包括CRC生成和验证、SMBus(系统管理总线)以及PMBus(电源管理总线)。

同其他外设一样,STM32 标准库提供了 I²C 初始化结构体及初始化函数来配置 I²C 外设。初始化结构体及函数定义在库文件 stm32f4xx_i2c.h 及 stm32f4xx_i2c.c 中,编程时可以结合这两个文件使用。

要通过 STM32 驱动 I²C 外设,就要学会使用 I²C 的结构体和库函数,并且能够配置 I²C 的参数。

相关知识

一、I²C 协议

1. I²C 的物理层协议

I²C 总线是一个支持多设备的总线,这里的"总线"指多个设备共用的信号线。I²C 总线只有两根双向信号线:SDA 和 SCL。从图 8-1 可以看出两根线上可以挂载多台主机,这里的主机可以是微控制器;还可以挂载很多从设备,这些从设备可以是 SRAM 或 EEPROM,也可以是 ADC 或 DAC,还可以是日历时钟,或者其他 I²C 的外围设备。

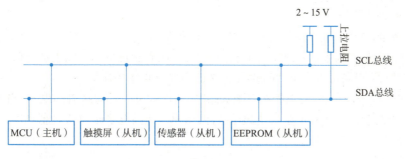

图 8-1 I²C 通信系统

I²C 总线只有两根线,那么主机与从机是如何通信的呢?从图 8-2 可以看出 I²C 总线通过上拉电阻接电源。当 I²C 设备空闲时,会输出高阻态,而当所有设备都空闲、输出高阻态时,由上拉电阻把总线拉成高电平。

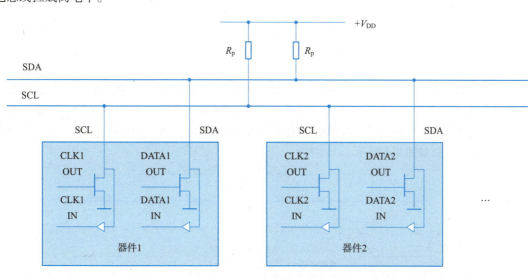

图 8-2 I²C 器件连接图

也就是说当总线空闲时,两根线均为高电平。当连到总线上的任一个器件输出低电平时,都将使总线的信号变低。

当 I^2C 通信时,每个接到 I^2C 总线上的器件都有唯一的地址,主机可以利用这个地址进行不同设备之间的访问。

主机与器件间的数据传送可以是由主机发送数据到器件,这时主机即为发送器。总线上接收数据的器件则为接收器。在多主机系统中,可能同时有几个主机企图启动总线传送数据。为了避免混乱,I^2C 总线要通过总线仲裁,以决定由哪一台主机控制总线。在微控制器应用系统的串行总线扩展中,经常遇到的是以微控制器为主机,其他接口器件为从机的单主机情况。

I^2C 通信具有 3 种传输模式,标准模式传输速率为 100 kbit/s,快速模式为 400 kbit/s,高速模式下可达 3.4 Mbit/s,但目前大多 I^2C 设备尚不支持高速模式。

连接到相同总线的 IC 数量受到总线的最大电容 400 pF 的限制。

2. I^2C 的协议层

I^2C 的协议定义了通信的起始和停止信号、数据有效性、数据的寻址方式、响应、数据传输等环节。

(1) 起始和停止信号

I^2C 协议规定,总线上数据的传输必须以一个起始信号作为开始条件,以一个结束信号作为传输的停止条件。起始和结束信号总是由主设备产生(意味着从设备不可以主动通信,所有的通信都是主设备发起的,主设备可以发出询问的指令,然后等待从设备的通信)。

起始和结束信号产生条件:总线在空闲状态时,SCL 和 SDA 都保持着高电平,当 SCL 为高电平而 SDA 由高到低跳变时,表示产生一个起始条件;当 SCL 为高电平而 SDA 由低到高跳变时,表示产生一个停止条件,如图 8-3 所示。

I^2C 协议——起始和停止信号

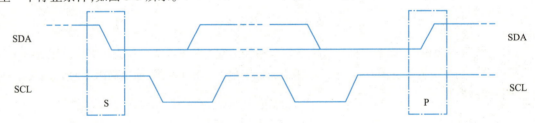

图 8-3 起始停止条件

(2) 数据有效性

在 I^2C 总线上传送的每一位数据都有一个时钟脉冲相对应(或同步控制),即在 SCL 串行时钟的配合下,在 SDA 上逐位地串行传送每一位数据。进行数据传送时,在 SCL 呈现高电平期间,SDA 上的电平必须保持稳定,低电平为数据 0,高电平为数据 1。只有在 SCL 为低电平期间,才允许 SDA 上的电平改变状态,如图 8-4 所示。

I^2C 协议——数据的有效性

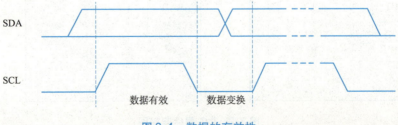

图 8-4 数据的有效性

（3）数据的寻址方式

I²C 总线的寻址过程通常在起始条件后的第一个字节决定了主机选择哪一个从机。第一个字节的头 7 位组成了从机地址，如图 8-5 所示。最低位 LSB 是第 8 位，它决定了报文的方向，第一个字节的最低位是 0 表示主机会写信息到被选中的从机，1 表示主机会向从机读信息（高读低写）。

当发送一个地址后系统中的每个器件都在起始条件后将头 7 位与它自己的地址比较，如果一样，器件会认为它被主机寻址，于是从机接收器及从机发送器都由 R/$\overline{W}$ 决定。

图 8-5 数据寻址的第一个字节

从机地址由一个固定和一个可编程的部分构成，由于很可能在一个系统中有几个同样的器件，从机地址的可编程部分使最大数量器件可以连接到 I²C 总线上，器件可编程地址位的数量由它可使用的引脚决定。例如，如果器件有 4 个固定的和 3 个可编程的地址位，那么相同的总线上一共可以连接 8 个相同的器件。

（4）响应

数据传输必须带响应，相关的响应时钟脉冲由主机产生。在响应的时钟脉冲期间发送器释放 SDA 线（高）。

在响应的时钟脉冲期间接收器必须将 SDA 线拉低，使其在这个时钟脉冲的高电平期间保持稳定的低电平，如图 8-6 所示。当然必须考虑建立和保持时间。

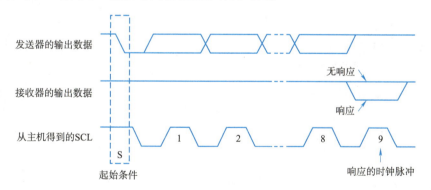

图 8-6 I²C 总线的响应

通常被寻址的接收器在接收到的每个字节后除了用 CBUS 地址开头的报文必须产生一个响应，当从机不能响应从机地址时，例如它正在执行一些实时函数不能接收或发送，从机必须使数据线保持高电平，然后主机产生一个停止条件终止传输或者产生重复起始条件开始新的传输。

如果从机接收器响应了从机地址，但是在传输了一段时间后不能接收更多数据字节，主机必须再一次终止传输。这种情况用从机在第一个字节后没有产生响应来表示。从机使数据线保持高电平，主机产生一个停止或重复起始条件。

如果传输中有主机接收器，它必须通过在从机不产生时钟的最后一个字节不产生一个响应，向从机发送器通知数据结束。从机发送器必须释放数据线,允许主机产生一个停止或重复起始条件。

(5) 数据传输

可能的数据传输格式如下:

① 主机写数据到从机:主机发送器发送到从机接收器,传输的方向不会改变,如图 8-7 所示。

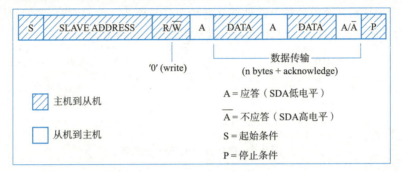

图 8-7　主机写数据到从机

② 主机由从机中读数据:在第一个字节后主机立即读从机,如图 8-8 所示,在第一次响应时主机发送器变成主机接收器,从机接收器变成从机发送器,第一次响应仍由从机产生,之前发送了一个不响应信号 $\overline{A}$ 的主机产生停止条件。

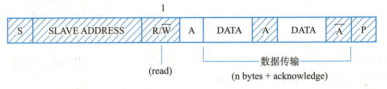

图 8-8　在第一个字节后主机立即读从机

③ 写数据与读数据的复合格式:如图 8-9 所示,传输改变方向时起始条件和从机地址都会被重复,但 R/$\overline{W}$ 位取反。如果主机接收器发送一个重复起始条件它之前应该发送了一个不响应信号 $\overline{A}$。

图 8-9　复合格式

二、I²C 的主要特性

STM32F4 的器件内部集成了 I²C 总线接口,其中包含以下特性:

① 并行总线/I²C 协议转换器。

② 多主模式功能:同一接口既可用作主模式也可用作从模式。

③ I²C 主模式特性:

· 时钟生成。

- 起始位和停止位生成。

④I^2C 从模式特性：
- 可编程 I^2C 地址检测。
- 双寻址模式，可对 2 个从地址应答。
- 停止位检测。

⑤7 位/10 位寻址以及广播呼叫的生成和检测。

⑥支持不同的通信速度：
- 标准速度（高达 100 kHz）。
- 快速速度（高达 400 kHz）。

⑦状态标志：
- 发送/接收模式标志。
- 字节传输结束标志。
- I^2C 忙碌标志。

⑧错误标志：
- 主模式下的仲裁丢失情况。
- 地址/数据传输完成后的应答失败。
- 检测误放的起始位和停止位。
- 禁止时钟延长后出现的上溢/下溢。

⑨2 个中断向量：
- 一个中断由成功的地址/数据字节传输事件触发。
- 一个中断由错误状态触发。

⑩可选的时钟延长。

⑪带 DMA 功能的 1 字节缓冲。

⑫可配置的 PEC（数据包错误校验）生成或验证：
- 在 Tx 模式下，可将 PEC 值作为最后一个字节进行传送。
- 针对最后接收字节的 PEC 错误校验。

⑬SMBus2.0 兼容性：
- 25 ms 时钟低电平超时延迟。
- 10 ms 主器件累计时钟低电平延长时间。
- 25 ms 从器件累计时钟低电平延长时间。
- 具有 ACK 控制的硬件 PEC 生成/验证。
- 支持地址解。

三、I^2C 功能

除了接收和发送数据之外，此接口还可以从串行格式转换为并行格式，反之亦然。中断由软件使能或禁止。该接口通过数据引脚（SDA）和时钟引脚（SCL）连接到 I^2C 总线。它可以连接到标准（高达 100 kHz）或快速（高达 400 kHz）I^2C 总线。

该接口在工作时可选用以下 4 种模式之一：从发送器、从接收器、主发送器、主接收器。

默认情况下，它以从模式工作。接口在生成起始位后会自动由从模式切换为主模式，并在出现仲裁丢失或生成停止位时从主模式切换为从模式，从而实现多主模式功能。

通信流程：在主模式下，I²C 接口会启动数据传输并生成时钟信号。串行数据传输始终是从出现起始位时开始，出现停止位时结束。起始位和停止位均在主模式下由软件生成。

在从模式下，该接口能够识别其自身地址（7 或 10 位）以及广播呼叫地址。广播呼叫地址检测可由软件使能或禁止。

数据和地址均以 8 位字节传输，MSB 在前。起始位后紧随地址字节（7 位地址占据 1 个字节；10 位地址占据 2 个字节）。地址始终在主模式下传送。

在字节传输 8 个时钟周期后是第 9 个时钟脉冲，在此期间接收器必须向发送器发送一个应答位，如图 8-10 所示。

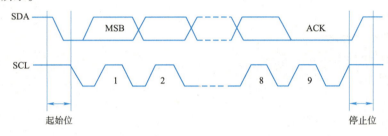

图 8-10　I²C 总线协议

STM32F40x/41x 的 I²C 框图如图 8-11 所示。

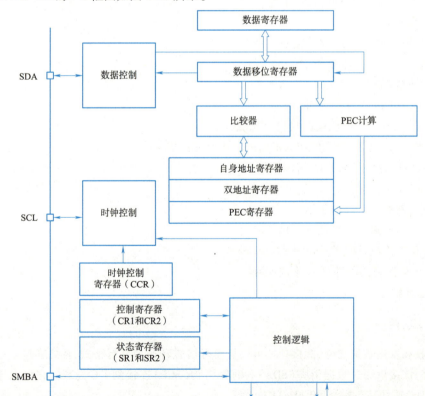

图 8-11　STM32F40x/41x 的 I²C 框图

1. 通信引脚

STM32F407 芯片有 3 个 I²C 外设，它们的 I²C 通信信号引出到不同的 GPIO 引脚上，使用时必须配置到这些指定的引脚。从表 8-1 中可以看出三组 I²C 的引脚，做实验时可以任意选择其中的一组 GPIO。

表 8-1　I²C 通信引脚

引　　脚	I2C 编号		
	I2C1	I2C2	I2C3
SCL	PB6/PB10	PF1/PB10	PA8
SDA	PB7/PB9	PF0/PB11	PC9

2. 时钟控制逻辑

SCL 线的时钟信号，由 I²C 接口根据时钟控制寄存器（CCR）控制，控制的参数主要为时钟频率。配置 I²C 的 CCR 寄存器可修改通信速率相关的参数：

可选择 I²C 通信的"标准/快速"模式，这两个模式分别对应 100 kHz、400 kHz 的通信速率。

在快速模式下可选择 SCL 时钟的占空比，可选 $T_{low}/T_{high} = 2$ 或 $T_{low}/T_{high} = 16/9$ 模式，I²C 协议在 SCL 高电平时对 SDA 信号采样，SCL 低电平时 SDA 准备下一个数据，修改 SCL 的高低电平比会影响数据采样，但其实这两个模式的比例差别并不大，若要求不是非常严格，这里随便选即可。

STM32的I²C框图——时钟控制逻辑

CCR 寄存器中还有一个 12 位的配置因子 CCR，它与 I²C 外设的输入时钟源共同作用，产生 SCL 时钟，STM32 的 I²C 外设都挂载在 APB1 总线上，使用 APB1 的时钟源 PCLK1。SCL 信号线的输出时钟公式如下：

① 如果是标准模式，T_{high} 和 T_{low} 都等于 CCR * TPClk1。

② 而快速模式时有两种情况，$T_{low}/T_{high} = 2$ 时，T_{high} 等于 CCR * T_{PClk1}，T_{low} 等于 2 * CCR * T_{PCKL1}；或者它们的比值是 16 比 9 时，T_{high} 等于 9 倍的 CCR * T_{PClk1}，而 T_{low} 等于 16 * CCR * T_{PCLK1}。

例如，PCLK1 = 42 MHz，想要配置 400 kbit/s 的速率，计算方式如下：

PCLK 时钟周期：$T_{PCLK1} = 1/42000000$。

目标 SCL 时钟周期：$T_{SCL} = 1/400000$。

SCL 时钟周期内的高电平时间：$T_{high} = T_{SCL}/3$。

SCL 时钟周期内的低电平时间：$T_{low} = 2 * T_{SCL}/3$。

计算 CCR 的值：CCR = $T_{high}/T_{PClk1} = 35$。

该结果刚好为整数，所以可以直接把 CCR 取值为 35，这样 I²C 的 SCL 实际频率即为 400 kHz。特别地，CCR 寄存器是无法配置小数参数的，如果配置某个速率算出来 CCR 的结果为小数，需要对结果进行取整，再配置，取整后 SCL 的输出频率会跟原目标频率稍微不同，取整后除了通信稍慢或稍快一点以外，不会对 I²C 的标准通信造成其他影响。

3. 数据控制逻辑

I²C 的 SDA 信号主要连接到数据移位寄存器上，数据移位寄存器的数据来源及目标是数据寄存器（DR）、地址寄存器（OAR）、PEC 寄存器以及 SDA 数据线。当向外发送数据时，数据移位寄存器以"数据寄存器"为数据源，把数据逐位地通过 SDA 信号线发送出去；当从外部接收数据时，数据移位寄存器把 SDA 信号线采样到的数据逐位地存储到"数据寄存器"中。若使能了数据校验，接收到的数据会经过 PEC 计算器运算,运算结果存储在"PEC 寄存器"中。当 STM32 的 I²C 工作在从机模式时,接收到设备地址信号时,数据移位寄存器会把接收到的地址与 STM32 自身"I²C 地址寄存器"的值做比较,以便响应主机的寻址。STM32 的自身 I²C 地址可通过修改"自身地址寄存器"修改,支持同时使用两个 I²C 设备地址,两个地址分别存储在 OAR1 和 OAR2 中。

4. 整体控制逻辑

整体控制逻辑负责协调整个 I²C 外设,控制逻辑的工作模式根据配置的"控制寄存器(CR1/CR2)"的参数而改变。在外设工作时,控制逻辑会根据外设的工作状态修改"状态寄存器(SR1 和 SR2)",只要读取这些寄存器相关的寄存器位,就可以了解 I²C 的工作状态。除此之外,控制逻辑还根据要求,负责控制产生 I²C 中断信号、DMA 请求及各种 I²C 的通信信号(起始、停止、响应信号等)。

四、I²C 的通信过程

使用 I²C 外设通信时,在通信的不同阶段会对"状态寄存器(SR1 及 SR2)"的不同数据位写入参数,通过读取这些寄存器标志来了解通信状态。

1. 主发送器

主发送器通信流程如图 8-12 所示,即作为 I²C 通信的主机端时,向外发送数据时的过程。

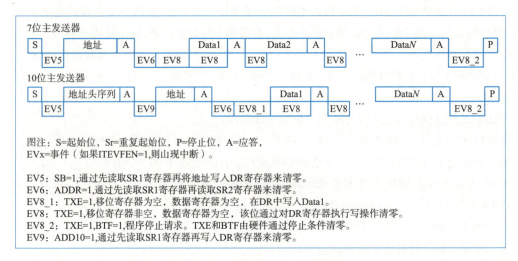

图 8-12　主发送器通信过程

主发送器发送流程及事件说明如下:

①控制产生起始信号(S),当发生起始信号后,产生事件 EV5,并会对 SR1 寄存器的"SB"位置1,表示起始信号已经发送。

②紧接着发送设备地址并等待应答信号,若有从机应答,则产生事件 EV6 及 EV8,这时 SR1 寄存器的 ADDR 位及 TXE 位被置 1,ADDR 为 1 表示地址已经发送,TXE 为 1 表示数据寄存器为空。

③以上步骤正常执行并对 ADDR 位清零后,向 I²C 的"数据寄存器 DR"写入要发送的数据,这时 TXE 位会被重置 0,表示数据寄存器非空,I²C 外设通过 SDA 信号线逐位把数据发送出去后,又会产生 EV8 事件,即 TXE 位被置 1,重复这个过程,就可以发送多个字节数据。

④当发送数据完成后,控制 I²C 设备产生一个停止信号(P),这时会产生 EV8_2 事件,SR1 的 TXE 位及 BTF 位都被置 1,表示通信结束。

假如使能了 I²C 中断,以上所有事件产生时,都会产生 I²C 中断信号,进入同一个中断服务函数,到 I²C 中断服务程序后,再通过检查寄存器位来了解是哪一个事件。

2. 主接收器

主接收器过程,即作为 I²C 通信的主机端时,从外部接收数据的过程,如图 8-13 所示。

主接收器接收流程及事件说明如下:

①同主发送流程,起始信号(S)是由主机端产生的,控制发生起始信号后,它产生事件 EV5,并会对 SR1 寄存器的 SB 位置 1,表示起始信号已经发送。

②紧接着发送设备地址并等待应答信号,若有从机应答,则产生事件 EV6,这时 SR1 寄存器的 ADDR 位被置 1,表示地址已经发送。

③从机端接收到地址后,开始向主机端发送数据。当主机接收到这些数据后,会产生 EV7 事件,SR1 寄存器的 RXNE 被置 1,表示接收数据寄存器非空,读取该寄存器后,可对数据寄存器清空,以便接收下一次数据。此时,可以控制 I²C 发送应答信号(ACK)或非应答信号(NACK)。若应答,则重复以上步骤接收数据,若非应答,则停止传输。

④发送非应答信号后,产生停止信号(P),结束传输。

在发送和接收过程中,有的事件不只是标志了上面提到的状态位,还可能同时标志主机状态之类的状态位,而且读了之后还需要清除标志位,比较复杂。可使用 STM32 标准库函数来直接检测这些事件的复合标志,降低编程难度。

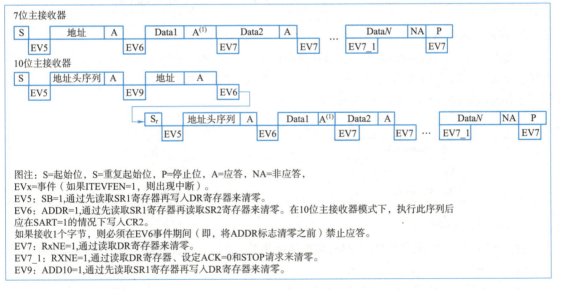

图 8-13 主接收器过程

五、I²C 的结构体

I²C 的初始化结构体定义在 stm32f4xx_i2c.h 中。代码如下:

```
typedef struct{
    uint32_t I2C_ClockSpeed;        //设置 SCL 时钟频率,此值要低于 400 000
    uint16_t I2C_Mode;              //指定工作模式,可选 I²C 模式及 SMBUS 模式
    uint16_t I2C_DutyCycle;         //指定时钟占空比,可选 low/high = 2:1 及 16:9
```

```
    uint16_t I2C_OwnAddress1;              //指定自身的 I²C 设备地址
    uint16_t I2C_Ack;                      //使能或关闭响应(一般都要使能)
    uint16_t I2C_AcknowledgedAddress;      //指定地址的长度,可为 7 位及 10 位
}I2C_InitTypeDef;
```

1. I2C_ClockSpeed

设置 I²C 的传输速率。在调用初始化函数时,函数会根据输入的数值经过运算后把时钟因子写入 I²C 的时钟控制寄存器 CCR。而写入的这个参数值不得高于 400 kHz。由于 CCR 寄存器不能写入小数类型的时钟因子,固件库计算 CCR 值时会向下取整,影响到 SCL 的实际频率可能会低于本成员设置的参数值,这时除了通信稍慢一点以外,不会对 I²C 的标准通信造成其他影响。

2. I2C_Mode

选择 I²C 的使用模式,有 I²C 模式(I2C_Mode_I2C)和 SMBus 主、从模式(I2C_Mode_SMBusHost、I2C_Mode_SMBusDevice)。I²C 不需要在此处区分主从模式,直接设置 I2C_Mode_I2C 即可,见表 8-2。

I²C的结构体

表 8-2 I2C_Mode 的取值

I2C_Mode	描 述
I2C_Mode_I2C	设置 I²C 为 I2C 模式
I2C_Mode_SMBusDevice	设置 I²C 为 SMBus 设备模式
I2C_Mode_SMBusHost	设置 I²C 为 SMBus 主控模式

3. I2C_DutyCycle

设置 I²C 的 SCL 线时钟的占空比。该配置有两个选择,分别为低电平时间比高电平时间为 2:1(I2C_DutyCycle_2)和 16:9(I2C_DutyCycle_16_9)。其实,这两个模式的比例差别并不大,一般要求都不会如此严格,这里随便选即可,见表 8-3。

表 8-3 I2C_DutyCycle 的取值

I2C_DutyCycle	描 述
I2C_DutyCycle_16_9	I²C 快速模式 $T_{low}/T_{high} = 16/9$
I2C_DutyCycle_2	I²C 快速模式 $T_{low}/T_{high} = 2$

4. I2C_OwnAddress1

设置 STM32 的 I²C 设备自身的地址,每个连接到 I²C 总线上的设备都要有一个自己的地址,作为主机也不例外。

地址可设置为 7 位或 10 位(受 I2C_AcknowledgeAddress 成员决定),只要该地址是 I²C 总线上唯一的即可。STM32 的 I²C 外设可同时使用两个地址,即同时对两个地址做出响应,这个结构体成员 I2C_OwnAddress1 配置的是默认的 OAR1 寄存器存储的地址,若需要设置第二个地址寄存器 OAR2,可使用 I2C_OwnAddress2Config( )函数来配置,OAR2 不支持 10 位地址。

5. I2C_Ack

设置 I²C 应答,设置为使能则可以发送响应信号。该成员值一般配置为允许应答(I2C_Ack_Enable),这是绝大多数遵循 I²C 标准的设备的通信要求,改为禁止应答(I2C_Ack_Disable)往往会导致通信错误,见表 8-4。

表 8-4　I2C_Ack 的取值

I2C_Ack	描　述
I2C_Ack_Enable	使能应答（ACK）
I2C_Ack_Disable	失能应答（ACK）

6. I2C_AcknowledgeAddress

设置 I^2C 的寻址模式是 7 位还是 10 位地址。这需要根据实际连接到 I^2C 总线上设备的地址进行选择，这个成员的配置也影响到 I2C_OwnAddress1 成员，只有这里设置成 10 位模式时，I2C_OwnAddress1 才支持 10 位地址，见表 8-5。

表 8-5　I2C_AcknowledgeAddress 的取值

I2C_AcknowledgedAddres	描　述
I2C_AcknowledgeAddress_7bit	应答 7 位地址
I2C_AcknowledgeAddress_10bit	应答 10 位地址

配置完前面的结构体参数，调用库函数 I2C_Init( ) 即可把结构体的配置写入寄存器中。

六、I^2C 的库函数

I^2C 的库函数

1. 函数 void I2C_Init(I2C_TypeDef * I2Cx, I2C_InitTypeDef * I2C_InitStruct)

函数功能：根据 I2C_InitStruct 中指定的参数初始化外设 I2Cx 寄存器。

参数 1：I2Cx，其中 x 可以是 1 或者 2 等，用来选择 I^2C 外设。

参数 2：I2C_InitStruct 指向结构 I2C_InitTypeDef 的指针，包含外设 GPIO 的配置信息。

2. 函数 void I2C_Cmd(I2C_TypeDef * I2Cx, FunctionalState NewState)

函数功能：使能或者失能 I^2C 外设。

参数 1：I2Cx，其中 x 是 1 或者 2 等，用来选择 I^2C 外设。

参数 2：NewState，外设 I2Cx 的新状态，这个参数可以取 ENABLE 或者 DISABLE。

例如，使能 I2C2，可以写为：

```
I2C_Cmd( I2C2,ENABLE);
```

3. 函数 void I2C_GenerateSTART(I2C_TypeDef * I2Cx, FunctionalState NewState)

函数功能：产生 I2Cx 传输 START 条件。

参数 1：I2Cx，其中 x 可以是 1 或者 2 等，用来选择 I^2C 外设。

参数 2：NewState，I2CxSTART 条件的新状态，这个参数可以取 ENABLE 或者 DISABLE。

例如，让 I2C1 产生开始条件：

```
I2C_GenerateSTART( I2C1,ENABLE);
```

4. 函数 void I2C_GenerateSTOP(I2C_TypeDef * I2Cx, FunctionalState NewState)

函数功能：产生 I2Cx 传输 STOP 条件。

参数 1：I2Cx，其中 x 可以是 1 或者 2 等，用来选择 I^2C 外设。

参数 2：NewState，I2CxSTOP 的新状态，这个参数可以取 ENABLE 或者 DISABLE。

例如，I2C2 产生停止条件：

```
I2C_GenerateSTOP(I2C2,ENABLE);
```

5. 函数 void I2C_AcknowledgeConfig(I2C_TypeDef * I2Cx, FunctionalState NewState)

函数功能：使能或者失能指定 I^2C 的应答功能。

参数 1：I2Cx，其中 x 可以是 1 或者 2 等，用来选择 I^2C 外设。

参数 2：NewState，I2Cx 应答的新状态，这个参数可以取 ENABLE 或者 DISABLE。

例如，使能 I2C1 的应答功能：

```
I2C_AcknowledgeConfig(I2C1,ENABLE);
```

6. 函数 void I2C_ITConfig(I2C_TypeDef * I2Cx, uint16_t I2C_IT, FunctionalState NewState)

函数功能：使能或者失能指定的 I^2C 中断。

参数 1：I2Cx，其中 x 可以是 1 或者 2 等，用来选择 I^2C 外设。

参数 2：I2C_IT，待使能或者失能的 I2C 中断源。

参数 3：NewState，I2Cx 中断的新状态，这个参数可以取 ENABLE 或者 DISABLE。

例如，使能 I2C_IT_BUF|I2C_IT_EVT 两个中断：

```
I2C_ITConfig(I2C2,I2C_IT_BUF|I2C_IT_EVT,ENABLE);
```

I2C_IT 的取值见表 8-6。

表 8-6　I2C_IT 的取值

I2C_IT	描　　述
I2C_IT_BUF	缓存中断屏蔽
I2C_IT_EVT	事件中断屏蔽
I2C_IT_ERR	错误中断屏蔽

7. 函数 void I2C_SendData(I2C_TypeDef * I2Cx, uint8_t Data)

函数功能：通过外设 I2Cx 发送一个数据。

参数 1：I2Cx，其中 x 可以是 1 或者 2 等，用来选择 I^2C 外设。

参数 2：Data，待发送的数据。

例如，通过 I2C2 发送一个数据 0x5D：

```
I2C_SendData(I2C2,0x5D);
```

8. 函数 uint8_t I2C_ReceiveData(I2C_TypeDef * I2Cx)

函数功能：返回通过 I2Cx 最近接收的数据。

参数：I2Cx，其中 x 可以是 1 或者 2 等，用来选择 I^2C 外设。

例如，把 I2C2 接收到的数据存入 ReceivedData：

```
uint8_tReceivedData;
ReceivedData=I2C_ReceiveData(I2C2);
```

9. 函数 void I2C_Send7bitAddress(I2C_TypeDef * I2Cx, uint8_t Address, uint8_t I2C_Direction)

函数功能：向指定的从 I^2C 设备传送地址字。

参数 1：I2Cx，其中 x 可以是 1 或者 2 等，用来选择 I^2C 外设。

参数 2：Address，待传输的从 I²C 地址。
参数 3：I2C_Direction，设置指定的 I²C 设备工作为发射端还是接收端。
I2C_Direction_Transmitter 选择发送方向。
I2C_Direction_Receiver 选择接收方向。
例如，作为发送器，在 I2C1 中以 7 位寻址模式发送从设备地址 0xa8：

`I2C_Send7bitAddress(I2C1,0xA8,I2C_Direction_Transmitter);`

10. 函数 uint16_t I2C_ReadRegister（I2C_TypeDef * I2Cx，uint8_t I2C_Register）

函数功能：读取指定的 I²C 寄存器并返回其值。
参数 1：I2Cx，其中 x 可以是 1 或者 2 等，用来选择 I²C 外设。
参数 2：I2C_Register，待读取的 I²C 寄存器，取值见表 8-7。

表 8-7　I2C_Register 的取值

I2C_Register	描述
I2C_Register_CR1	选择读取寄存器 I2C_CR1
I2C_Register_CR2	选择读取寄存器 I2C_CR2
I2C_Register_OAR1	选择读取寄存器 I2C_OAR1
I2C_Register_OAR2	选择读取寄存器 I2C_OAR2
I2C_Register_DR	选择读取寄存器 I2C_DR
I2C_Register_SR1	选择读取寄存器 I2C_SR1
I2C_Register_SR2	选择读取寄存器 I2C_SR2
I2C_Register_CCR	选择读取寄存器 I2C_CCR
I2C_Register_TRISE	选择读取寄存器 I2C_TRISE

例如，读取 I2C_Register_CR1：

`RegisterValue = I2C_ReadRegister(I2C2,I2C_Register_CR1);`

11. 函数 FlagStatus I2C_GetFlagStatus（I2C_TypeDef * I2Cx，uint32_t I2C_FLAG）

函数功能：检查指定的 I²C 标志位设置与否。
参数 1：I2Cx，其中 x 可以是 1 或者 2 等，用来选择 I²C 外设。
参数 2：I2C_FLAG，待检查的 I²C 标志位，取值见表 8-8。

表 8-8　I2C_FLAG 的取值

I2C_FLAG	描述
I2C_FLAG_DUALF	双标志位（从模式）
I2C_FLAG_SMBHOST	SMBus 主报头（从模式）
I2C_FLAG_SMBDEFAULT	SMBus 默认报头（从模式）
I2C_FLAG_GENCALL	广播报头标志位（从模式）
I2C_FLAG_TRA	发送/接收标志位
I2C_FLAG_BUSY	总线忙标志位
I2C_FLAG_MSL	主/从标志位

续上表

I2C_FLAG	描 述
I2C_FLAG_SMBALERT	SMBus 报警标志位
I2C_FLAG_TIMEOUT	超时或者 Tlow 错误标志位
I2C_FLAG_PECERR	接收 PEC 错误标志位
I2C_FLAG_OVR	溢出/不足标志位(从模式)
I2C_FLAG_AF	应答错误标志位
I2C_FLAG_ARLO	仲裁丢失标志位(主模式)
I2C_FLAG_BERR	总线错误标志位
I2C_FLAG_TXE	数据寄存器空标志位(发送端)
I2C_FLAG_RXNE	数据寄存器非空标志位(接收端)
I2C_FLAG_STOPF	停止探测标志位(从模式)
I2C_FLAG_ADD10	10 位报头发送(主模式)
I2C_FLAG_BTF	字传输完成标志位
I2C_FLAG_ADDR	地址发送标志位(主模式)ADSL 地址匹配标志位(从模式)ENDAD
I2C_FLAG_SB	起始位标志位(主模式)

例如,返回获取的 I2C_FLAG_AF 标记状态:

```
Status = I2C_GetFlagStatus(I2C2,I2C_FLAG_AF);
```

12. 函数 void I2C_ClearFlag(I2C_TypeDef * I2Cx, uint32_t I2C_FLAG)

函数功能:清除 I2Cx 的待处理标志位。
参数1:I2Cx,其中 x 可以是 1 或者 2 等,用来选择 I^2C 外设。
参数2:I2C_FLAG,待清除的 I^2C 标志位。
例如,清除停止探测标志位(从模式):

```
I2C_ClearFlag(I2C2,I2C_FLAG_STOPF);
```

13. 函数 ITStatus I2C_GetITStatus(I2C_TypeDef * I2Cx, uint32_t I2C_IT)

函数功能:检查指定的 I2C 中断发生与否。
参数1:I2Cx,其中 x 可以是 1 或者 2 等,用来选择 I^2C 外设。
参数2:I2C_IT,待检查的 I^2C 中断源,取值见表8-9。

表 8-9　I2C_IT 的取值

I2C_IT	描 述
I2C_IT_SMBALERT	SMBus 报警标志位
I2C_IT_TIMEOUT	超时或者 Tlow 错误标志位
I2C_IT_PECERR	接收 PEC 错误标志位

续上表

I2C_IT	描述
I2C_IT_OVR	溢出/不足标志位(从模式)
I2C_IT_AF	应答错误标志位
I2C_IT_ARLO	仲裁丢失标志位(主模式)
I2C_IT_BERR	总线错误标志位
I2C_IT_STOPF	停止探测标志位(从模式)
I2C_IT_TXE	数据寄存器空标志(发送器)
I2C_IT_RXNE	数据寄存器不为空标志(接收器)
I2C_IT_ADD10	10 位报头发送(主模式)
I2C_IT_BTF	字传输完成标志位
I2C_IT_ADDR	地址发送标志位(主模式)ADSL 地址匹配标志位(从模式)ENDAD
I2C_IT_SB	起始位标志位(主模式)

例如，获得 I2C_IT_OVR 的标志位：

```
Status = I2C_GetITStatus(I2C1, I2C_IT_OVR);
```

14. 函数 void I2C_ClearITPendingBit(I2C_TypeDef * I2Cx, uint32_t I2C_IT)

函数功能：清除 I2Cx 的中断待处理位。

参数 1：I2Cx，其中 x 可以是 1 或者 2 等，用来选择 I²C 外设。

参数 2：I2C_IT，待检查的 I²C 中断源。

例如，清除超时或者 Tlow 错误标志位：

```
I2C_ClearITPendingBit(I2C2, I2C_IT_TIMEOUT);
```

任务实施

初始化 I²C 结构体

代码如下：

```
I2C_InitTypeDef I2C_InitStruct;                                      //定义一个结构体
I2C_InitStruct.I2C_ClockSpeed = 400000;                              //传输速率为 400 kHz
I2C_InitStruct.I2C_Mode = I2C_Mode_I2C;                              //设置 I2C 为 I2C 模式
I2C_InitStruct.I2C_DutyCycle = I2C_DutyCycle_2;                      //设置占空比 I2C_DutyCycle_2
I2C_InitStruct.I2C_OwnAddress1 = 0x00;                               //设置自身地址为 0x00
I2C_InitStruct.I2C_Ack = I2C_Ack_Enable;                             //设置 ACK 响应使能
I2C_InitStruct.I2C_AcknowledgedAddress = I2C_AcknowledgedAddress_7bit;
                                                                     //设置响应地址为 7 位
I2C_Init(I2C2, &I2C_InitStruct);                                     //初始化结构体
```

任务二 使用 I^2C 驱动 BH1750 获取光强

任务描述

本任务将使用 STM32F407 驱动 BH1750 获取光强,并把获取到的光强显示到 TFT 屏上。

相关知识

一、BH1750 环境光强度传感器集成电路

BH1750 是一种用于两线式串行总线接口的数字型光强度传感器集成电路。这种集成电路可以根据收集的光线强度数据来调整液晶或者键盘背景灯的亮度。利用它的高分辨率可以探测较大范围的光强度变化(1~65 535 lx)。其中,lx(勒克斯)是照度单位,指单位被照面积上接收到的光通量,用 E 表示。BH1750 传感器模块的外观如图 8-14 所示。

图 8-14　BH1750 传感器模块的外观

BH1750 的特点如下:
① 支持 I^2C 总线接口。
② 接近视觉灵敏度的光谱灵敏度特性(峰值灵敏度波长典型值 560 nm)。
③ 输出对应亮度的数字值,对应广泛的输入光范围(相当于 1~65 536 lx)。
④ 支持 1.8 V 逻辑输入接口。
⑤ 光源依赖性弱(白炽灯、荧光灯、卤素灯、白光 LED)。
⑥ 有两种可选的 I^2C 从机地址。
⑦ 可调的测量结果,影响较大的因素为光入口大小。
⑧ 使用这种功能能计算 1.1~100 000 lx/min 的范围。
⑨ 最小误差变动在 ±20%。

⑩受红外线影响很小。

二、BH1750 结构框图

BH1750 结构框图如图 8-15 所示。PD 二极管通过光生伏特效应将输入光信号转换成电信号,经运算放大电路放大后,由 ADC 采集电压,然后通过逻辑电路转换成 16 位二进制数存储在内部的寄存器中(注:进入光窗的光越强,光电流越大,电压就越大,所以通过电压的大小就可以判断光照大小。但是要注意的是电压和光强虽然是一一对应的,但不是成正比的,所以这个芯片内部做了线性处理,这也是为什么不直接用光敏二极管而用集成 IC 的原因)。BH1750 引出了时钟线和数据线,微控制器通过 I²C 协议可以与 BH1750 模块通信,可以选择 BH1750 的工作方式,也可以将 BH1750 寄存器的光照度数据提取出来。

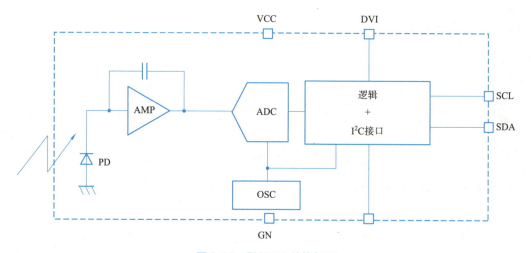

图 8-15　BH1750 结构框图

其引脚说明见表 8-10。

表 8-10　BH1750 模块引脚

引脚序号	引脚名称	功　能
1	VCC	电源端口
2	ADDR	I²C 地址端口: 接 GND 时器件地址为 0100011; 接 VCC 时器件地址为 1011100。
3	GND	接地端口
4	SDA	I²C 接口 SDA 端口
5	DVI	SDA、SCL 端口参考电压,DVI 端口为内部寄存器的异步重置端口,所以,在电源供电以后设置 L(至少 1 μs,DVI≤0.4 V)。当 DVI = "L"时,BH1750 被 150 kΩ 的电阻下拉
6	SCL	I²C 接口 SCL 端口

三、BH1750 的测量

BH1750 的测量程序步骤如图 8-16 所示。

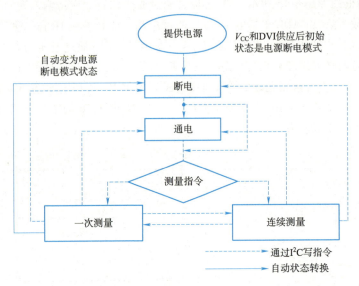

图 8-16　BH750 的测量程序步骤

BH1750 的指令集合见表 8-11。

表 8-11　BH1750 的指令集合

指　令	功能代码	注　释
断电	0000_0000	无激活状态
通电	0000_0001	等待测量指令
重置	0000_0111	重置数字寄存器值,重置指令在断电模式下不起作用
连续 H 分辨率模式	0001_0000	在 1 lx 分辨率下开始测量,测量时间一般为 120 ms
连续 H 分辨率模式 2	0001_0001	在 0.5 lx 分辨率下开始测量,测量时间一般为 120 ms
连续 L 分辨率模式	0001_0011	在 41 lx 分辨率下开始测量,测量时间一般为 16 ms
一次 H 分辨率模式	0010_0000	在 1 lx 分辨率下开始测量,测量时间一般为 120 ms,测量后自动设置为断电模式
一次 H 分辨率模式 2	0010_0001	在 0.5 lx 分辨率下开始测量,测量时间一般为 120 ms,测量后自动设置为断电模式
一次 L 分辨率模式	0010_0011	在 41 lx 分辨率下开始测量,测量时间一般为 16 ms,测量后自动设置为断电模式
改变测量时间(高位)	01000_MT[7,6,5]	改变测量时间
改变测量时间(低位)	011_MT[4,3,2,1,0]	改变测量时间

测量模式见表 8-12。建议使用 H 分辨率模式，H 分辨率模式下足够长的测量时间能够抑制一些噪声（包括 50 Hz/60 Hz）。同时，H 分辨率模式的分辨率在 1 lx 以下，适用于黑暗场合下（少于 10 lx）。H 分辨率模式 2 同样适用于黑暗场合下的检测。

表 8-12 测量模式

测量模式	测量时间	分辨率
H-分辨率模式 2	典型时间：120 ms	0.5 lx
H-分辨率模式	典型时间：120 ms	1 lx
L-分辨率模式	典型时间：16 ms	4 lx

四、BH1750 的传输时序

BH1750 的传输时序包含写测量指令和读测量结果指令，它们都是由 I^2C 总线接口完成的。

从属地址有 2 种形式，由 ADDR 端口决定。ADDR 接 GND 时器件地址为 0100011，ADDR 接 VCC 时器件地址为 1011100。

写模式如图 8-17 所示。

首先是"起始信号（ST）"，接着是"器件地址 + 读写位"（器件地址上面在 ADDR 功能里面已经描述），然后是应答位 ACK，紧接着就是测量的命令 00010000（写的命令就是测量命令），然后应答，最后是"结束信号（SP）"。

图 8-17 写模式

读模式如图 8-18 所示。

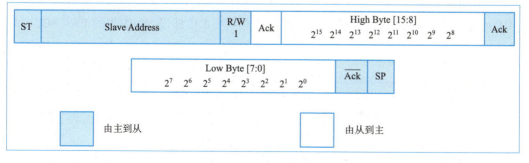

图 8-18 读模式

图 8-19 所示为从"写指示"到"读出测量结果"的测量时序实例。

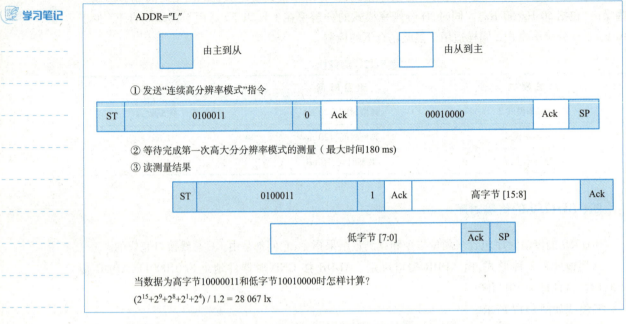

图 8-19 测量时序实例

任务实施

驱动 BH1750 获取光强

1. 编程要点

①开启 GPIO 和 I^2C 的时钟外设。
②初始化对应的 GPIO 引脚,在这里要注意的是一般 I^2C 都配置成开漏输出。
③配置 I^2C 结构体参数,初始化 I^2C,使能 I^2C。使能或者失能指定 I^2C 的应答功能。
④根据 I^2C 器件完成主设备发送数据到从设备。
⑤读取从设备数据到主设备,处理数据并显示。

2. 硬件设计

I^2C 的通信引脚见表 8-13,可以选择下面的任意一个 I^2C 外设,如 I2C1 的 PB6(SCL)和 PB7(SDA)。

表 8-13 I^2C 通信引脚

引脚	I2C 编号		
	I2C1	I2C2	I2C3
SCL	PB6/PB8	PF1/PB10/PH4	PA8/PH7
SDA	PB7/PB9	PF0/PB11/PH5	PC9/PH8

3. 软件设计

编程要点变成三大类:

项目八　使用I²C获取BH1750光强

(1) GPIO 设置

打开 GPIO 时钟,配置 GPIO 的结构体。代码如下:

```
void BH1750_GPIO_Init()
{
    GPIO_InitTypeDef GPIO_InitStructure;                          //定义结构体
    RCC_AHB1PeriphClockCmd(RCC_AHB1Periph_GPIOB,ENABLE);          //开启 GPIOB 的时钟
    GPIO_InitStructure.GPIO_Pin = GPIO_Pin_6 |GPIO_Pin_7;         //打开 Pin_6 和 Pin_7
    GPIO_InitStructure.GPIO_Mode = GPIO_Mode_AF;                  //复用模式
    GPIO_InitStructure.GPIO_OType = GPIO_OType_OD;                //开漏模式
    GPIO_InitStructure.GPIO_Speed = GPIO_Speed_2MHz;              //速度为 2 MHz
    GPIO_InitStructure.GPIO_PuPd = GPIO_PuPd_NOPULL;              //浮空模式
    GPIO_Init(GPIOB,&GPIO_InitStructure);
                                                                  //初始化结构体
    GPIO_PinAFConfig(GPIOB,GPIO_PinSource6,GPIO_AF_I2C1);
                                                                  //重映射 GPIOB6 到 I2C1 上
    GPIO_PinAFConfig(GPIOB,GPIO_PinSource7,GPIO_AF_I2C1);
                                                                  //重映射 GPIOB7 到 I2C1 上
}
```

(2) I2C 设置

打开 I2C1 的时钟,配置 I2C 的结构体,初始化结构体,使能 I2C。代码如下:

```
void BH1750_I2C_config(void)
{
    I2C_InitTypeDef I2C_InitStruct;                               //定义结构体
    RCC_APB1PeriphClockCmd(RCC_APB1Periph_I2C1,ENABLE);           //开启时钟
    I2C_InitStruct.I2C_ClockSpeed = 400000;                       //I2C 的速率位 400 kHz
    I2C_InitStruct.I2C_Mode = I2C_Mode_I2C;                       //模式为 I2C
    I2C_InitStruct.I2C_DutyCycle = I2C_DutyCycle_2;               //占空比为 2:1
    I2C_InitStruct.I2C_OwnAddress1 = 0x00;   //主机地址,只有一个主机时可以随意设置
    I2C_InitStruct.I2C_Ack = I2C_Ack_Enable;                      //使能 ACK
    I2C_InitStruct.I2C_AcknowledgedAddress = I2C_AcknowledgedAddress_7bit;
                                                                  //地址为 7 位
    I2C_Cmd(I2C1,ENABLE);                                         //使能 I2C1
    I2C_Init(I2C1,&I2C_InitStruct);                               //初始化结构体 I2C1
    I2C_AcknowledgeConfig(I2C1,ENABLE);                           //使能 I2C1 的 ACK
}
/* * * * * * * * * * * * * * 给地址 addr 写数据 data * * * * * * * * * * * * * * * */
void BH1750_I2C_WriteByte(unsigned char data)
{
    while(I2C_GetFlagStatus(I2C1,I2C_FLAG_BUSY)! = RESET);
            //判忙信号,若忙等待,不忙继续
    I2C_GenerateSTART(I2C1,ENABLE);         //发送开始信号
    while(!I2C_CheckEvent(I2C1,I2C_EVENT_MASTER_MODE_SELECT));
            //EV5 事件发生,说明有应答 ACK
    I2C_Send7bitAddress(I2C1,0x46,I2C_Direction_Transmitter);
            //发送 7 位地址,地址为 0100011 +0,表明写地址,准备发送数据
    while(!I2C_CheckEvent(I2C1,2C_EVENT_MASTER_TRANSMITTER_MODE_SELECTED));
```

```c
                            //EV6 事件发生,发送 ACK
    I2C_SendData(I2C1,data);
                            //发送数据,BH1750 只有一个寄存器,不用写寄存器的地址,直接发送数据即可
    while(!I2C_CheckEvent(I2C1,I2C_EVENT_MASTER_BYTE_TRANSMITTED));//EV8 事件
    I2C_GenerateSTOP(I2C1,ENABLE);//发送停止信号,关闭 I2C1 总线
}
/* * * * * * * * * * * * * * * * 读数据 data* * * * * * * * * * * * * * * * * * */
void Multiple_Read_BH1750(void)
{
    uint8_t i;
    while(I2C_GetFlagStatus(I2C1,I2C_FLAG_BUSY)!=RESET);
                //判忙信号,若忙等待,不忙继续
    I2C_GenerateSTART(I2C1,ENABLE);//发送开始信号
    while(!I2C_CheckEvent(I2C1,I2C_EVENT_MASTER_MODE_SELECT));
                //EV5 事件发生,说明有应答 ACK
    I2C_Send7bitAddress(I2C1,0x47,I2C_Direction_Receiver);
                //发送 7 位地址,地址为 0100011+1,表明读地址,准备接收数据
    while(!I2C_CheckEvent(I2C1,I2C_EVENT_MASTER_RECEIVER_MODE_SELECTED));
                //EV6 事件发生,接收 ACK
    while(!I2C_CheckEvent(I2C1,I2C_EVENT_MASTER_BYTE_RECEIVED));
                //EV7 事件发生,有 ACK
    BUF[0]=I2C_ReceiveData(I2C1);//读取第一个字节数据
    while(!I2C_CheckEvent(I2C1,I2C_EVENT_MASTER_BYTE_RECEIVED));
                //EV7 事件发生,有 ACK
    BUF[1]=I2C_ReceiveData(I2C1);//读取第二个字节数据
    while(I2C_CheckEvent(I2C1,I2C_EVENT_MASTER_BYTE_RECEIVED));//EV7_2 发生,NACK
    I2C_GenerateSTOP(I2C1,ENABLE);//发送停止信号,关闭 I2C1 总线
}
```

相关事件说明:

EV5 事件: I2C_EVENT_MASTER_MODE_SELECT.
EV6 事件: I2C_EVENT_MASTER_TRANSMITTER_MODE_SELECTED
         I2C_EVENT_MASTER_RECEIVER_MODE_SELECTED
EV8 事件: I2C_EVENT_MASTER_BYTE_TRANSMITTING
EV8_2 事件: I2C_EVENT_MASTER_BYTE_TRANSMITTED

```c
/* * * * * * * * * * * * 对于 BH1750 的 I2C 配置初始化函数* * * * * * * * * * * * * */
void BH1750_I2C_Init(void)
{
    BH1750_GPIO_Init();                 //BH1750 的 GPIO 初始化
    BH1750_I2C_config();                //BH1750 的 I2C1 初始化
}
```

(3)将读取的数据计算得到光照值
代码如下:

```c
uint16_t Get_light_Value(void)
{
    float temp;
    unsigned int data;
```

```
    int dis_data;
    BH1750_I2C_WriteByte(0x01);                  // BH1750 启动
    BH1750_I2C_WriteByte(0x10);                  // H 分辨率模式
    Multiple_Read_BH1750();                      //连续读出数据,存储在 BUF 中
    dis_data = BUF[0];                           //dis_data 等于 BUF[0],即第一个字节的数据
    dis_data = (dis_data < <8) + BUF[1];         //合成数据,即光照数据
    temp = (float)dis_data/1.2;                  //数据手册的计算公式
    data = (int)temp;                            //强制转换成整数
    return data;                                 //返回光强值
}
```

4. STM32 读取 BH1750 的光强

代码实例:

```
/* * * * * * * * * * * * * * * main.c:主函数* * * * * * * * * * * * * * * */
char dis0[25];                                   //液晶显示暂存数组
char dis1[128];                                  //液晶显示暂存数组
#define F_SIZE16                                 //宏定义
#define MyLCD_Show(m,n,p) LCD_ShowString(LCD_GetPos_X(F_SIZE,m),LCD_GetPos_Y(F_SIZE,n),p,F_SIZE,0)
                                                 //宏定义
char led = 0x01;
int key0;
int a = 0;
int min = 59, sec = 57, hour = 23, year = 2022, month = 12, day = 31, monthday;
int Compare1 = 1000 - 1;
uint16_t Light_Value = 0, remember_Light_Value = 0;   //光强度值
int main(void)
{
    LCD_Init();                                  //液晶屏初始化
    BH1750_Config();                             //BH1750 初始化配置,硬件 I2C
    led_Init();                                  //led 的 GPIO 初始化
    GPIO_SetBits(GPIOA, GPIO_Pin_0 |GPIO_Pin_1); //给 A0 和 A1 置高电平
    LCD_Clear(BLACK);                            //清全屏
    BACK_COLOR = BLACK;                          //背景色为黑色
    POINT_COLOR = LIGHTGRAY;                     //画笔颜色为亮灰
    MyLCD_Show(0,1,"LCDinit..");                 //显示 LCDinit..
    MyLCD_Show(0,3,"PleaseWaitting");            //显示 PleaseWaitting
    delay_ms(100);
    LCD_Clear(BLACK);                            //清除液晶屏幕
    POINT_COLOR = WHITE;                         //设置液晶前景色(画笔颜色)
    BACK_COLOR = BLUE;                           //设置液晶背景色(画布颜色)
    LCD_Fill(0,0,lcddev.width,20,BLUE);          //设置填充色
    MyLCD_Show(3,0,"I2C 编程实验");               //显示"I2C 编程实验"
    BACK_COLOR = BLACK;                          //背景色为黑色
    POINT_COLOR = LIGHTGRAY;                     //画笔颜色为亮灰
    MyLCD_Show(0,2,"BH1750 光强:");               //显示"BH1750 光强:"
    while(1){
        Light_Value = Get_light_Value();         //光强度传感器,硬件 I2C 获取光强值
```

```c
            POINT_COLOR = LIGHTGRAY;                  //设置液晶前景色(画笔颜色)
            sprintf((char*)dis0,"% d",Light_Value);   //将 Light_Value 存储到 dis0 数组中
            MyLCD_Show(12,2,dis0);                    //显示 Light_Value 的值
        }
}
```

新建 bh1750_1.c、bh1750_1.h 存到 HARDWARE 中。

```c
/* * * * * * * * * * * * * * bh1750_1.c* * * * * * * * * * * * * * * * * * * */
#include "stm32f4xx.h"
#include "delay.h"
#include "bh1750_1.h"
//#include "I2C.h"
#include "systick.h"
/* * * * * * * * * * * * * * * 接线规则 * * * * * * * * * * * * * * * * * * * */
VCC: 3.3V
SCL: PB8
SDA: PB9
ADDR: GND
GND: GND
/* * * * * * * * * * * * * * * * * * * * * * * * * * * * * * * * * * * * * * */
uint8_t  BUF[4];                                      //接收数据缓存区
/* ADDR 接 GND,即 ADDR 接 L,则地址为 0100011;若 ADDR 接 H,则地址为 1011100* /
void BH1750_GPIO_Init()
{
    GPIO_InitTypeDef GPIO_InitStructure;              //定义结构体
    RCC_AHB1PeriphClockCmd(RCC_AHB1Periph_GPIOB,ENABLE); //开启 GPIOB 的时钟
    //PB8-SCL , PB9-SDA
    GPIO_InitStructure.GPIO_Pin = GPIO_Pin_8 |GPIO_Pin_9;   //打开 Pin_8 和 Pin_9
    GPIO_InitStructure.GPIO_Mode = GPIO_Mode_AF;            //复用模式
    GPIO_InitStructure.GPIO_OType = GPIO_OType_OD;          //开漏模式
    GPIO_InitStructure.GPIO_Speed = GPIO_Speed_2MHz;        //速度位 2 MHz
    GPIO_InitStructure.GPIO_PuPd = GPIO_PuPd_NOPULL;        //浮空模式
    GPIO_Init(GPIOB, &GPIO_InitStructure);                  //初始化结构体
    GPIO_PinAFConfig(GPIOB, GPIO_PinSource8, GPIO_AF_I2C1); //重映射 GPIOB8 到 I2C1 上
    GPIO_PinAFConfig(GPIOB, GPIO_PinSource9, GPIO_AF_I2C1); //重映射 GPIOB9 到 I2C1 上
}
void BH1750_I2C_config(void)
{
    I2C_InitTypeDef I2C_InitStruct;                         //定义结构体
    RCC_APB1PeriphClockCmd( RCC_APB1Periph_I2C1, ENABLE);   //开启时钟
    I2C_InitStruct.I2C_ClockSpeed = 400000;                 //I2C 的速率位 400 kHz
    I2C_InitStruct.I2C_Mode = I2C_Mode_I2C;                 //模式为 I2C
    I2C_InitStruct.I2C_DutyCycle = I2C_DutyCycle_2;         //占空比为 2: 1
    I2C_InitStruct.I2C_OwnAddress1 = 0x00;
                //主机自己的地址,这个可以随意设置,因为只有一个主机
    I2C_InitStruct.I2C_Ack = I2C_Ack_Enable;                //使能 ACK
    I2C_InitStruct.I2C_AcknowledgedAddress = I2C_AcknowledgedAddress_7bit;
                                                            // 地址为 7 为
```

```c
    I2C_Cmd( I2C1, ENABLE);                              //使能 I2C1
    I2C_Init( I2C1, &I2C_InitStruct);                    //初始化结构体 I2C
    I2C_AcknowledgeConfig( I2C1, ENABLE);                //使能 I2C1 的 ACK
}
void BH1750_I2C_Init( void)
{
    BH1750_GPIO_Init();                                  //BH1750 的 GPIO 初始化
    BH1750_I2C_config();                                 //BH1750 的 I2C1 初始化
}
void BH1750_I2C_WriteByte( unsigned char data)
{
    while( I2C_GetFlagStatus( I2C1, I2C_FLAG_BUSY ) != RESET);
                    //判忙信号,若忙则等待,不忙就往下进行
    I2C_GenerateSTART( I2C1, ENABLE);                    //发送开始信号
    while( !I2C_CheckEvent( I2C1, I2C_EVENT_MASTER_MODE_SELECT));
                    //EV5 事件发生,说明有应答 ACK
    I2C_Send7bitAddress( I2C1, 0x46, I2C_Direction_Transmitter );
                    //发送 7 位地址,地址为 0100011+0,表明写地址,准备发送数据
    while( !I2C_CheckEvent( I2C1, I2C_EVENT_MASTER_TRANSMITTER_MODE_SELECTED));
                    //EV6 事件发生,发送 ACK
    I2C_SendData( I2C1, data);                           //发送数据
    //BH1750 就一个寄存器,因此不用写寄存器的地址,直接就发送数据即可
    while ( !I2C_CheckEvent( I2C1, I2C_EVENT_MASTER_BYTE_TRANSMITTED));//EV8 事件
    I2C_GenerateSTOP( I2C1, ENABLE);//发送停止信号,关闭 I2C1 总线
}
void Multiple_Read_BH1750( void)
{   u8 i;
    while( I2C_GetFlagStatus( I2C1, I2C_FLAG_BUSY ) != RESET);
                    //判忙信号,若忙则等待,不忙就往下进行
    I2C_GenerateSTART( I2C1, ENABLE);                    //发送开始信号
    while( !I2C_CheckEvent( I2C1, I2C_EVENT_MASTER_MODE_SELECT));
                    //EV5 事件发生,说明有应答 ACK
    I2C_Send7bitAddress( I2C1, 0x47, I2C_Direction_Receiver );
                    //发送 7 位地址,地址为 0100011+1,表明读地址,准备接收数据
    while( !I2C_CheckEvent( I2C1, I2C_EVENT_MASTER_RECEIVER_MODE_SELECTED));
                    //EV6 事件发生,接收 ACK
    while( !I2C_CheckEvent( I2C1, I2C_EVENT_MASTER_BYTE_RECEIVED) );
                    //EV7 事件发生,有 ACK
    BUF[0] = I2C_ReceiveData( I2C1);                     //读取第一个字节数据
    while( !I2C_CheckEvent( I2C1, I2C_EVENT_MASTER_BYTE_RECEIVED) );
                    //EV7 事件发生,有 ACK
    BUF[1] = I2C_ReceiveData( I2C1);                     //读取第二个字节数据
    while( I2C_CheckEvent( I2C1, I2C_EVENT_MASTER_BYTE_RECEIVED));
                    //EV7_2 发生,NACK
    I2C_GenerateSTOP( I2C1, ENABLE);//发送停止信号,关闭 I2C1 总线
}
void BH1750_Config( void)
{
```

```
        BH1750_I2C_Init();                    //初始化,包含 GPIO 和 I2C1 的初始化参数
        BH1750_I2C_WriteByte(0x01);           //BH1750 启动
}
uint16_t Get_light_Value(void)
{
    float temp;
    unsigned int data;
    int dis_data ;
    BH1750_I2C_WriteByte(0x01);               // power on, BH1750 启动
    BH1750_I2C_WriteByte(0x10);               // H- resolution mode, H 分辨率模式
    Multiple_Read_BH1750();                   //连续读出数据,存储在 BUF 中
    dis_data = BUF[0];                        //dis_data 等于 BUF[0],即第一个字节的数据
    dis_data = (dis_data < <8) + BUF[1];      //合成数据,即光照数据
    temp = (float)dis_data/1.2;               //数据手册的计算公式
    data = (int)temp;                         //强制转换成整数
    return data;                              //返回光强值
}
/* * * * * * * * * * * * * bh1750_1.h 库函数,函数的声明 * * * * * * * * * * * * * */
#ifndef __BH1750_H
#define __BH1750_H
#include"stm32f4xx.h"
void  BH1750_Config(void);                    //BH1750 的配置函数
uint16_t  Get_light_Value(void);              //获取光照度函数
voidBH1750_I2C_WriteByte(unsignedchardata);
#endif
```

下载验证,编译没有错误,没有警告,成功,然后下载到目标板。下载好的显示结果如图 8-20 所示。

图 8-20 下载结果

任务拓展：请使用 I²C 接口驱动 BH1750,增加阈值,当光强小于 20 时点亮一盏 LED 灯。

项目总结

本项目概述了 I²C 总线,可从 I²C 协议的物理层和协议层了解 I²C 是如何通信的,并通过两个例子模拟了 I²C 的起始信号和终止信号。通过 STM32 的 I²C 外设、I²C 框图可了解 I²C 的具体通信方式。通过学习 STM32 的 I²C 的结构体和库函数,以及 BH1750 光强度传感器模块的硬件连接完成了初始化,通过写函数和读函数完成读取光照度,并显示在 TFT-LCD 上。

扩展阅读　柔性 OLED 显示屏

《科学进展》杂志上撰文指出,研究人员使用定制的打印机,打印出了首块柔性有机发光二极管(OLED)显示屏,这种由 3D 打印制成的显示屏,无须以往昂贵的微加工设备。

OLED 显示技术使用有机材料层将电转换为光,其使用范围广泛,既可用作电视屏和显示器等大型设备,也可用作智能手机等手持电子设备,因其重量轻、节能、轻薄柔韧、视角宽、对比度高而广受欢迎。

研究团队此前曾尝试使用 3D 打印机打印 OLED 显示屏,但无法实现发光层均匀一致。在最新研究中,他们另辟蹊径,结合两种不同的打印模式打印 6 个设备层,最终打印出了首块完全由 3D 打印机制造的柔性 OLED 显示屏。其中,电极、互连、绝缘和封装层均采用挤压印刷获得,活性层采用相同的 3D 打印机在室温下喷涂印刷而成。显示器边长约 3.8 cm,有 64 个像素,每个像素都能正常工作。

明尼苏达大学机械工程博士毕业生苏芮涛说,新的 3D 打印显示屏很柔韧,可封装在其他材料内,使其可以广泛应用于多个领域。实验表明,该显示屏历经 2 000 次弯曲仍保持稳定,这表明全 3D 打印 OLED 或可用于柔性电子设备和可穿戴设备内。

项目九 通过ADC采集电压值

项目描述

嵌入式系统(微控制器)进行自动控制时,需要让其了解生活中的物理量,然后才能实现自动控制,这就涉及数据转换器的概念。数据转换器一般分为两种:ADC(analog-to-digital converter,模数转换器)和DAC(digital-to-analog converter,数模转换器)。ADC是把模拟量转换成数字量,而DAC则是把数字量转换成模拟量。

实际生活中的物理信号都是连续模拟的,例如,监测房间里的温度,一定是连续变化的模拟信号,不会产生跳变。而微控制器是一个离散的数字系统,它处理的是数字信号。自动控制系统首先通过传感器把物理信号变成模拟的电信号,然后通过ADC把模拟电信号转换成数字电信号给微控制器或嵌入式系统处理。

通过DAC构成的数模转换系统,把数字量还原成对物理量的控制。例如,有一个智能鱼缸的温度控制器,设置的温度是24℃,当超过24℃时就不再加热,低于24℃时就加热。因此,微控制器就要在不停检测温度的基础上进行自动控制。

ADC、DAC这样的数据转换器是嵌入式系统与物理世界发生关联的桥梁。

项目内容

- 任务一　ADC参数配置。
- 任务二　通过ADC采集电压值。

学习目标

- 熟悉STM32的ADC外设的框图及功能。
- 学会使用ADC的结构体及库函数。
- 能够通过STM32的ADC采集电压值。

任务一　配置ADC参数

任务描述

本任务要理解AD转换的原理,通过STM32的ADC框图理解STM32的ADC的复用通道,以及

ADC概述

A/D 转换的采样模式,为驱动 ADC 外设做准备。

跟其他外设一样,STM32 标准库提供了 ADC 初始化结构体及初始化函数来配置 ADC 外设。初始化结构体及函数定义在库文件 stm32f4xx_adc.h 及 stm32f4xx_adc.c 中,编程时可以结合这两个文件内的注释使用或参考库帮助文档。

通过本任务,能够学会 ADC 的结构体及库函数,并能够设置 A/D 转换参数。

相关知识

一、如何实现 A/D 转换

实现 A/D 转换可以从一个极端例子入手,如一位数据的输出。如图 9-1,其中 U_{in} 为输入电压,U_{ref} 为参考电压,当 $U_{in} > U_{ref}$ 时,比较器能够实现输出为 1,即输出高电平,反之,$U_{in} < U_{ref}$ 时,输出为 0,低电平。这就是一位的 ADC 电路,当给定一个参考电压时,输入电压比参考电压高就是高电平,反之就是低电平。可以用比较器来实现多位的 ADC。

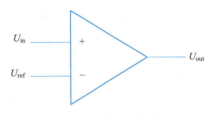

图 9-1　一位 ADC 的实现

下面来实现两位的 ADC,即输出结果为 00、01、10、11。这时把 ADC 分成 4 个挡,就至少需要 3 个比较器来对这个电压的值进行判断。

如图 9-2 所示,把输入的电压值同时给到 3 个比较器的比较端,而这 3 个比较器分别用 3 个不同的参考电压来当作阈值,于是就可以判断这个输入电压的 4 个区间,而这 4 个区间就对应 00 到 11 的两位信号,于是就得到了两位的 ADC。

例如,如果一个电压值处于 Rank2 这个挡位,3 个比较器从上往下的输出值应该依次为 011,也就是说输入电压比下面两个比较器的参考电压值要高,仅小于最上面那个比较器的参考电压值。于是比较器的输出值为 011,而实际上需要的两位信息是 00 到 11 的编码,因此还需要一个编码器,实现从比较器输出到最终编码的转换。

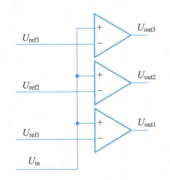 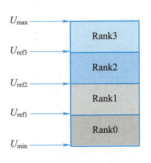

如何实现ADC

图 9-2　两位 ADC 的输出

两位数据的输出除了比较器还需要一个编码器电路,把生成的编码对应成两位的数字信号,如图 9-3 所示。可以按照这个结构,做一个分辨率更高的 ADC,称为 Flash ADC,即用比较器来对电压直接进行比较,得到结果。例如,要做一个 10 位精度的 ADC,需要多少个比较器?可以算一下,刚做了一个两位的 ADC,使用了 3 个比较器,也就是说两位的 ADC 需要 4 个挡位,需要有 3 个比较器分成 4 挡,而 10 位的 ADC,是多少挡?经过计算,$2^{10} = 1\,024$,需要 1 023 个挡位,因此需要 1 023 个比较器。此时，一个 10 位的 ADC 要把 1 023 个比较器放到一起，电路很庞大，因此这个方法不可取。但是，这种方法的 ADC 是速度最快的 ADC。

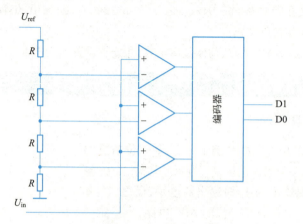

ADC转换原理

图 9-3　二位 ADC 的实现

为了能够实现 A/D 转换功能，很多人想了各种巧妙的方法设计电路，图 9-4 所示为逐次逼近式 ADC 的转换原理图。逐次逼近式 ADC 的转换原理：首先让输入电压 V_{in} 与参考电压的一半 $V_{ref}/2$ 比较，如果比它大，则输出为 1，否则输出为 0。这时最高位为 1，其余位为 0；如果比参考电压的四分之一 $V_{ref}/4$ 大，第二次就让次高位为 1，其余位为 0，之后再来比较，如果大，则输出为 1，逐次逼近最接近的数字信号值，直到所有的位都比较完，最终得到 8 位的数字信号，完成 A/D 转换。这样看来，逐次逼近式的 ADC 设计比 Flash ADC 要麻烦，需要有一个 DAC，还要有控制逻辑，让这些转换周而复始地进行工作，最终得到一个结果。绝大多数微控制器内置的 ADC 都是这样一种思路，精度一般在 8~12 位之间。

要建立一个基本概念，即 ADC 类似于电子学系统、计算机系统的一把尺子，帮助我们去测量转换成电学量以后的各种物理量。

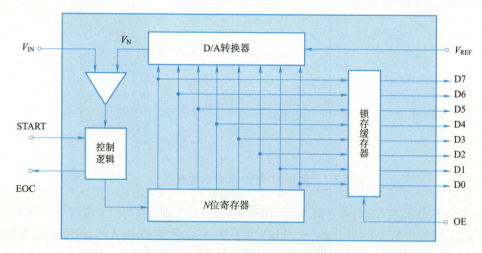

图 9-4　逐次逼近式 ADC 的转换原理图

ADC 的分辨率是指使输出数字量变化一个相邻数码所需输入模拟电压的变化量。即最小能够分辨的模拟电压值,例如12位ADC,V_{ref}为3.3 V,最小分辨率为$V_{ref}/2^{12}=0.8$ mV。

二、STM32 的 ADC 外设

STM32F407xx 系列拥有的 12 位 ADC 是逐次逼近型 A/D 转换器。它具有多达 19 个复用通道,可测量来自 16 个外部源、2 个内部源和 V_{BAT} 通道的信号。这些通道的 A/D 转换可在单次、连续、扫描或不连续采样模式下进行。ADC 的结果存储在一个左对齐或右对齐的 16 位数据寄存器中。

ADC 具有模拟看门狗特性,允许应用检测输入电压是否超过了用户自定义的阈值上限或下限。

1. ADC 主要特性

①可配置 12 位、10 位、8 位或 6 位分辨率。
②在转换结束、注入转换结束以及发生模拟看门狗或溢出事件时产生中断。
③单次和连续转换模式。
④用于自动将通道 0 转换为通道 n 的扫描模式。
⑤数据对齐以保持内置数据一致性。
⑥可独立设置各通道采样时间。
⑦外部触发器选项,可为规则转换和注入转换配置极性。
⑧不连续采样模式。
⑨双重/三重模式(具有 2 个或更多 ADC 的器件提供)。
⑩双重/三重 ADC 模式下可配置的 DMA 数据存储。
⑪双重/三重交替模式下可配置的转换间延迟。
⑫具有多种 ADC 转换类型。
⑬ADC 电源要求:全速运行时为 2.4~3.6 V,慢速运行时为 1.8 V。
⑭ADC 输入范围:$V_{REF-} \leq V_{IN} \leq V_{REF+}$。
⑮规则通道转换期间可产生 DMA 请求。

ADC的几个基本概念

STM32的ADC

2. ADC 的功能

图 9-5 所示为单个 ADC 的框图。

(1) ADC 引脚(见表 9-1)

表 9-1 ADC 引脚

名 称	信号类型	备 注
V_{REF+}	正模拟参考电压输入	ADC 高/正参考电压,$1.8\text{ V} \leq V_{REF+} \leq V_{DDA}$
V_{DDA}	模拟电源输入	模拟电源电压等于 V_{DD}; 全速运行时,$2.4\text{ V} \leq V_{DDA} \leq V_{DD}(3.6\text{ V})$; 低速运行时,$1.8\text{ V} \leq V_{DDA} \leq V_{DD}(3.6\text{ V})$
V_{REF-}	负模拟参考电压输入	ADC 低/负参考电压,$V_{REF-} = V_{SSA}$
V_{SSA}	模拟电源接地输入	模拟电源接地电压等于 V_{SS}
ADCx_IN[15:0]	模拟输入信号	16 个模拟输入通道

ADC 输入范围为 $V_{REF-} \leq V_{IN} \leq V_{REF+}$,由 V_{REF-}、V_{REF+}、V_{DDA}、V_{SSA} 这 4 个外部引脚决定。在设计原理图时一般把 V_{SSA} 和 V_{REF-} 接地,把 V_{REF+} 和 V_{DDA} 接 3V3,得到 ADC 的输入电压范围为 0~3.3 V。如

果想让输入的电压范围变宽,可以测试负电压或者更高的正电压,可以在外部加一个电压调理电路,把需要转换的电压抬升或者降压到 0~3.3 V,这样 ADC 就可以测量了。

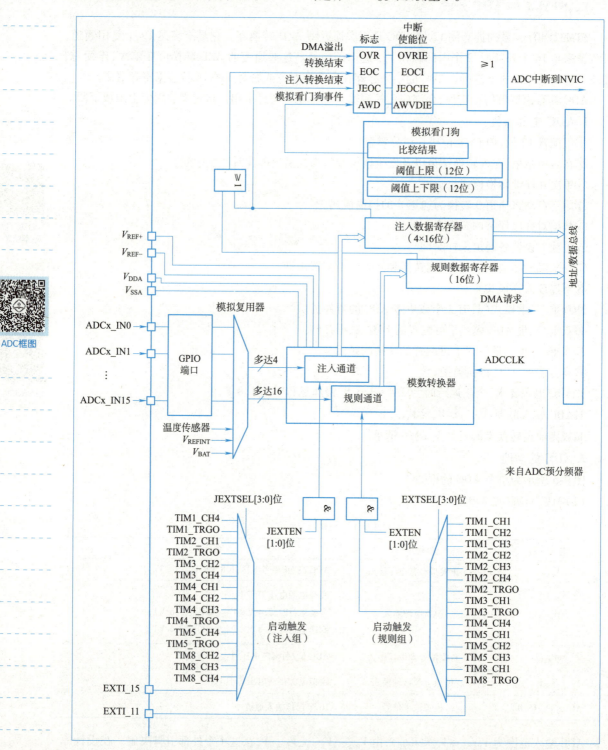

图 9-5　单个 ADC 的框图(STM32F4 参考手册 P249)

(2) ADC 时钟及转换时间

ADC 具有两个时钟方案:

①用于模拟电路的时钟:ADCCLK,所有 ADC 共用。

此时钟来自经可编程预分频器分频的 APB2 时钟,该预分频器允许 ADC 在 $f_{PCLK2}/2$、$/4$、$/6$ 或 $/8$ 下工作。ADCCLK 的最大值是 36 MHz,典型值为 30 MHz。对于 STM32F407ZGT6 的 PCLK2 = HCLK/2 = 84 MHz,程序一般使用 4 分频或者 6 分频。

②用于数字接口的时钟(用于寄存器读/写访问)

此时钟等效于 APB2 时钟,可以通过 RCCAPB2 外设时钟使能寄存器(RCC_APB2ENR)分别为每个 ADC 使能/禁止数字接口时钟。

采样时间与转换时间:

①采样时间 ADC 需要若干个 ADC_CLK 周期完成对输入的电压进行采样,采样的周期数可通过 ADC 采样时间寄存器 ADC_SMPR1 和 ADC_SMPR2 中的 SMP[2:0]位设置,ADC_SMPR2 控制的是通道 0~9,ADC_SMPR1 控制的是通道 10~17。每个通道可以分别用不同的时间采样,其中采样周期最小是 3 个,即如果要达到最快的采样,应该设置采样周期为 3 个周期,这里说的周期就是 1/ADC_CLK。

②ADC 的总转换时间同 ADC 的输入时钟和采样时间有关,公式为 T_{conv} = 采样时间 + 12 个周期,当 ADCCLK = 30 MHz,即 PCLK2 为 60 MHz 时,ADC 时钟为 2 分频,采样时间设置为 3 个周期,那么总的转换时间为 T_{conv} = 3 + 12 = 15 个周期 = 0.5 μs。一般设置 PCLK2 = 84 MHz,经过 ADC 预分频器能分频到最大的时钟只能是 21 MHz,采样周期设置为 3 个周期,算出最短的转换时间为 0.714 2 μs。

(3) 通道选择

有 16 条复用通道。可以将转换分为两组:规则转换和注入转换。每个组包含一个转换序列,该序列可按任意顺序在任意通道上完成。例如,可按以下顺序对序列进行转换:ADC_IN3、ADC_IN8、ADC_IN2、ADC_IN2、ADC_IN0、ADC_IN2、ADC_IN2、ADC_IN15。这 16 个通道对应着不同的 IO 口,见表 9-2。

表 9-2 ADC 的 GPIO 分配

ADC1	GPIO	ADC2	GPIO	ADC3	GPIO
通道 0	PA0	通道 0	PA0	通道 0	PA0
通道 1	PA1	通道 1	PA1	通道 1	PA1
通道 2	PA2	通道 2	PA2	通道 2	PA2
通道 3	PA3	通道 3	PA3	通道 3	PA3
通道 4	PA4	通道 4	PA4	通道 4	PF6
通道 5	PA5	通道 5	PA5	通道 5	PF7
通道 6	PA6	通道 6	PA6	通道 6	PF8
通道 7	PA7	通道 7	PA7	通道 7	PF9
通道 8	PB0	通道 8	PB0	通道 8	PF10
通道 9	PB1	通道 9	PB1	通道 9	PF3
通道 10	PC0	通道 10	PC0	通道 10	PC0
通道 11	PC1	通道 11	PC1	通道 11	PC1

续上表

ADC1	GPIO	ADC2	GPIO	ADC3	GPIO
通道 12	PC2	通道 12	PC2	通道 12	PC2
通道 13	PC3	通道 13	PC3	通道 13	PC3
通道 14	PC4	通道 14	PC4	通道 14	PF4
通道 15	PC5	通道 15	PC5	通道 15	PF5
通道 16	内部温度传感器	通道 16	连接内部 V_{SS}	通道 16	连接内部 V_{SS}
通道 17	内部参考电压 V_{REFINT}	通道 17	连接内部 V_{SS}	通道 17	连接内部 V_{SS}
通道 18	V_{BAT} 通道	通道 18	连接内部 V_{SS}	通道 18	连接内部 V_{SS}

一个规则转换组最多由 16 个转换构成。必须在 ADC_SQRx 寄存器中选择转换序列的规则通道及其顺序。规则转换组中的转换总数必须写入 ADC_SQR1 寄存器中的 L[3:0] 位。

一个注入转换组最多由 4 个转换构成。必须在 ADC_JSQR 寄存器中选择转换序列的注入通道及其顺序。注入转换组中的转换总数必须写入 ADC_JSQR 寄存器中的 L[1:0] 位。

如果在转换期间修改 ADC_SQRx 或 ADC_JSQR 寄存器,将复位当前转换并向 ADC 发送一个新的启动脉冲,以转换新选择的组。

温度传感器、V_{REFINT} 和 V_{BAT} 内部通道:

对于 STM32F40x 和 STM32F41x 器件,温度传感器内部连接到通道 ADC1_IN16。

内部参考电压 V_{REFINT} 连接到 ADC1_IN17。

V_{BAT} 通道连接到通道 ADC1_IN18。该通道也可转换为注入通道或规则通道。

外部的 16 个通道在转换时又分为规则通道和注入通道,其中规则通道最多有 16 路,注入通道最多有 4 路。

① 规则通道:一般使用的就是这个通道,或者说用到的都是这个通道,没有什么特别要注意的。

② 注入通道:注入,可以理解为插入、插队的意思,是一种"不安分"的通道。它是一种在规则通道转换时强行插入要转换的一种通道。如果在规则通道转换过程中,有注入通道插队,就要先转换完注入通道,等注入通道转换完成后,再回到规则通道的转换流程。这点与中断程序很像。所以,注入通道只有在规则通道存在时才会出现。

(4) 单次转换模式

在单次转换模式下,ADC 执行一次转换。CONT 位为 0 时,可通过以下方式启动此模式:

① 将 ADC_CR2 寄存器中的 SWSTART 位置 1(仅适用于规则通道)。

② 将 JSWSTART 位置 1(适用于注入通道)。

③ 外部触发(适用于规则通道或注入通道)。

完成所选通道的转换之后:

① 如果转换了规则通道:

- 转换数据存储在 16 位 ADC_DR 寄存器中。
- EOC(转换结束)标志置 1。
- EOCIE 位置 1 时将产生中断。

② 如果转换了注入通道:

- 转换数据存储在 16 位 ADC_JDR1 寄存器中。

- JEOC(注入转换结束)标志置1。
- JEOCIE 位置 1 时将产生中断。

然后,ADC 停止。

(5)连续转换模式

在连续转换模式下,ADC 结束一个转换后立即启动一个新的转换。CONT 位为 1 时,可通过外部触发或将 ADC_CR2 寄存器中的 SWSTRT 位置 1 来启动此模式(仅适用于规则通道)。

每次转换之后,如果转换了规则通道组:

①上次转换的数据存储在 16 位 ADC_DR 寄存器中。

②EOC(转换结束)标志置 1。

③EOCIE 位置 1 时将产生中断。

注意:无法连续转换注入通道。

(6)时序图

如图 9-6 所示,ADC 在开始精确转换之前需要一段稳定时间 t_{STAB}。ADC 开始转换并经过 15 个时钟周期后,EOC 标志置 1,转换结果存放在 16 位 ADC 数据寄存器中。

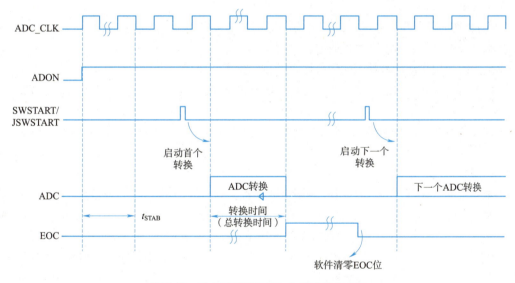

图 9-6　时序图(STM32F4 参考手册 P252)

(7)不连续采样模式

①规则组:可将 ADC_CR1 寄存器中的 DISCEN 位置 1 来使能此模式。该模式可用于转换含有 n ($n \leq 8$)个转换的短序列,该短序列是在 ADC_SQRx 寄存器中选择的转换序列的一部分。可通过写入 ADC_CR1 寄存器中的 DISCNUM[2:0]位来指定 n 的值。

出现外部触发时,将启动在 ADC_SQRx 寄存器中选择的接下来的 n 个转换,直到序列中的所有转换均完成为止。通过 ADC_SQR1 寄存器中的 L[3:0]位定义总序列长度。

示例:

$n=3$,要转换的通道 =0、1、2、3、6、7、9、10。

第 1 次触发:转换序列 0、1、2。

第 2 次触发:转换序列 3、6、7。

第 3 次触发:转换序列 9、10 并生成 EOC 事件。
第 4 次触发:转换序列 0、1、2。
注意:在不连续采样模式下转换规则组时,不会出现翻转。

转换完所有子组后,下一个触发信号将启动第一个子组的转换。在上述示例中,第 4 次触发重新转换了第一次触发的通道 0、1 和 2。

②注入组:可将 ADC_CR1 寄存器中的 JDISCEN 位置 1 来使能此模式。在出现外部触发事件之后,可使用该模式逐通道转换在 ADC_JSQR 寄存器中选择的序列。

出现外部触发时,将启动在 ADC_JSQR 寄存器中选择的下一个通道转换,直到序列中的所有转换均完成为止。通过 ADC_JSQR 寄存器中的 JL[1:0] 位定义总序列长度。

示例:
$n=1$,要转换的通道 =1、2、3。
第 1 次触发:转换通道 1。
第 2 次触发:转换通道 2。
第 3 次触发:转换通道 3 并生成 EOC 和 JEOC 事件。
第 4 次触发:通道 1。

注意:转换完所有注入通道后,下一个触发信号将启动第一个注入通道的转换。在上述示例中,第 4 次触发重新转换了第 1 个注入通道。

不能同时使用自动注入和不连续采样模式。

不能同时为规则组和注入组设置不连续采样模式,只能针对一个组使能不连续采样模式。

(8) 数据寄存器

一切准备就绪后,ADC 转换后的数据根据转换组的不同,规则组的数据放在 ADC_DR 寄存器,注入组的数据放在 JDRx。如果使用双重或者三重模式,则规则组的数据存放在通用规则寄存器 ADC_CDR 内。

①规则数据寄存器 ADC_DR:ADC 规则组数据寄存器 ADC_DR 只有一个,是一个 32 位的寄存器,只有低 16 位有效,并且只用于独立模式存放转换完成数据。因为 ADC 的最大精度是 12 位,ADC_DR 是 16 位有效,这样允许 ADC 存放数据时选择左对齐或者右对齐,具体是以哪一种方式存放,由 ADC_CR2 的 11 位 ALIGN 设置。假如设置 ADC 精度为 12 位,如果设置数据为左对齐,则 AD 转换完成数据存放在 ADC_DR 寄存器的[4:15]位内;如果设置数据为右对齐,则存放在 ADC_DR 寄存器的[0:11]位内。规则通道可以有 16 个,但规则数据寄存器只有一个,如果使用多通道转换,转换的数据就全部挤在 DR 中,前一个时间点转换的通道数据,就会被下一个时间点的另外一个通道转换的数据覆盖,所以当通道转换完成后就应该把数据取走,或者开启 DMA 模式,把数据传输到内存中,否则就会造成数据覆盖。最常用的做法就是开启 DMA 传输。如果没有使用 DMA 传输,一般需要使用 ADC 状态寄存器 ADC_SR 获取当前 ADC 转换的进度状态,进而进行程序控制。

②注入数据寄存器 ADC_JDRx:ADC 注入组最多有 4 个通道,刚好注入数据寄存器也有 4 个,每个通道对应着自己的寄存器,不会像规则寄存器那样产生数据覆盖问题。ADC_JDRx 是 32 位的,低 16 位有效,高 16 位保留,数据同样分为左对齐和右对齐,具体是以哪一种方式存放,由 ADC_CR2 的 11 位 ALIGN 设置。

③通用规则数据寄存器 ADC_CDR:规则数据寄存器 ADC_DR 仅适用于独立模式,而通用规则数据寄存器 ADC_CDR 则适用于双重和三重模式。独立模式就是仅仅使用 3 个 ADC 的其中 1 个,双

重模式就是同时使用 ADC1 和 ADC2,而三重模式就是 3 个 ADC 同时使用。在双重或者三重模式下一般需要配合 DMA 数据传输使用。

(9)中断

①转换结束中断:数据转换结束后,可以产生中断。中断分为 4 种:规则通道转换结束中断、注入转换通道转换结束中断、模拟看门狗中断和溢出中断。其中,转换结束中断很好理解,与平时接触的中断一样,有相应的中断标志位和中断使能位,还可以根据中断类型写相应配套的中断服务程序。

②模拟看门狗中断:当被 ADC 转换的模拟电压低于低阈值或者高于高阈值时,就会产生中断,前提是开启了模拟看门狗中断,其中低阈值和高阈值由 ADC_LTR 和 ADC_HTR 设置。例如,设置高阈值是 2.5 V,那么模拟电压超过 2.5 V 时,就会产生模拟看门狗中断,反之低阈值也一样。

③溢出中断:如果发生 DMA 传输数据丢失,会置位 ADC 状态寄存器 ADC_SR 的 OVR 位;如果同时使能了溢出中断,则在转换结束后会产生一个溢出中断。

④DMA 请求:规则和注入通道转换结束后,除了产生中断外,还可以产生 DMA 请求,把转换好的数据直接存储在内存中。对于独立模式的多通道 A/D 转换使用 DMA 传输非常有必要,程序编程简化了很多。对于双重或三重模式使用 DMA 传输甚至可以说是必需的。

(10)电压转换

模拟电压经过 ADC 转换后,是一个有相对精度的数字值,需要把数字电压转换成模拟电压,也可以跟实际的模拟电压(用万用表测)对比,看转换是否准确。一般在设计原理图时会把 ADC 的输入电压范围设置在 0~3.3 V,如果设置 ADC 为 12 位的,那么 12 位满量程对应的就是 3.3 V,12 位满量程对应的数字值是 2^{12}。数值 0 对应的就是 0 V。如果转换后的数值为 X,X 对应的模拟电压为 Y,会有这样一个等式成立:$2^{12}/3.3 = X/Y$,得到 $Y = (3.3X)/2^{12}$。

三、ADC 的结构体

1. ADC_InitTypeDef 结构体

ADC_InitTypeDef 结构体定义在 stm32f4xx_adc.h 文件内。具体定义如下:

```
typedef struct{
    uint32_t ADC_Resolution;                        //ADC 分辨率选择
    FunctionalState ADC_ScanConvMode;               //ADC 扫描选择
    FunctionalState ADC_ContinuousConvMode;         //ADC 连续转换模式选择
    uint32_t ADC_ExternalTrigConvEdge;              //ADC 外部触发极性
    uint32_t ADC_ExternalTrigConv;                  //ADC 外部触发选择
    uint32_t ADC_DataAlign;                         //输出数据对齐方式
    uint8_t ADC_NbrOfChannel;                       //转换通道数目
}ADC_InitTypeDef;
```

①ADC_Resolution:配置 ADC 的分辨率,可选的分辨率有 12 位、10 位、8 位和 6 位,见表 9-3。分辨率越高,A/D 转换数据精度越高,转换时间也越长;分辨率越低,A/D 转换数据精度越低,转换时间也越短。

表 9-3 ADC_Resolution 取值

ADC_Resolution 取值	描述
ADC_Resolution_12b	分辨率为 12 位

续上表

ADC_Resolution 取值	描述
ADC_Resolution_10b	分辨率为 10 位
ADC_Resolution_8b	分辨率为 8 位
ADC_Resolution_6b	分辨率为 6 位

例如,配置 12 位的分辨率为:

`ADC_InitStructure.ADC_Resolution = ADC_Resolution_12b;`

②ScanConvMode:可选输入参数为 ENABLE 和 DISABLE(见表9-4),配置是否使用扫描。如果是单通道 A/D 转换使用 DISABLE,如果是多通道 A/D 转换使用 ENABLE。

表 9-4　ScanConvMode 取值

ScanConvMode 取值	描述
ENABLE	多通道 A/D 转换
DISABLE	单通道 A/D 转换

例如,若通道不扫描,我们可以配置为:

`ADC_InitStructure.ADC_ScanConvMode = DISABLE;`

③ADC_ContinuousConvMode:可选输入参数为 ENABLE 和 DISABLE(见表9-5),配置是启动自动连续转换还是单次转换。使用 ENABLE 配置为使能自动连续转换;使用 DISABLE 配置为单次转换,转换一次后停止需要手动控制才重新启动转换。

表 9-5　ADC_ContinuousConvMode 取值

ADC_ContinuousConvMode 取值	描述
ENABLE	使能自动连续转换
DISABLE	单次转换

例如,连续转换配置为:

`ADC_InitStructure.ADC_ContinuousConvMode = ENABLE;          //连续转换`

④ADC_ExternalTrigConvEdge:外部触发极性选择,如果使用外部触发,可以选择触发的极性,可选有禁止触发检测、上升沿触发检测、下降沿触发检测以及上升沿和下降沿均可触发检测,见表9-6。

表 9-6　ADC_ExternalTrigConvEdge 取值

ADC_ExternalTrigConvEdge 取值	描述
ADC_ExternalTrigConvEdge_None	禁止触发检测
ADC_ExternalTrigConvEdge_Rising	上升沿触发检测
ADC_ExternalTrigConvEdge_Falling	下降沿触发检测
ADC_ExternalTrigConvEdge_RisingFalling	上升沿和下降沿均可触发检测

例如,禁止外部边沿触发可以配置为:

`ADC_InitStructure.ADC_ExternalTrigConvEdge = ADC_ExternalTrigConvEdge_None;`

⑤ADC_ExternalTrigConv：外部触发选择，可根据项目需求配置触发来源，一般使用软件自动触发，因此这里可以随便赋值，见表 9-7。

表 9-7　ADC_ExternalTrigConv 取值

ADC_ExternalTrigConv 取值	描　　述
ADC_ExternalTrigConv_T1_CC1	选择定时器 1 的捕获比较 1 作为转换外部触发
ADC_ExternalTrigConv_T1_CC2	选择定时器 1 的捕获比较 2 作为转换外部触发
ADC_ExternalTrigConv_T1_CC3	选择定时器 1 的捕获比较 3 作为转换外部触发
ADC_ExternalTrigConv_T2_CC2	选择定时器 2 的捕获比较 2 作为转换外部触发
ADC_ExternalTrigConv_T2_CC3	选择定时器 2 的捕获比较 3 作为转换外部触发
ADC_ExternalTrigConv_T2_CC4	选择定时器 2 的捕获比较 4 作为转换外部触发
ADC_ExternalTrigConv_T2_TRGO	选择定时器 2 的 TRGO 作为转换外部触发
ADC_ExternalTrigConv_T3_CC1	选择定时器 3 的捕获比较 1 作为转换外部触发
ADC_ExternalTrigConv_T3_TRGO	选择定时器 3 的 TRGO 作为转换外部触发
ADC_ExternalTrigConv_T4_CC4	选择定时器 4 的捕获比较 4 作为转换外部触发
ADC_ExternalTrigConv_T5_CC1	选择定时器 5 的捕获比较 1 作为转换外部触发
ADC_ExternalTrigConv_T5_CC2	选择定时器 5 的捕获比较 2 作为转换外部触发
ADC_ExternalTrigConv_T5_CC3	选择定时器 5 的捕获比较 3 作为转换外部触发
ADC_ExternalTrigConv_T8_CC1	选择定时器 8 的捕获比较 1 作为转换外部触发
ADC_ExternalTrigConv_T8_TRGO	选择定时器 8 的 TRGO 作为转换外部触发
ADC_ExternalTrigConv_Ext_IT11	选择外部中断线 11 事件作为转换外部触发

使用软件触发，此值随便赋值即可：

```
ADC_InitStructure.ADC_ExternalTrigConv = ADC_ExternalTrigConv_Ext_IT11;
```

⑥ADC_DataAlign：转换结果数据对齐模式，可选右对齐 ADC_DataAlign_Right 或者左对齐 ADC_DataAlign_Left（见表 9-8），一般选择右对齐模式。

表 9-8　ADC_DataAlign 取值

ADC_DataAlign 取值	描　　述
ADC_DataAlign_Right	ADC 数据右对齐
ADC_DataAlign_Left	ADC 数据左对齐

例如，右对齐配置为：

```
ADC_InitStructure.ADC_DataAlign = ADC_DataAlign_Right;
```

⑦ADC_NbrOfChannel：A/D 转换通道数目。这个输入参数可以选择 1～16，下面的代码表示转换通道是 1 个。

```
ADC_InitStructure.ADC_NbrOfConversion = 1;        //转换通道 1 个
```

2. ADC_CommonInitTypeDef 通用初始化结构体

ADC 除了有 ADC_InitTypeDef 初始化结构体外，还有一个 ADC_CommonInitTypeDef 通用初始化

结构体。ADC_CommonInitTypeDef 结构体内容决定 3 个 ADC 共用的工作环境,如模式选择、ADC 时钟等。

ADC_CommonInitTypeDef 结构体也是定义在 stm32_f4xx.h 文件中。具体定义如下:

```
typedef struct{
    uint32_t ADC_Mode;               //ADC 模式选择
    uint32_t ADC_Prescaler;          //ADC 分频系数
    uint32_t ADC_DMAAccessMode;      //DMA 模式配置
    uint32_t ADC_TwoSamplingDelay;   //采样延迟
}ADC_InitTypeDef;
```

①ADC_Mode:ADC 工作模式选择,有独立模式、双重模式以及三重模式,见表 9-9。

表 9-9 ADC_Mode 取值

ADC_Mode 取值	描 述
ADC_Mode_Independent	独立模式
ADC_DualMode_RegSimult_InjecSimult	双重模式 ADC 工作在同步规则和同步注入模式
ADC_DualMode_RegSimult_AlterTrig	双重模式 ADC 工作在同步规则模式和交替触发模式
ADC_DualMode_InjecSimult	双重模式 ADC 工作在同步注入模式
ADC_DualMode_RegSimult	双重模式 ADC 工作在同步规则模式
ADC_DualMode_Interl	双重模式 ADC 工作在慢速交替模式
ADC_DualMode_AlterTrig	双重模式 ADC 工作在交替触发模式
ADC_TripleMode_RegSimult_InjecSimult	三重模式 ADC 工作在同步规则和同步注入模式
ADC_TripleMode_RegSimult_AlterTrig	三重模式 ADC 工作在同步规则模式和交替触发模式
ADC_TripleMode_InjecSimult	三重模式 ADC 工作在同步注入模式
ADC_TripleMode_RegSimult	三重模式 ADC 工作在同步规则模式
ADC_TripleMode_Interl	三重模式 ADC 工作在慢速交替模式
ADC_TripleMode_AlterTrig	三重模式 ADC 工作在交替触发模式

工作在独立模式配置为:

```
ADC_CommonInitStructure.ADC_Mode = ADC_Mode_Independent;
```

②ADC_Prescaler:ADC 时钟分频系数选择,ADC 时钟是有 PCLK2 分频而来,分频系数决定 ADC 时钟频率,可选的分频系数为 2、4、6 和 8,见表 9-10。ADC 最大时钟配置为 36 MHz。

表 9-10 ADC_Prescaler 取值

ADC_Prescaler	描 述
ADC_Prescaler_Div2	2 分频
ADC_Prescaler_Div4	4 分频
ADC_Prescaler_Div6	6 分频
ADC_Prescaler_Div8	8 分频

```
ADC_CommonInitStructure.ADC_Prescaler = ADC_Prescaler_Div4;    //时钟为 $f_{PCLK}$ 的 4 分频
```

③ADC_DMAAccessMode：DMA 模式设置，只有在双重或者三重模式才需要设置，可以设置 3 种模式，见表 9-11。

表 9-11　ADC_DMAAccessMode 取值

ADC_DMAAccessMode	描　　述
ADC_DMAAccessMode_Disabled	禁止 DMA 直接访问模式
ADC_DMAAccessMode_1	在双重或者三重模式才需要设置，可以设置 3 种模式，此为模式 1
ADC_DMAAccessMode_2	模式 2
ADC_DMAAccessMode_3	模式 3

④ADC_TwoSamplingDelay：2 个采样阶段之前的延迟，仅适用于双重或三重交错模式，见表 9-12。

表 9-12　ADC_TwoSamplingDelay 取值

ADC_TwoSamplingDelay	描　　述
ADC_TwoSamplingDelay_5Cycles	采样时间间隔 5 个周期
ADC_TwoSamplingDelay_6Cycles	采样时间间隔 6 个周期
ADC_TwoSamplingDelay_7Cycles	采样时间间隔 7 个周期
ADC_TwoSamplingDelay_8Cycles	采样时间间隔 8 个周期
ADC_TwoSamplingDelay_9Cycles	采样时间间隔 9 个周期
ADC_TwoSamplingDelay_10Cycles	采样时间间隔 10 个周期
ADC_TwoSamplingDelay_11Cycles	采样时间间隔 11 个周期
ADC_TwoSamplingDelay_12Cycles	采样时间间隔 12 个周期
ADC_TwoSamplingDelay_13Cycles	采样时间间隔 13 个周期
ADC_TwoSamplingDelay_14Cycles	采样时间间隔 14 个周期
ADC_TwoSamplingDelay_15Cycles	采样时间间隔 15 个周期
ADC_TwoSamplingDelay_16Cycles	采样时间间隔 16 个周期
ADC_TwoSamplingDelay_17Cycles	采样时间间隔 17 个周期
ADC_TwoSamplingDelay_18Cycles	采样时间间隔 18 个周期
ADC_TwoSamplingDelay_19Cycles	采样时间间隔 19 个周期
ADC_TwoSamplingDelay_20Cycles	采样时间间隔 20 个周期

采样时间间隔为 20 个周期：

```
ADC_CommonInitStructure.ADC_TwoSamplingDelay = ADC_TwoSamplingDelay_20Cycles;
```

四、ADC 的库函数

1. 函数 void ADC_Init（ADC_TypeDef * ADCx，ADC_InitTypeDef * ADC_InitStruct）

函数功能：根据 ADC_InitStruct 中指定的输入参数初始化外设 ADCx 的寄存器。

输入参数 1：ADCx，其 x 可以是 1 或者 2，用来选择 ADC 外设 ADC1 或 ADC2 或 ADC3。

输入参数 2：ADC_InitStruct，指向结构 ADC_InitTypeDef 的指针。

2. 函数 void ADC_CommonInit（ADC_CommonInitTypeDef * ADC_CommonInitStruct）

函数功能：根据指定输入参数初始化 ADC_Common 结构体。

输入参数：结构体 ADC_CommonInitStruct。

3. 函数 void ADC_RegularChannelConfig（ADC_TypeDef * ADCx，uint8_t ADC_Channel，uint8_t Rank，uint8_t ADC_SampleTime）

函数功能：设置指定 ADC 的规则组通道，设置它们的转化顺序和采样时间。

输入参数 1：ADCx，其中 x 可以是 1 或者 2，用来选择 ADC 外设 ADC1 或 ADC2 或 ADC3。

输入参数 2：ADC_Channel，被设置的 ADC 通道。

输入参数 3：Rank，规则组采样顺序，取值范围 1~16。

输入参数 4：ADC_SampleTime，指定 ADC 通道的采样时间。

ADC_Channel 的取值见表 9-13。

ADC的库函数

表 9-13　ADC_Channel 取值

ADC_Channel	描　　述
ADC_Channel_0	选择 ADC 通道 0
ADC_Channel_1	选择 ADC 通道 1
ADC_Channel_2	选择 ADC 通道 2
ADC_Channel_3	选择 ADC 通道 3
ADC_Channel_4	选择 ADC 通道 4
ADC_Channel_5	选择 ADC 通道 5
ADC_Channel_6	选择 ADC 通道 6
ADC_Channel_7	选择 ADC 通道 7
ADC_Channel_8	选择 ADC 通道 8
ADC_Channel_9	选择 ADC 通道 9
ADC_Channel_10	选择 ADC 通道 10
ADC_Channel_11	选择 ADC 通道 11
ADC_Channel_12	选择 ADC 通道 12
ADC_Channel_13	选择 ADC 通道 13
ADC_Channel_14	选择 ADC 通道 14
ADC_Channel_15	选择 ADC 通道 15
ADC_Channel_16	选择 ADC 通道 16
ADC_Channel_17	选择 ADC 通道 17
ADC_Channel_18	选择 ADC 通道 18

ADC_SampleTime 的取值见表 9-14。

表 9-14　ADC_SampleTime 取值

ADC_SampleTime	描　　述
ADC_SampleTime_3Cycles	采样时间为 3 周期
ADC_SampleTime_15Cycles	采样时间为 15 周期
ADC_SampleTime_28Cycles	采样时间为 28 周期

续上表

ADC_SampleTime	描　述
ADC_SampleTime_56Cycles	采样时间为 56 周期
ADC_SampleTime_84Cycles	采样时间为 84 周期
ADC_SampleTime_144Cycles	采样时间为 144 周期
ADC_SampleTime_480Cycles	采样时间为 480 周期

例如,指定 ADC1 的通道 2 作为转换通道,采样顺序是第一,并且采样时间为 3 个周期。

```
ADC_RegularChannelConfig(ADC1, ADC_Channel_2, 1, ADC_SampleTime_3Cycles);
```

4. 函数 void ADC_Cmd(ADC_TypeDef * ADCx, FunctionalState NewState)

函数功能:使能或者失能指定的 ADC。

输入参数 1:ADCx,其中 x 可以是 1 或者 2,用来选择 ADC 外设 ADC1 或 ADC2、ADC3。

输入参数 2:NewState,外设 ADCx 的新状态,这个输入参数可以取 ENABLE 或者 DISABLE。

例如使能 ADC3 可以写为:

```
ADC_Cmd(ADC1, ENABLE);
```

5. 函数 void ADC_SoftwareStartConv(ADC_TypeDef * ADCx)

函数功能:使能指定的 ADC 的软件转换启动功能。

输入参数 1:ADCx,其中 x 可以是 1 或者 2,用来选择 ADC 外设 ADC1 或 ADC2、ADC3。

例如,使能 ADC3 的软件转换启动:

```
ADC_SoftwareStartConv(ADC3);
```

6. 函数 uint16_t ADC_GetConversionValue(ADC_TypeDef * ADCx)

函数功能:返回最近一次 ADCx 规则组的转换结果。

输入参数 1:ADCx,其中 x 可以是 1、2、3,用来选择 ADC 外设 ADC1 或 ADC2 或 ADC3。

例如,返回最近一次 ADC3 的转换结果给变量 ADC_ConvertedValue:

```
ADC_ConvertedValue = ADC_GetConversionValue(ADC3);
```

7. 函数 void ADC_ITConfig(ADC_TypeDef * ADCx, uint16_t ADC_IT, FunctionalState NewState)

函数功能:使能或者失能指定的 ADC 的中断。

输入参数 1:ADCx,其中 x 可以是 1、2、3,用来选择 ADC 外设 ADC1 或 ADC2 或 ADC3。

输入参数 2:ADC_IT,将要被使能或者失能的指定 ADC 中断源。

输入参数 3:NewState,指定 ADC 中断的新状态,可以取 ENABLE 或者 DISABLE。

ADC_IT 的取值见表 9-15。

表 9-15　ADC_IT 的取值

ADC_IT	描　述
ADC_IT_EOC	转换结束中断
ADC_IT_AWD	模拟看门狗中断
ADC_IT_JEOC	注入组转换结束中断
ADC_IT_OVR	溢出中断

例如,使能 ADC3 的转换结束中断:

```
ADC_ITConfig(ADC3,ADC_IT_EOC,ENABLE);
```

8. 函数 FlagStatus ADC_GetFlagStatus(ADC_TypeDef * ADCx, uint8_t ADC_FLAG)

函数功能:检查指定的 ADC 标志位置 1 与否。

输入参数 1:ADCx,其中 x 可以是 1、2、3,选择 ADC 外设 ADC1 或 ADC2 或 ADC3。

输入参数 2:ADC_FLAG,指定需要检查的标志位。

ADC_FLAG 的取值见表 9-16。

表 9-16 ADC_FLAG 的取值

ADC_FLAG	描 述
ADC_FLAG_AWD	模拟看门狗标志位
ADC_FLAG_EOC	转换结束标志位
ADC_FLAG_JEOC	注入组转换结束标志位
ADC_FLAG_JSTRT	注入组转换开始标志位
ADC_FLAG_STRT	规则组转换开始标志位
ADC_FLAG_OVR	溢出标志位

例如,检查 ADC1 的转换结束标志位是否设置为 1:

```
FlagStatus Status;
Status = ADC_GetFlagStatus(ADC1,ADC_FLAG_EOC);
```

9. 函数 void ADC_ClearFlag(ADC_TypeDef * ADCx, uint8_t ADC_FLAG)

函数功能:清除 ADCx 的待处理标志位。

输入参数 1:ADCx,其中 x 可以是 1、2、3,选择 ADC 外设 ADC1 或 ADC2 或 ADC3。

输入参数 2:ADC_FLAG,待处理的标志位,使用操作符"|"可以同时清除 1 个以上的标志位。

例如,清除 ADC2 的规则组转换开始标志位:

```
ADC_ClearFlag(ADC2,ADC_FLAG_STRT);
```

10. 函数 ITStatus ADC_GetITStatus(ADC_TypeDef * ADCx, uint16_t ADC_IT)

函数功能:检查指定的 ADC 中断是否发生。

输入参数 1:ADCx,其中 x 可以是 1、2、3,选择 ADC 外设 ADC1 或 ADC2 或 ADC3。

输入参数 2:ADC_IT,将要被检查指定 ADC 中断源。

例如,检查指定的 ADC1 看门狗中断是否发生:

```
ITStatus Status;
Status = ADC_GetITStatus(ADC1,ADC_IT_AWD);
```

11. 函数 void ADC_ClearITPendingBit(ADC_TypeDef * ADCx, uint16_t ADC_IT)

函数功能:清除 ADCx 的中断待处理位。

输入参数 1:ADCx,其中 x 可以是 1、2、3,选择 ADC 外设 ADC1 或 ADC2 或 ADC3。

输入参数 2:ADC_IT,带清除的 ADC 中断待处理位。

例如,清除 ADC2 的 JEOC 注入组转换结束标志位:

```
ADC_ClearITPendingBit(ADC2,ADC_IT_JEOC);
```

任务实施

配置 ADC 相关参数

1. 配置 ADC_InitStructure 的参数

```
ADC_InitTypeDef    ADC_InitStructure;                        //定义结构体
ADC_InitStructure.ADC_ScanConvMode = ENABLE;                 //多通道 AD 转换
ADC_InitStructure.ADC_ContinuousConvMode = DISABLE;          //单次转换模式
ADC_InitStructure.ADC_ExternalTrigConvEdge = ADC_ExternalTrigConvEdge_None;
                                                             //禁止外部边沿触发
ADC_InitStructure.ADC_ExternalTrigConv = ADC_ExternalTrigConv_Ext_IT11;
                                                             //使用软件触发,此值可任意
ADC_InitStructure.ADC_DataAlign = ADC_DataAlign_Right;
                                                             //数据右对齐
ADC_InitStructure.ADC_NbrOfChannel = 16;                     //转换通道是 16 个
ADC_Init(ADC1, &ADC_InitStructure);                          //初始化结构体
```

2. 配置 ADC_CommonInitTypeDef 的参数

```
ADC_CommonInitTypeDef    ADC_CommonInitStructure;            //定义结构体
ADC_CommonInitStructure.ADC_Mode = ADC_Mode_Independent;     //独立模式
ADC_CommonInitStructure.ADC_Prescaler = ADC_Prescaler_Div4;  //4 分频
ADC_CommonInitStructure.ADC_DMAAccessMode = ADC_DMAAccessMode_Disabled;
                                                             //禁止 DMA 直接访问模式
ADC_CommonInitStructure.ADC_TwoSamplingDelay = ADC_TwoSamplingDelay_20Cycles;
                                                             //采样时间间隔 20 个周期
ADC_CommonInit(&ADC_CommonInitStructure);                    //初始化结构体
```

初始化ADC_Common结构体

任务二 通过 ADC 采集电压值

任务描述

本任务要通过独立模式单通道进行 ADC 采集。

相关知识

一、硬件连接方式

STM32F407 的 ADC 可以采集外设的电压值,可以通过一个滑动变阻器来完成实验。STM32F407 的 ADC 有 3 个,表 9-17ADC 通道选择 ADC3 的通道 6:PF8 作为 ADC 的采集通道,见表 9-17。

表 9-17 ADC 通道

通 道 号	ADC1	ADC2	ADC3
通道 0	PA0	PA0	PA0
通道 1	PA1	PA1	PA1
通道 2	PA2	PA2	PA2
通道 3	PA3	PA3	PA3
通道 4	PA4	PA4	PF6
通道 5	PA5	PA5	PF7
通道 6	PA6	PA6	PF8
通道 7	PA7	PA7	PF9
通道 8	PB0	PB0	PF10
通道 9	PB1	PB1	PF3
通道 10	PC0	PC0	PC0
通道 11	PC1	PC1	PC1
通道 12	PC2	PC2	PC2
通道 13	PC13	PC13	PC13
通道 14	PC4	PC4	PF4
通道 15	PC5	PC5	PF5

连接方式为滑动变阻器的两端分别接 3.3 V 和 GND，中间端子接 PF8，如图 9-7 所示。

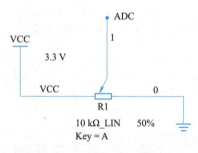

图 9-7 滑动变阻器接线图

二、独立模式单通道 ADC 采集编程要点

ADC 的采集方式有很多模式，下面采用独立模式，单通道-中断的方式进行 ADC 采集。按照前面的经验，总结出 6 个编程要点：

①打开 GPIO 时钟、ADC 时钟。

②ADC 通道端口配置。

③配置 ADC。

④配置中断。

⑤配置通道的转换顺序、使能 ADC 中断、使能 ADC、触发 ADC 开始转换。

⑥编写 main() 函数、中断服务函数，获取 ADC 的转换结果。

任务实施

通过 ADC 采集电压值

1. 打开 GPIO 时钟、ADC 时钟

GPIO 挂载在 AHB 时钟总线上，因此使能 RCC_AHB1Periph_GPIOF 即可，而 ADC 都挂载在 APB2 时钟总线上，所以使能 APB2 的时钟。代码如下：

```
RCC_AHB1PeriphClockCmd(RCC_AHB1Periph_GPIOF,ENABLE);      //打开 GPIOF 的时钟
RCC_APB2PeriphClockCmd(RCC_APB2Periph_ADC3,ENABLE);       //打开 ADC3 的时钟
```

2. ADC 通道端口配置

进行 ADC 通道端口配置时，与原来的 GPIO 最大的不同就是模式（MODE）变成了模拟模式——AN（模拟模式）。其余的输入参数跟之前的基本相同。代码如下：

```
GPIO_InitStructure.GPIO_Pin = GPIO_Pin_8;              //选择 Pin 口为 Pin_8
GPIO_InitStructure.GPIO_Mode = GPIO_Mode_AN;           //模式为模拟模式
GPIO_InitStructure.GPIO_PuPd = GPIO_PuPd_NOPULL;       //上拉模式为浮空
GPIO_Init(GPIOF,&GPIO_InitStructure);                  //初始化结构体
```

3. ADC 的配置

代码如下：

```
/ * * * * * * * * * * * ADC_Common 的初始化 * * * * * * * * * * * /
ADC_CommonInitStructure.ADC_Mode = ADC_Mode_Independent;      //独立模式
ADC_CommonInitStructure.ADC_Prescaler = ADC_Prescaler_Div4;   //4 分频
ADC_CommonInitStructure.ADC_DMAAccessMode = ADC_DMAAccessMode_Disabled;
                                                              //不选择 DMA 模式
ADC_CommonInitStructure.ADC_TwoSamplingDelay = ADC_TwoSamplingDelay_20Cycles;
                                                              //采样间隔 20 个周期
ADC_CommonInit(&ADC_CommonInitStructure);                     //初始化 ADC_Common 结构体

/ * * * * * * * * * * * ADC3 的初始化 * * * * * * * * * * * /
ADC_InitStructure.ADC_Resolution = ADC_Resolution_12b;        //设置 ADC 的分辨率为 12 位
ADC_InitStructure.ADC_ScanConvMode = DISABLE;                 //禁用扫描模式
ADC_InitStructure.ADC_ContinuousConvMode = ENABLE;            //设置连续转换模式
ADC_InitStructure.ADC_ExternalTrigConvEdge = ADC_ExternalTrigConvEdge_None;
                                                              //禁止外部边沿触发
ADC_InitStructure.ADC_ExternalTrigConv = ADC_ExternalTrigConv_T1_CC1;
                                                              //使用软件触发，可随意赋值
ADC_InitStructure.ADC_DataAlign = ADC_DataAlign_Right;        //数据右对齐
ADC_InitStructure.ADC_NbrOfConversion = 1;                    //转换通道是 1 个
ADC_Init(ADC3,&ADC_InitStructure);                            //初始化 ADC3
```

4. 配置中断

代码如下：

```
NVIC_InitTypeDef NVIC_InitStruct;                             //初始化 NVIC 的结构体
NVIC_PriorityGroupConfig(NVIC_PriorityGroup_1);               //优先级 1 组
```

```
NVIC_InitStruct.NVIC_IRQChannel=ADC_IRQn;                              //配置中断通道为ADC中断
NVIC_InitStruct.NVIC_IRQChannelPreemptionPriority=1;                   //抢占优先级为1
NVIC_InitStruct.NVIC_IRQChannelSubPriority=1;                          //响应优先级为1
NVIC_InitStruct.NVIC_IRQChannelCmd=ENABLE;                             //使能NVIC中断通道
NVIC_Init(&NVIC_InitStruct);                                           //初始化NVIC结构体
```

5. 配置通道的转换顺序、使能 ADC 中断、使能 ADC、触发 ADC 开始转换

```
ADC_RegularChannelConfig(ADC3,ADC_Channel_6,1,ADC_SampleTime_3Cycles);
//指定ADC3的通道6作为转换通道,采样顺序是第1,并且采样时间为3个周期
ADC_Cmd(ADC3,ENABLE);                            //使能ADC3
ADC_ITConfig(ADC3,ADC_IT_EOC,ENABLE);            //ADC中断使能
ADC_SoftwareStartConv(ADC3);                     //触发ADC转换
```

6. 编写 main( ) 函数、中断服务函数,获取 ADC 的转换结果

代码如下:

ADC中断

```
/* * * * * * * * * ADC中断函数* * * * * * * * * * * /
extern __IO uint16_t ADC_ConvertedValue;                //调用外部变量
void ADC_IRQHandler(void)
{
    if(ADC_GetITStatus(ADC3,ADC_IT_EOC)==SET)    //若检测到ADC_IT_EOC中断触发
    {
        ADC_ConvertedValue=ADC_GetConversionValue(ADC3);    //开启ADC的转换
    }
    ADC_ClearITPendingBit(ADC3,ADC_IT_EOC);              //清除中断标记
}
/* * * * * * * * main()函数读取ADC值* * * * * * * * * /
ADC_Vol=(float)ADC_ConvertedValue/4096*(float)3.3;
        //ADC的转换值除以2的12次方(分辨率为12位),然后再乘以3.3V
```

7. 完成 ADC 采集

代码如下:

```
/* * * * * * * * * * * * * * * main.c:主函数* * * * * * * * * * * * * * * * /
char dis0[25];                                   //液晶显示暂存数组
char dis1[128];                                  //液晶显示暂存数组
#define F_SIZE 16
#define MyLCD_Show(m,n,p) LCD_ShowString(LCD_GetPos_X(F_SIZE,m),LCD_GetPos_Y(F_SIZE,n),p,F_SIZE,0)
char led=0x01;
int key0;
int a=0;
int min=59,sec=57,hour=23,year=2022,month=12,day=31,monthday;
int Compare1=1000-1;
uint16_t Light_Value=0,remember_Light_Value=0;   //光强度值
__IO uint16_t ADC_ConvertedValue=0;
float ADC_Vol;
int voltage;
int main(void)
```

```c
{
    LCD_Init();                                      //液晶屏初始化
    led_Init();                                      //led的GPIO初始化
    adc_Init();                                      //ADC初始化
    GPIO_SetBits(GPIOA,GPIO_Pin_0 |GPIO_Pin_1);      //给A0和A1置高电平
    LCD_Clear(BLACK);                                //清全屏
    BACK_COLOR = BLACK;                              //背景色为黑色
    POINT_COLOR = LIGHTGRAY;                         //画笔颜色为亮灰
    MyLCD_Show(0,1,"LCDinit..");                     //显示LCDinit..
    MyLCD_Show(0,3,"PleaseWaitting");                //显示PleaseWaitting
    delay_ms(100);
    LCD_Clear(BLACK);                                //清除液晶屏幕
    POINT_COLOR = WHITE;                             //设置液晶前景色(画笔颜色)
    BACK_COLOR = BLUE;                               //设置液晶背景色(画布颜色)
    LCD_Fill(0,0,lcddev.width,20,BLUE);              //设置填充色
    MyLCD_Show(3,0,"ADC编程实验");                    //显示"ADC编程实验"
    BACK_COLOR = BLACK;                              //背景色为黑色
    POINT_COLOR = LIGHTGRAY;                         //画笔颜色为亮灰
    MyLCD_Show(0,2,"ADC电压:");                      //显示"ADC电压:"
    MyLCD_Show(10,2,".");                            //显示"."
    MyLCD_Show(13,2,"V");                            //显示"V"
    while(1){
    ADC_Vol =(float)ADC_ConvertedValue/4096*(float)3.3;
    voltage = ADC_Vol* 100;
    POINT_COLOR = LIGHTGRAY;
    sprintf((char* )dis0,"%d",voltage/100);          //将Light_Value存储到dis0数组中
    MyLCD_Show(9,2,dis0);                            //显示Light_Value
    sprintf((char* )dis0,"%d",voltage%100);          //将Light_Value存储到dis0数组中
    MyLCD_Show(11,2,dis0);                           //显示Light_Value
    }
}
```

下载验证,编译没有错误,没有警告,成功,然后下载到目标板。下载后的显示结果如图 9-8 所示。

图 9-8 ADC 采集串联电压

项目总结

本项目从ADC的概念入手,介绍了ADC,ADC的转换原理,通过STM32的ADC以及ADC框图这几方面学习了ADC的相关知识。项目从ADC的硬件设计,STM32-ADC的编程要点,ADC的结构体,ADC的库函数,ADC中断以及如何计算电压值这几方面入手,通过6个编程要点完成了ADC采集任务。

扩展阅读　华为,正在引爆下一轮科技革命

2020年10月22日,华为发布了HUAWEI Mate 40系列手机,它搭载了全球首款5 nm的5G soc麒麟9000,华为5G技术获得世界领先。

为什么说中国需要这样的科技创新呢?在过去200年里,人类爆发了三次科技革命。科技革命深刻改变了国际格局,也让更多国家乘科技东风跻身进发达国家的行列,可以说谁引领了科技革命,谁将成为世界强国,而落后则意味着挨打。这是一场无声的科技之战,比真正的战场更严峻。

在今天,在全球,在AI基础研究领域,我们迎来了历史性弯道超车的机会,中国在基础研究领域有着领先的先决条件,中国有很强的AI能力,有着庞大的数据优势和超强的执行力。中国的人工智能专利申请占全球总量的40%左右。

但目前AI所处的整个电子信息产业却存在头重脚轻的问题。如果把整个产业链比做一棵参天大树,我们的优势在下游应用及终端品牌,而在根茎上,包括开发框架、编译器、编程语言、数据库、芯片等。而在这之中有着深刻危机意识与战略前瞻性的一家公司持续在根茎的领域做着布局,就是华为!

十年来,华为拿出超万亿资金进行研发投入。据华为官网披露,2023年前三季度研发费用为1 149.91亿元,占前三季度收入的25.4%,再创历史新高。可以说华为在基础研发上让中国看到了星星之火。很多人说起华为就只知道手机和芯片,但其实华为背后做的事情远比我们想象中要复杂,在高端手机领域,它在挑战苹果,鸿蒙系统又在挑战谷歌,麒麟芯片对标高通,昇腾超越的目标是英伟达。尤其是现在,全球正处在新一轮技术升级的关键节点,人工智能为代表的新技术正在重新塑造人类的生产和生活。在此过程中,以操作系统、数据库、大模型、工具链为代表的软件竞争更加激烈。

大模型需要大算力,中国大模型产业百花齐放,但是算力稀缺是必须解决的问题。此刻华为承担起了全球AI算力第二极的重任。同年华为云在贵安、乌兰察布、芜湖打造了三大AI云算力中心,持续为国内大模型企业提供可持续算力。此外,华为云还发布了盘古大模型,助力行业攻坚克难。多年的坚持让他们实现了技术层面的突破和领先,也给世界带来了一个更优选择,相信在未来也一定会有更多中国企业和华为一起走向世界科技的前沿。

项目十

嵌入式操作系统 μC/OS-Ⅲ 的移植

项目描述

本项目主要实现在 STM32F407 开发板上移植 μC/OS-Ⅲ 操作系统,当今嵌入式操作系统的移植和应用已经成为嵌入式系统开发的行业热点。在嵌入式系统中移植 μC/OS-Ⅲ 操作系统,大幅减轻了应用程序设计员的负担,不必每次都从头开始设计软件,代码可重用率高。本项目主要从嵌入式操作系统的特点、常用的几种嵌入式操作系统、μC/OS-Ⅲ 移植步骤与要点等几方面进行详细介绍,并通过一个简单的应用实例演示如何在 μC/OS-Ⅲ 上实现单任务 LED 灯闪烁项目。

项目内容

- 任务一 将 μC/OS-Ⅲ 移植到 STM32F407 开发板。
- 任务二 在 μC/OS-Ⅲ 上实现单任务——LED 灯闪烁。

学习目标

- 了解 STM32 嵌入式操作系统的特点及分类。
- 掌握裸机系统和多任务操作系统的区别,学会 μC/OS-Ⅲ 操作系统移植。
- 能够在 μC/OS-Ⅲ 上实现单任务——LED 灯闪烁。

常见的操作系统

任务一 将 μC/OS-Ⅲ 移植到 STM32F407 开发板

任务描述

本任务将了解嵌入式操作系统的特点,以及常用的嵌入式操作系统。了解裸机系统和多任务操作系统的区别,能够将 μC/OS-Ⅲ 移植到 STM32F407 开发板。

相关知识

一、嵌入式操作系统的特点

嵌入式操作系统是以应用为中心、以计算机技术为基础,软、硬件可裁剪,适应于应用系统对功能、可靠性、成本、体积、功耗等方面有特殊要求的专用计算机系统。

随着计算机技术和产品向其他行业广泛渗透,以应用为中心对计算机进行分类可分为嵌入式计算机和通用计算机。通用计算机为计算机的标准形式,通过装配不同的应用软件,应用在社会的各个方面,其典型产品为PC,其操作系统是普通的桌面操作系统。嵌入式计算机是以嵌入式系统的形式隐藏在各种装置、产品和系统中,它的灵魂是嵌入式操作系统。

嵌入式操作系统可以分为两类:

①非实时操作系统:面向消费电子产品等领域,这类产品包括移动电话、机顶盒、电子书等。

②实时操作系统(real-time embedded operating system,RTOS):面向控制、通信等领域,如Wind River System公司的VxWorks、ISI的pSOS、QNX软件系统公司的QNX等。

(1)非实时操作系统

早期的嵌入式系统中没有操作系统的概念,程序员编写嵌入式程序通常直接面对裸机及裸设备。在这种情况下,通常把嵌入式程序分成两部分:前台程序和后台程序。前台程序通过中断来处理事件,其结构一般为无限循环;后台程序则掌管整个嵌入式系统软、硬件资源的分配、管理以及任务的调度,是一个系统管理调度程序。这就是通常所说的前后台系统。一般情况下,后台程序也称为任务级程序,前台程序也称为事件处理级程序。在程序运行时,后台程序检查每个任务是否具备运行条件,通过一定的调度算法来完成相应的操作。对于实时性要求特别严格的操作通常由中断来完成,仅在中断服务程序中标记事件的发生,不再做任何工作就退出中断,经过后台程序的调度,转由前台程序完成事件的处理,这样就不会造成在中断服务程序中处理费时的事件而影响后续和其他中断。

实际上,前后台系统的实时性比预计的要差。这是因为前后台系统认为所有的任务具有相同的优先级别,即是平等的,而且任务的执行又是通过FIFO队列排队,因而对那些实时性要求高的任务不可能立刻得到处理。另外,由于前台程序是一个无限循环的结构,一旦在这个循环体中正在处理的任务崩溃,使得整个任务队列中的其他任务得不到机会被处理,从而造成整个系统的崩溃。由于这类系统结构简单,几乎不需要RAM/ROM的额外开销,因而在简单的嵌入式应用中被广泛使用。

(2)实时操作系统

所谓实时性,就是在确定的时间范围内响应某个事件的特性。而实时系统是指能在确定的时间内执行其功能并对外部的异步事件做出响应的计算机系统。其操作的正确性不仅依赖于逻辑设计的正确程度,而且与这些操作进行的时间有关。"在确定的时间内"是该定义的核心。也就是说,实时系统是对响应时间有严格要求的。

实时系统对逻辑和时序的要求非常严格,如果逻辑和时序出现偏差将会引起严重后果。实时系统有两种类型:软实时系统和硬实时系统。软实时系统仅要求事件响应是实时的,并不要求限定某一任务必须在多长时间内完成;而在硬实时系统中,不仅要求任务响应要实时,而且要求在规定的时间内完成事件的处理。通常,大多数实时系统是两者的结合。实时应用软件的设计一般比非实时应用软件的设计困难。实时系统的技术关键是如何保证系统的实时性。实时操作系统可分为可抢占型和不可抢占型两类。

嵌入式实时操作系统在目前的嵌入式应用中用得越来越广泛,尤其在功能复杂、系统庞大的应用中显得愈来愈重要。在嵌入式应用中,只有把CPU嵌入系统中,同时又嵌入操作系统,才是真正的计算机嵌入式应用。

二、常用的嵌入式操作系统

随着嵌入式领域的发展,各种各样嵌入式操作系统相继问世。有许多商业的嵌入式操作系统,也有大量开放源码的嵌入式操作系统。其中著名的嵌入式操作系统有 μC/OS、VxWorks、Neculeus、Linux 和 Windows CE 等。下面介绍几种应用比较广泛的嵌入式操作系统。

1. μC/OS-Ⅱ

μC/OS-Ⅱ是由嵌入式系统专家 Jean J. Labrosse 编写的源代码公开的实时内核,是专为嵌入式应用设计的,可用于 8 位、16/32 位单片机或 DSP。它是在原版本 μC/OS 的基础上做了重大改进与升级,并有了近十年的使用实践,有许多成功应用该实时内核的实例。它的特点是:公开源代码,代码结构清晰,注释详尽,组织有条理,可移植性好;可裁剪,可固化;抢占式内核,最多可以管理 60 个任务。该系统短小精悍,是研究和学习实时操作系统的首选。本项目使用的 μC/OS-Ⅲ是在 μC/OS-Ⅱ的基础上发展而来的。

2. Windows CE

Windows CE 是微软开发的一个开放的、可升级的 32 位嵌入式操作系统,是基于掌上型计算机类的电子设备操作系统。Windows CE 的图形用户界面相当出色。其中 CE 中的 C 代表袖珍(compact)、消费(consumer)、通信能力(connectivit)和伴侣(companion);E 代表电子产品(electronics)。Windows CE 是从整体上为有限资源的平台设计的多线程、完整优先权、多任务的操作系统。Windows CE 采用模块化设计,并允许它对于从掌上计算机到专用的工控电子设备进行定制。操作系统的基本内核至少需要 200 KB 的 ROM。从 SEGA 的 DreamCast 游戏机到曾经风靡一时的掌上计算机都采用了 Windows CE。

3. VxWorks

VxWorks 是 Wind River System 公司专门为实时嵌入式系统设计开发的操作系统软件,为程序员提供了高效的实时任务调度、中断管理,实时的系统资源以及实时的任务间通信。应用程序员可以将尽可能多的精力放在应用程序本身,而不必再去关心系统资源的管理。VxWorks 是目前嵌入式系统领域中使用最广泛、市场占有率最高的系统。它支持 32 位、64 位及多核处理器。VxWorks 以其良好的可靠性和卓越的实时性被广泛地应用在通信、军事、航空、航天等高精尖技术及实时性要求极高的领域中,如卫星通信、军事演习、弹道制导、飞机导航等。

4. Linux

Linux 是一个类似于 UNIX 的操作系统。它起源于芬兰一个名为 Linus Torvalds 的业余爱好者,但是现在已经是最为流行的一款开放源代码的操作系统。Linux 从 1991 年问世到现在,已发展成为一个功能强大、设计完善的操作系统。

Linux 系统不仅能够运行于 PC 平台,其本身的特性也使其成为嵌入式开发中的首选。随着嵌入式 Linux 的成熟,可提供更小尺寸、更多类型的处理器支持,并从早期的试用阶段迈进嵌入式的主流。

5. pSOS

ISI 公司已经被 Wind River System 公司兼并,这个系统是一个模块化、高性能的实时操作系统,专为嵌入式微处理器设计,提供一个完全多任务环境,在定制的或者商业化的硬件上提供高性能和高可靠性。可以让开发者根据操作系统的功能和内存需求定制成每一个应用所需的系统。开发者

常用的嵌入式操作系统

可以利用它来实现从简单的单个独立设备到复杂的、网络化的多处理器系统。

6. QNX

QNX 也是一款实时操作系统,由加拿大 QNX 软件系统有限公司开发。广泛应用于自动化、控制、机器人科学、电信、数据通信、航空航天、计算机网络系统、医疗仪器设备、交通运输、安全防卫系统、POS 机、零售机等任务关键型应用领域。20 世纪 90 年代后期,QNX 系统在高速增长的因特网终端设备、信息家电及掌上计算机等领域也得到广泛应用。

7. OS-9

Microwave 的 OS-9 是为微处理器的关键实时任务而设计的操作系统,广泛应用于高科技产品中,包括消费电子产品、工业自动化、无线通信产品、医疗仪器、数字电视/多媒体设备。它提供了很好的安全性和容错性。与其他的嵌入式系统相比,它的灵活性和可升级性非常突出。

8. LynxOS

LynxOS 是 Lynx System 公司推出的一款应用于嵌入式系统中的类 UNIX 实时操作系统,主要应用于航空电子、航天系统、电信领域和过程控制。

综合上述分析,选择 μC/OS-Ⅲ 操作系统作为研究对象,把 μC/OS-Ⅲ 移植到 STM32F407 开发板上。

三、裸机系统和多任务操作系统的区别

裸机系统通常分成轮询系统和前后台系统,轮询系统即是在裸机编程时,先初始化好相关的硬件,然后让主程序在一个死循环中不断循环,顺序地做各种事情。轮询系统是一种非常简单的软件结构,通常只适用于那些只需顺序执行代码且不需要外部事件来驱动就能完成的事情。轮询系统只适合顺序执行的功能代码,当有外部事件驱动时,实时性就会降低。

以下是轮询系统伪代码:

```
in tmain(void)
{
    HardWare_Init();                //硬件相关初始化
    for(;;){                        //无限循环
        DoSomethingA();             //处理事情1
        DoSomethingB()              //处理事情2
        DoSomethingC();             //处理事情3
    }
}
```

相比轮询系统,前后台系统是在轮询系统的基础上加入了中断。外部事件的响应在中断中完成,事件的处理还是回到轮询系统中完成,中断在这里称为前台,main()函数中的无限循环称为后台。

以下是前后台系统伪代码:

```
int flagA = 0;
int flagB = 0;
int flagC = 0;
int main(void)
{
    HardWare_Init();                //硬件相关初始化
```

```
        //无限循环
        for(;;) {
            if(flagA) { DoSomethingA(); /* 处理事情1* /}
            if(flagB) { DoSomethingB(); /* 处理事情2* /}
            if(flagC) { DoSomethingC(); /* 处理事情3* /}
        }
}
void ISR1(void)
{
        flagA = 1;                                          //置位标志位
        //若事件处理时间很短,则在中断服务程序中处理事件;若事件处理时间较长,则在前台处理中
        //处理事件
        DoSomethingA();
}
void ISR2(void)
{
        flagB = 1;                                          //置位标志位
        //若事件处理时间很短,则在中断服务程序中处理事件;若事件处理时间较长,则在前台处理中
        //处理事件
        DoSomethingB();
}
void ISR3(void)
{
        flagC = 1;                                          //置位标志位
        DoSomethingC();
}
```

学习笔记

嵌入式系统中常用的编程方式

在顺序执行后台程序时,如果有中断来临,则中断会打断后台程序的正常执行流,转而去执行中断服务程序,在中断服务程序中标记事件;如果事件要处理的事情很简短,则可在中断服务程序中处理;如果事件要处理的事情比较多,则返回到后台程序中处理。虽然事件的响应和处理分开,但是事件的处理还是在后台中顺序执行,但相比轮询系统,前后台系统确保了事件不会丢失,再加上中断具有可嵌套的功能,可以大幅提高程序的实时响应能力。

相比前后台系统,多任务系统的事件响应也是在中断中完成的,但是事件的处理是在任务中完成的。在多任务系统中,任务同中断一样,也具有优先级,优先级高的任务会被优先执行。当一个紧急的事件在中断被标记之后,如果事件对应的任务的优先级足够高,就会立马得到响应。相比前后台系统,多任务系统的实时性又被提高了。

嵌入式实时操作系统的特点

以下是多任务系统的伪代码:

```
int flagA = 0;
int flagB = 0;
int flagC = 0;
int main(void)
{
        HardWare_Init();                                    //硬件相关初始化
        //无限循环
        for(;;) {
            if(flagA) { DoSomethingA(); /* 处理事情1* /}
```

231

```
            if(flagB) { DoSomethingB();/* 处理事情2* /}
            if(flagC) { DoSomethingC();/* 处理事情3* /}
        }
    }
    void ISR1(void)
    {
        flagA = 1;                              //置位标志位
        //若事件处理时间很短,则在中断服务程序中处理事件;若事件处理时间较长,则在前台处理中
        //处理事件
        DoSomethingA();
    }
    void ISR2(void)
    {
        flagB = 1;                              //置位标志位
        //若事件处理时间很短,则在中断服务程序中处理事件;若事件处理时间较长,则在前台处理中
        //处理事件
        DoSomethingB();
    }
    void ISR3(void)
    {
        flagC = 1;                              //置位标志位
        DoSomethingC();
    }
```

相比前后台系统中后台顺序执行的程序主体,在多任务系统中,根据程序的功能,把这个程序主体分割成一个个独立的、无限循环且不能返回的小程序,这个小程序称为任务。每个任务都是独立的,互不干扰,且具备自身的优先级,它由操作系统调度管理。加入操作系统后,在编程时不需要精心地去设计程序的执行流,不用担心每个功能模块之间是否存在干扰。加入操作系统,编程变得简单了。

任务实施

μC/OS-Ⅲ操作系统移植

1. 任务要求

在STM32F407开发板上建立基于μC/OS-Ⅲ的工程模板,运行μC/OS-Ⅲ,后面的相关例程都可以在此模板上进行修改。

2. 准备工作

①通过GPIO接口和固件库点亮LED灯。
②下载μC/OS-Ⅲ源码。
③STM32F407开发板。

3. μC/OS-Ⅲ源码分析

从官网上下载的μC/OS-Ⅲ源码压缩包中有4个文件夹,分别是EvalBoards、uC-CPU、uC-LIB、uCOS-Ⅲ,下面分别介绍这4个文件夹的作用。

①EvalBoards:包含评估板相关文件,在移植时只提取部分文件。
②uC-CPU:与CPU紧密相关的文件,里面的一些文件很重要,都需要使用。

③uC-LIB：Micrium 公司提供的官方库。

④uCOS-Ⅲ：这是个关键文件夹，在文件夹下存放了 Source 和 Ports 文件夹。其中，Ports 文件夹下存放与硬件接口相关的代码，Source 文件夹存放与系统软件相关的代码。

4. 移植步骤

（1）文件的准备工作

① 裸机工程文件，这里使用的是通过 GPIO 接口和标准固件库函数点亮 LED 的程序。

② 将 μC/OS-Ⅲ 的源码中 3 个文件夹 uC/CPU、uC/LIB、uCOS-Ⅲ 复制到工程中的 User 文件夹中。

③ 在工程文件中的 User 文件夹中建立 APP 和 BSP 文件夹，删除 User 文件夹中的 main.c。

④ 将 μC/OS-Ⅲ 的源码 EvalBoards\ST\STM32F429II-SK\uCOS-Ⅲ 中的 9 个文件复制到 User\APP 文件夹下，如图 10-1 所示。

⑤ 将 μC/OS-Ⅲ 的源码 EvalBoards\ST\STM32F429II-SK\BSP 中的 2 个文件复制到 User\BSP 文件夹下，如图 10-2 所示。

图 10-1 复制 EvalBoards\ST\STM32F429II-SK\uCOS-Ⅲ 中的 9 个文件

图 10-2 复制 EvalBoards\ST\STM32F429II-SK\BSP 中的 2 个文件

（2）在裸机工程中添加文件分组

在工程模板中添加以下文件分组，如图 10-3 所示。

（3）添加相应的文件到对应的分组

① 在 APP 中添加"\User\APP"文件夹下的所有文件，如图 10-4 所示。

图 10-3 在工程模板中添加文件分组

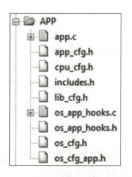

图 10-4 添加"\User\APP"文件夹下的所有文件

② 在 BSP 中添加"\User\BSP"文件夹(见图 10-5)和"\User\led"文件夹下的所有文件。

③ 在 uC/CPU 中添加 User\uC/CPU 文件夹(见图 10-6)和 User\uC/CPU\ARM-Cortex-M4\RealView 文件夹下的所有文件。

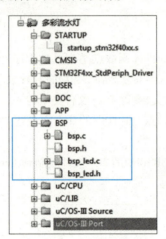 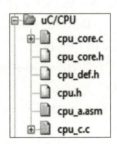

图 10-5　添加"\User\BSP"文件夹下的所有文件　　图 10-6　添加 User\uC/CPU 文件夹下的所有文件

④ 在 uC/LIB 中分组添加 User\uC/LIB 文件夹(见图 10-7)和\User\uC/LIB\Ports\ARM-Cortex-M4\RealView 文件夹下的所有文件。

⑤ 在 uC/OS-Ⅲ Source 中添加"\User\uCOS-Ⅲ\Source"文件夹下的所有文件,如图 10-8 所示。

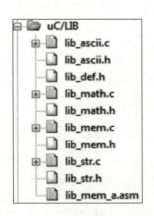 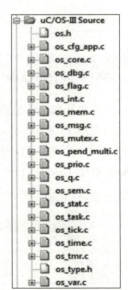

图 10-7　添加"User\uC/LIB"
文件夹下的所有文件

图 10-8　添加\User\uCOS-Ⅲ\
Source 文件夹下的所有文件

⑥ 在 uC/OS-Ⅲ Port 中添加"\User\uCOS-Ⅲ\Ports\ARM-Cortex-M4\Generic\RealView"文件夹下的所有文件,如图 10-9 所示。

项目十 嵌入式操作系统 μC/OS-Ⅲ 的移植

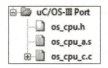

图 10-9 添加文件

通过前面的步骤可以将 μC/OS-Ⅲ 的源码添加到开发环境的工程模板中，编译时需要为这些源文件指定头文件路径，否则会编译报错。添加头文件路径如图 10-10 所示。

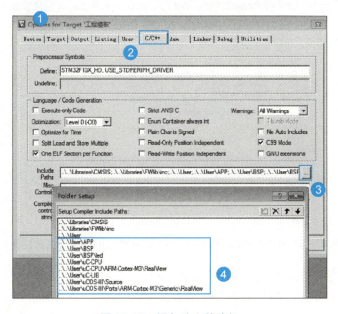

图 10-10 添加头文件路径

(4) 文件配置修改

①添加头文件路径后，就可以编译一下整个工程，但肯定会有错误，因为对 μC/OS-Ⅲ 进行移植后，还需要对工程文件进行修改。首先修改工程的启动文件 startup_stm32f10x_hd.s，将其中的 PendSV_Handler 和 SysTick_Handler 分别修改为 OS_CPU_PendSVHandler 和 OS_CPU_SysTickHandler，如图 10-11 和图 10-12 所示；其次需要将 stm32f10x_it.c 文件中的 PendSV_Handler( ) 和 SysTick_Handler( ) 函数注释掉，如图 10-13 所示。

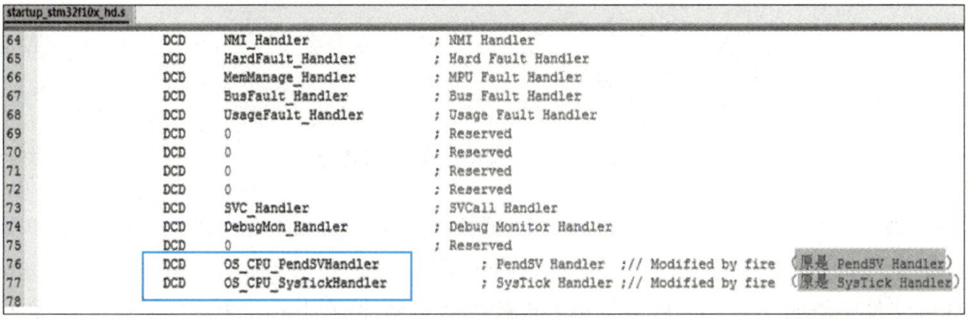

图 10-11 修改工程的启动文件 startup_stm32f10x_hd.s

235

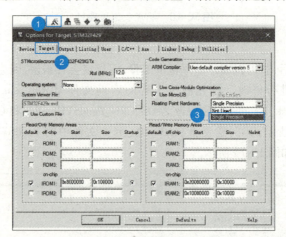

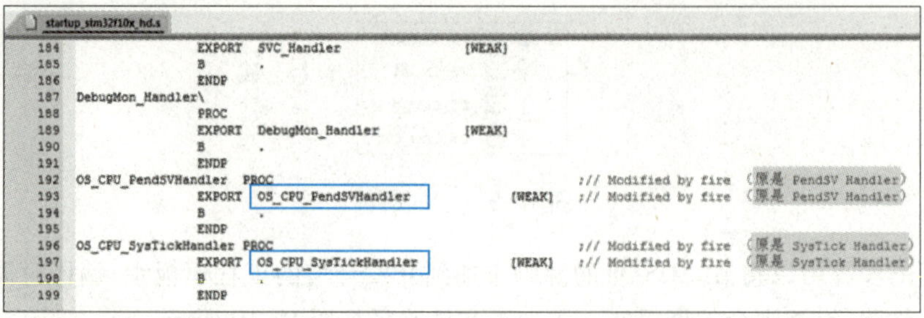

图 10-12 将 PendSV_Handler 和 SysTick_Handler 分别修改为
OS_CPU_PendSVHandler 和 OS_CPU_SysTickHandler

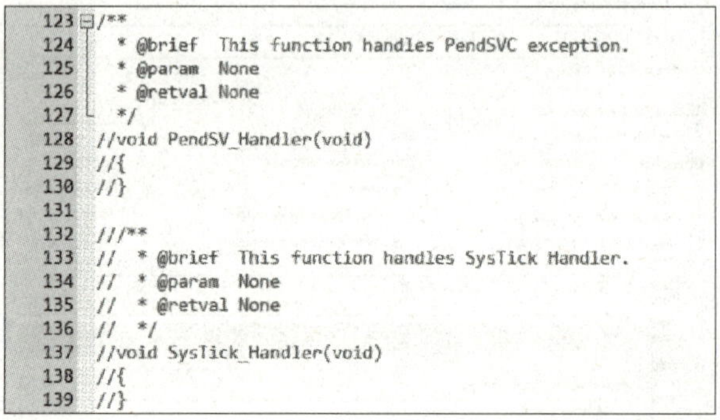

图 10-13 将 PendSV_Handler( ) 和 SysTick_Handler( ) 函数注释掉

②STM32F407 使用的是 Cortex-M4 的内核，该内核带有 FPU（浮点运算单元），在 startup_stm32f40xx.s 文件中已经加入 FPU 启动代码，还要在配置中启用浮点运算功能，如图 10-14 所示。

图 10-14 在配置中启用浮点运算功能

③bsp 文件是与开发板相关的文件，也就是 STM32F407 开发板的板载驱动文件。μC/OS-Ⅲ源码中的 bsp 文件是针对 STM32F429 开发板的，与 STM32F407 开发板不一样，因此需要进行修改。

在 bsp 文件中添加 STM32F407 开发板的板载驱动头文件，在 bsp.h 中添加板载驱动头文件，代码如下：

```
#include "stm32f10x.h"
#include <app_cfg.h>
#include "bsp_led.h"
```

修改"User\APP\"文件夹下的 app.c,编译移植后的 μC/OS-Ⅲ 源码,编译无误表明移植成功。本任务将 μC/OS-Ⅲ 移植到了 STM32F407 开发板上,下面的任务在工程模板的基础上添加任务(task),实现 LED 闪烁。

任务二 在 μC/OS-Ⅲ 上实现单任务——LED 灯闪烁

任务描述

本任务能够基于 μC/OS-Ⅲ 上开发 LED 闪烁程序。要求建立基于 μC/OS-Ⅲ 的工程模板,实现 LED 灯的闪烁。

相关知识

一、多任务系统

嵌入式开发常用前后台系统和多任务系统,在多任务系统中,任务是非常重要的。在裸机系统中,系统的主体就是 main() 函数中顺序执行无限循环,CPU 按照顺序完成各种事情。在多任务系统中,根据功能的不同,把整个系统分割成一个个独立的且无法返回的函数,这个函数称为任务。任务函数的结构如下:

```
voidTask(void* parg)
{/* 任务主体,无限循环且不能返回*/
    for(;;){/* 任务主体代码*/}
}
```

二、定义任务堆栈

栈是单片机 RAM 中一段连续的内存空间,用于存放变量。在多任务系统中,每个任务是独立的,互不干扰,需要为每个任务分配独立的栈空间。每个任务只能使用各自的空间,有多少个任务就需要多少个任务堆栈。这些任务栈也存于 RAM 中,能够使用的最大的栈也是由代码中的 APP_STK_START_STK_SIZE 决定。

任务实施

在 μC/OS-Ⅲ 上实现 LED 灯闪烁

1. 创建任务

(1)定义任务堆栈

要实现创建单任务实现 LED 灯闪烁,需要单个任务来实现,此时只需要定义一个任务栈,定义数据堆栈的数据类型是 CPU_STK。在本任务中加入对任务栈的大小说明，代码如下：

```
#define APP_TASK_START_STK_SIZE    128U
```

在 app.c 加入对任务栈的定义，具体代码如下：

```
Static CPU_STK AppTaskStartStk[APP_TASK_START_STK_SIZE];
```

任务栈的大小由宏定义控制，这里任务的堆栈配置为 128，任务栈其实就是一个预先定义好的全局数据，数据类型为 CPU_STK。CPU_STK 就是与 CPU 相关的数据类型。

(2) 定义任务控制块

在多任务系统中，任务的执行是由系统调用的，系统为了顺利地调度任务，为每个任务额外定义一个任务控制块(task control block, TCB)，这个任务控制块就相当于任务的身份证，里面存有任务的所有信息，如任务的堆栈、任务名称、任务的形参等。

TCB 是一个新的数据类型，定义任务控制块的数据类型是 OS_TCB，在 os.h 中定义。OS_TCB 是一个结构体，在结构体里面定义了有关任务相关的信息。在 app.c 文件中为任务定义的 TCB，代码如下：

```
static   OS_TCB   AppTaskStartTCB
```

(3) 定义任务的函数实体

任务是一个独立的函数，函数主体是无限循环且不返回。在这个任务函数中编写了 LED 灯的闪烁程序块，在 app.c 中加入任务主体函数，代码如下：

```
static void AppTaskStart(void * p_arg)
{
    CPU_INT32U cpu_clk_freq;
    CPU_INT32U cnts;
    OS_ERR err;
    (void)p_arg;
    BSP_Init();
    CPU_Init();
    cpu_clk_freq=BSP_CPU_ClkFreq();
    cnts=cpu_clk_freq/(CPU_INT32U)OSCfg_TickRate_Hz;
    OS_CPU_SysTickInit(cnts);
    Mem_Init();/* InitializeMemoryManagementModule
    #if OS_CFG_STAT_TASK_EN > 0u
    OSStatTaskCPUUsageInit(&err);
    #endif
    CPU_IntDis MeasMaxCurReset();
    while(DEF_TRUE)
    {
        LED1_TOGGLE();
        OSTimeDly(5000,OS_OPT_TIME_DLY,&err);
    }
}
```

主体函数包括对硬件初始化、CPU 的初始化、内存的初始化，以及对硬件的实际操作。

（4）创建任务函数

一个任务的3个要素是任务堆栈、任务的函数实体、任务的TCB，这3个要素需要联系起来才能由系统进行统一调度，这个联系的工作由任务创建函数OsTaskCreate()来实现。该函数在os_task.c中，所有与任务相关的函数都在这个文件定义。OSTaskCreate()函数的实现代码如下：

```
OSTaskCreate( (OS_TCB*) &AppTaskStartTCB,
    (CPU_CHAR * )"AppTaskStart",
    (OS_TASK_PTR)AppTaskStart,
    (void * )0,
    (OS_PRIO)APP_TASK_START_PRIO,
    (CPU_STK * )&AppTaskStartStk[0],
    (CPU_STK_SIZE)APP_TASK_START_STK_SIZE/10,
    (CPU_STK_SIZE)APP_TASK_START_STK_SIZE,
    (OS_MSG_QTY)5u,
    (OS_TICK)0u,
    (void * )0,
    (OS_OPT)(OS_OPT_TASK_STK_CHK|OS_OPT_TASK_STK_CLR),
    (OS_ERR * )&err);
```

2. 启动任务

任务创建好，系统初始化完毕之后，就可以开始启动系统。系统启动函数OSStart()在os_core.c中定义，从此任务由μC/OS来管理。当任务创建好后，处于就绪状态，在就绪状态的任务可以参与操作系统的调度。启动任务的代码如下：

```
OSStart(&err);
```

3. 任务总结

①用户代码不允许调用任务函数，任务一旦创建只能由μc/os调用。
②每个任务都必须创建自己的堆栈。
③任务优先级数越小越高，统计任务的优先级在os_CFG_app.h中定义。
④分配堆栈大小时，1K = 256 × 4。
⑤每个任务都是一个无限循环，通过调用延时函数OSTimeDly()或OSTimeDlyHMSM()等待一个事件而被挂起。
⑥任务没有return。
⑦只运行一次的任务结束时必须调用OSTaskDel()删除自己。
⑧任务在等待事件时不会占用CPU。
⑨一旦堆栈被动态分配就不能再回收，对于不需要删除的任务，建议动态分配堆栈。

这里完成了单任务的LED灯闪烁，可为以后多任务的移植打下基础。

项目总结

本项目通过介绍嵌入式实时操作系统μC/OS-Ⅲ的特点和结构，让读者了解了μC/OS-Ⅲ操作系统在STM32F407处理器上的移植要点，完成了一个LED闪烁任务。通过任务展示了如何在μC/OS-Ⅲ系统进行软件的设计开发,为读者以后开发多任务的项目打下基础。

目前嵌入式智能小车在学习和竞赛中应用十分广泛,在智能小车设计中需要控制相应的驱动电路、感应检测单元、控制器等多任务。如果在设计中加入基于 μC/OS-Ⅲ 系统及图形用户接口执行对智能小车的可视化控制,可以大幅简化开发流程。

扩展阅读　华为鸿蒙操作系统

华为鸿蒙操作系统(HUAWEI Harmony OS),是华为公司于 2019 年 8 月 9 日正式发布的操作系统。

鸿蒙 OS 是华为公司开发的一款基于微内核、耗时 10 年、4 000 多名研发人员投入开发、面向 5G 物联网、面向全场景的分布式操作系统。鸿蒙 OS 性能上不弱于安卓系统,而且华为还为基于安卓生态开发的应用能够平稳迁移到鸿蒙 OS 上做好了衔接。这个新的操作系统将打通手机、平板、计算机、电视、工业自动化控制、无人驾驶、车机设备、智能穿戴,把它们统一成一个操作系统,并且该系统是面向下一代技术而设计的,能兼容全部安卓应用的所有 Web 应用。鸿蒙 OS 架构中的内核把之前的 Linux 内核、鸿蒙 OS 微内核与 LiteOS 合并为一个鸿蒙 OS 微内核。它创造了一个超级虚拟终端互联的世界,将人、设备、场景有机联系在一起。同时由于鸿蒙系统微内核的代码量只有 Linux 宏内核的千分之一,其受攻击概率也大幅降低。

2021 年 9 月,Harmony OS 凭借在互联网产业创新方面发挥的积极作用,在 2021 年世界互联网大会上获得"领先科技成果奖"。

华为鸿蒙操作系统的问世,在全球引起强烈反响。人们普遍相信,这款中国电信巨头打造的操作系统在技术上是先进的,并且具有逐渐建立起自己生态的能力。它的诞生拉开了改变操作系统全球格局的序幕。

华为的进步证明自己在聚焦的技术领域已经具备走到前排的能力。鸿蒙问世时恰逢中国整个软件业亟须补强的时期,对国产软件的全面崛起进行了战略性带动和刺激。鸿蒙 OS 面向全场景智慧化时代而来,它代表中国高科技必须开展的一次战略突围,是中国解决诸多卡脖子问题的一个带动点。